CABRIOLETS

Die schönsten Modelle aller Zeiten

Guiseppe Guzzardi
Enzo Rizzo

KARL MÜLLER VERLAG

Cadillac

Text
Giuseppe Guzzardi
Enzo Rizzo

Herausgeber
Valeria Manferto De Fabianis
Laura Accomazzo

Fotoauswahl
Laura Accomazzo

Gestaltung
Patrizia Balocco Lovisetti

Via Candido Sassone, 22/24
13100 Vercelli, Italy

Karl Müller Verlag, Danziger Straße 6,
91052 Erlangen

Übertragung aus dem Italienischen/Englischen:
Uta Zühlke/Angelika Scheulen-Bläsius
Lektorat: Sabine Raab

ISBN 3-86070-742-6

1 2 3 4 5 2 1 00 9 8

Inhalt

1 oben *Das Foto von 1900 zeigt den Benz 3 1/2 PS Vis-à-vis, bei dem sich, wie der Name schon sagt, die Sitze gegenüberliegen. Man beachte die vertikale Lenksäule und das kleine waagerechte Lenkrad mit Griff.*

1 unten *Die Frontansicht des wenig bekannten Porsche 356 Version „A", der auch Cabriolet D heißt. Das „D" steht für Drauz, den Designer dieser speziellen Version des 356. Diese Variante wird nur 1958/59 produziert und ersetzt den bekannteren 356 Speedster. Ausgerüstet ist das Cabriolet D ausschließlich mit 1,6-Liter-Motor und 60 PS, insgesamt werden 1330 dieser Autos gebaut.*

2-3 Front eines Mercedes Benz 770 K „Großer Mercedes" von 1937. Das Bild zeigt deutlich eines der traditionellen Symbole luxuriöser Automodelle: den großen verchromten Kühlergrill, hier im neoklassizistischen Stil. Bemerkenswert ist auch der elegant geschwungene Querträger zwischen den beiden „kissenartig" ausgeformten Kotflügeln, der die Scheinwerfer und Hupen trägt.

4-5 Bei diesem Cadillac Eldorado aus dem Jahr 1959 bleibt der Fond geschlossen, während der Fahrer unverdeckt fahren kann. Man könnte diese Dach-/Verdeckkonstruktion für eine alte Sedanca-Variante halten, tatsächlich ist es aber der Vorläufer des Targas. Unverkennbar sind auch die Heckflossen, ein entscheidendes Merkmal der amerikanischen Convertible Coupés in den 50er-Jahren.

6-7 Der Mercedes 300 SL – einer der schönsten Roadster aller Zeiten! Abgeleitet vom Coupé mit Flügeltüren ist er das wichtigste offene Luxusmodell der 60er-Jahre. Sein ausgesprochen leistungsstarker 3-Liter-Motor bringt den 300 SL problemlos über die 200-km/h-Grenze. Das Modell ist der Begründer der Mercedes SL-Reihe, die ein wichtiges Vorbild für moderne Sportwagen ist.

Vorwort

Cabriolets sind unter den Autos das, was die Vollblüter unter den Pferden sind – die Elite. Auch der Geist, der sie umgibt, ist durchaus vergleichbar: Beide wecken den Wunsch nach endloser Weite, Freiheit und einem Ritt in vollem Tempo, bei dem der Wind durch die Haare fährt.

Doch die Cabriolets sind noch viel mehr. Sie sind das greifbare Symbol der Stimmungen, Wünsche und gesellschaftlichen Gepflogenheiten der westlichen Welt. Sie haben Diktaturen, Rezessionen, Revolutionen, Zeiten des Krieges und des Wiederaufbaus überlebt und wurden dabei häufig als Zeichen – oder gar als direkt Beteiligte – in Momenten zeitgenössischer Geschichte eingesetzt.

Es gibt bereits viele Bücher über diese besonderen Autos: Bei einigen handelt es sich um Monographien berühmter Modelle, andere befassen sich ausschließlich mit einem bestimmten Typ des „offenen Wagens", manche analysieren präzise eine Epoche, einen vorherrschenden Stil oder die Produktion eines bestimmten Landes und schließlich verbleiben noch die, die sich ausschließlich um technische und formale Aspekte der Bauweise kümmern. Eines jedoch fehlt: Eine geschichtliche Zusammenfassung über die Entwicklung der offenen Wagen von ihren Ursprüngen bis zu den neuesten stilistischen Trends. Und diese Lücke versuchen wir mit unserem Buch zu schließen.

Die Untersuchungen der Arbeiten von Designern vorwiegend aus Frankreich, Deutschland, Großbritannien, Italien und den USA und der damit verbundene ständige Wechsel von einer Seite des Atlantiks auf die andere gestalteten sich häufig wie die Ausgrabungsarbeiten in geologischen Schichten.

Unsere Recherchen mündeten schließlich in neun Kapiteln, die – wie wir hoffen – ausführlich genug sind, um einen breiten Überblick über alle Aspekte der offenen Wagenmodelle zu geben. Die Geschichte ist chronologisch geordnet und die einzelnen Kapitel nach Design-Epochen und Stilentwicklungen in den verschiedenen Regionen aufgeteilt.

Der zweite Teil des Buches, „Wahre Schönheit", ist der Beschreibung von Modellen gewidmet, die wir für besonders bedeutsam halten. Dass wir dabei einige Modelle aus Platzgründen außer Acht lassen mussten, war eine Qual. Beim Durchblättern dieser Seiten kann man schnell erkennen, wie viel sich in Bezug auf Form und Technik in den letzten 90 Jahren verändert hat – es ist aber auch spürbar, dass der Wunsch zu träumen immer noch vorhanden ist.

Gestern wie heute standen Cabriolet, Roadster & Co. bei ihren Besitzern für ein Gemisch aus Wagemut und Ironie, natürlich waren und sind sie ein Statussymbol. Für die Designer der Modelle bot sich die Gelegenheit mit neuen Ideen zu experimentieren und ihr ganzes Können zu zeigen. Das Ergebnis sind offene Wagenmodelle, die seit jeher einen elitären Platz in der Welt der Automobile einnehmen und sich durch ihre eleganten, phantasievollen Designs auszeichnen.

Wir hoffen, dass uns die Leser mögliche Unvollständigkeiten und Auslassungen, die leider nicht vermeidbar sind, verzeihen mögen.

Giuseppe Guzzardi

Enzo Rizzo

8-9 *Chevrolet Corvette – der absolute amerikanische Sportwagen, der Ferrari der USA. Das Bild zeigt ein 1997er-Modell, einen Corvette der 5. Generation, der sein Debüt 44 Jahre nach Erscheinen der ersten Modell-Serie gibt. Trotzdem, die ursprünglichen Merkmale, die dieses Auto einst so berühmt gemacht haben, sind immer noch vorhanden: die Karosserie aus Fiberglas, der lange Vorbau mit ausklappbaren Scheinwerfern, das Heck mit vier runden Leuchten und ein kompakter V8-Motor.*

9 *Ende des 19. Jahrhunderts illustriert dieses Plakat eine der vielen Verwendungsmöglichkeiten der motorisierten Kutschenwagen: den Sonntagsausflug mit der Familie. Im Vordergrund ein 1898er Peugeot. Für diese Zeit ganz untypisch ist die Anordnung der Sitzbänke, die nicht wie üblich gegenüberliegend oder Rücken an Rücken eingebaut sind, sondern hintereinander.*

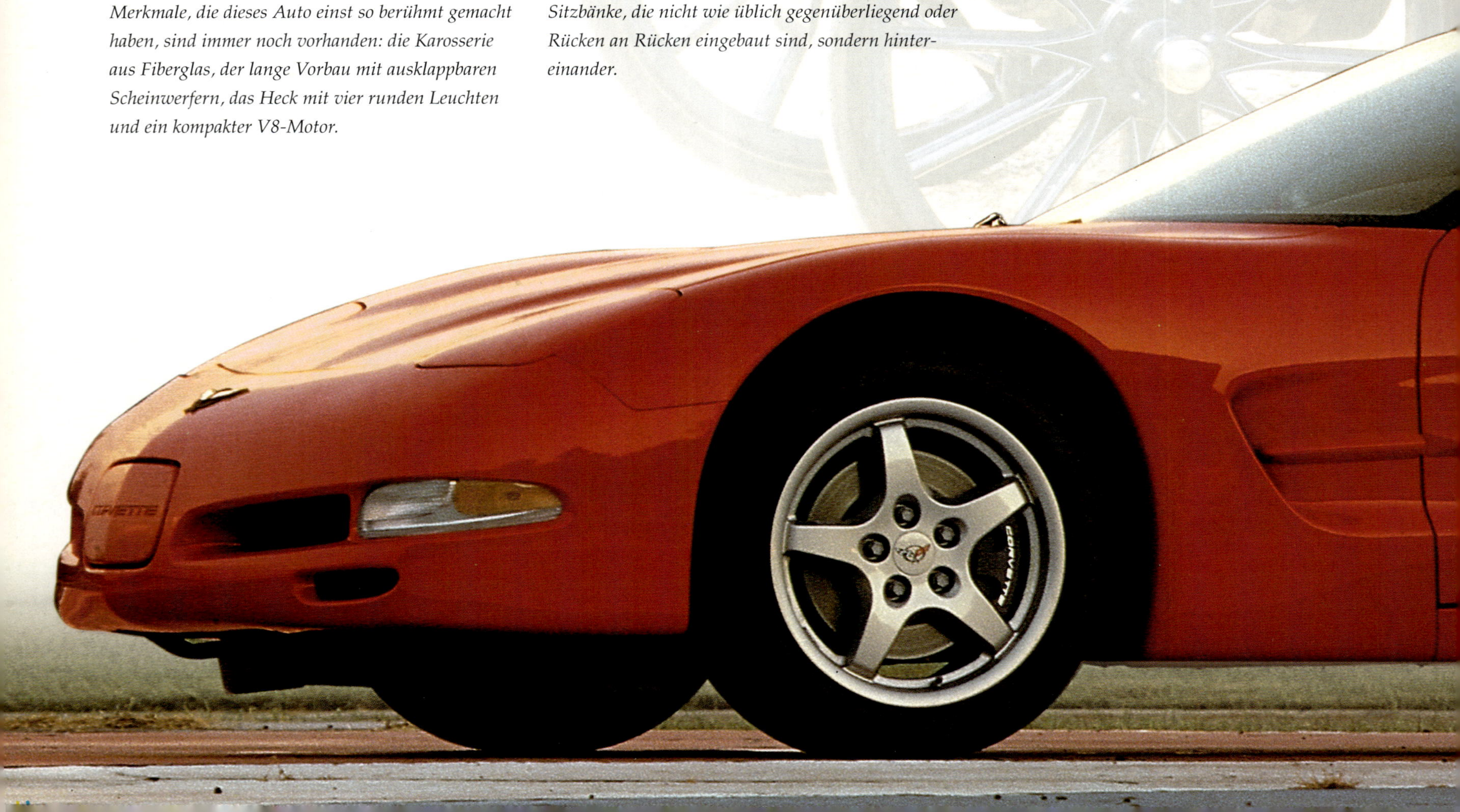

10-11 *Das beeindruckende Profil eines der begehrenswertesten englischen Autos aller Zeiten: der Jaguar Typ E. Dieses Modell hat viele außergewöhnliche Merkmale, beispielsweise die spezielle Speichenanordnung, die transparente Scheinwerferabdeckung oder die lange Motorhaube, unter der sich zunächst ein Sechszylinder-Reihenmotor und in den 70er-Jahren dann ein Zwölfzylinder verbirgt.*

12-13 *Der Ferrari F 50 ist wohl ein offener Wagen, aber kein echtes Cabriolet, weil er nur mit Hardtop erscheint. Geschlossen gleicht er den Prototypen der Sportwagen aus den 60er- und 70er-Jahren. Der V12-Mittelmotor mit 4698 ccm produziert 520 PS. Die Höchstgeschwindigkeit liegt bei 327 km/h mit einer Beschleunigung von 0 auf 100 in unglaublichen 4,1 Sekunden.*

Ferrari

Das Automobil stellt sich vor

Fahrzeuge im ausgehenden 19. Jahrhundert

Sonntagmorgen in irgendeiner Großstadt im ausgehenden 19. Jahrhundert. Ein korrekt gekleideter Herr in mittleren Jahren spaziert den Boulevard entlang. In der rechten Hand hält er seine Handschuhe, in der linken eine Zeitung, die er soeben bei einem Zeitungsverkäufer erworben hat, der wie immer den Kirchplatz beobachtet und auf Menschen wie unseren Herrn wartet, die sich, nachdem sie mit höflicher Aufmerksamkeit der sonntäglichen Predigt gelauscht haben, den angenehmeren Seiten des Tages zuwenden: dem Aperitif, dem Mittagessen im Klub, der Zeitungslektüre. Auf dem gegenüberliegenden Bürgersteig kommen ihm zwei elegant gekleidete junge Damen entgegen. Es ist ein sonniger und milder Tag, der bei denen, die ein Faible für solcherlei unruhige Unternehmungen haben, den Wunsch nach einer Landpartie aufleben läßt.
Plötzlich zerstört ein unmelodischer Krach die Stille, der sich auf seine Laune genauso katastrophal auswirkt wie das Gewicht

15 unten Auf dieser Zeichnung wird ein defektes Motorfahrzeug per Pferd abgeschleppt. Die Vis-à-vis-Sitzanordnung kommt bei offenen Kutschfahrzeugen und Postkutschen häufig vor.

14-15 *R. E. Olds, einer der Hauptakteure in der frühen Entwicklungsgeschichte des Automobils, am Steuer seines ersten, verdecklosen Modells von 1897.*

15 oben *Peugeot Vis-à-vis von 1897 – der Name sagt bereits, dass sich die Fahrgäste hier gegenübersitzen. Bei anderen Modellen dieser Zeit sind die Sitze anders angeordnet, im 1897er Oldsmobile beispielsweise gegenläufig, sodass die Passagiere Rücken an Rücken sitzen. Im Allgemeinen jedoch sind gepolsterte Sitze gegenüberliegend angebracht. Die Sitzanordnung beeinflusst auch die Lage des Klappverdecks.*

14 oben links *Modell 3 – Dreirad aus dem Jahr 1888, gebaut von Karl Friedrich Benz. Die Sitzplätze für den 3. und 4. Fahrgast befinden sich vor dem Fahrer, angetrieben wird das Modell von einem Motor mit 1,5 PS.*

14 unten *Dieser 1894er Peugeot fährt mit einem Daimler-Motor. Peugeot und Panhard & Levassor zählen zu den ersten begeisterten Anhängern Gottlieb Daimlers und übertragen die Leidenschaft für motorbetriebene Fahrzeuge auch auf Frankreich.*

einer Waage auf ein Baccarat-Kristall, und ehe er es sich versieht, findet er sich mit schlammbespritzten Strümpfen und Gamaschen wieder. Schuld daran ist jener jugendliche Spitzbube, der, unter Missachtung jeglicher Straßen- und Anstandsregeln, soeben um die Ecke gebraust ist, an Bord einer jener Furcht erregenden „motorbetriebenen Blechkisten", die schon seit einiger Zeit das Empfinden der wohlerzogenen Gesellschaft auf eine wirklich harte Probe stellen. Vollkommen verwirrt versucht er vergebens seine Gamaschen vom Schlamm zu säubern. Die zwei Damen verstecken ihr Lächeln, und doch folgt dabei ihr forschender Blick jenem schlecht erzogenen Abenteurer, der mittlerweile in der Ferne verschwunden ist und nur eine stinkende Rauchwolke hinterlassen hat.

Unser feiner Herr ist eigentlich gar nicht konservativ, im Gegenteil, er hält sich selber für einen aufgeklärten Liberalen. Aber es gibt Grenzen: Wenn diese jungen Draufgänger sich unbedingt mit diesen nutzlosen, teuren Maschinen, mit diesen schrecklich verunstalteten Kutschen amüsieren müssen, dann sollen sie das auf dem Land tun oder in Gebieten, die die Behörden schon längst für diese kindischen Vergnügungen hätten bereitstellen sollen. Glücklicherweise wird auch diese wie alle anderen Moden rasch vorbei sein und das gewohnte, ruhige, rhythmische Getrappel der Pferdehufe wird auf die Straßen zurückkehren.

Die Hoffnungen unseres Edelmannes werden sich nicht erfüllen. Recht behalten wird jener junge, sorglose Mann, denn nur wenige Jahre später wird die Pferdekutsche nur noch Apanage von nostalgischen Provinzadligen sein. Dagegen wird jenes laute, unförmige Gefährt, das nichts anderes als eine umgebaute und mit einem Transformator, einem so genannten „Verbrennungsmotor" versehene Kutsche ist, die Welt erobern. Seine technische Ausstattung wird sich stetig verbessern und sein äußeres Erscheinungsbild wird den modischen Trends folgen und selbst Trends etablieren. Das Automobil. Aber kann sich der Hauptdarsteller unserer kurzen Geschichte denn bereits „Automobil" nennen?

Dies ist eine umstrittene Frage. Unserer Meinung nach wird ein Fahrzeug in dem Moment zum Automobil, in dem es vier

16 oben links *Karl Friedrich Benz (1844–1929) ist eine der bedeutenden Persönlichkeiten für die Geschichte des Automobils.*

16 unten links *Diese Werbung mit der Abbildung des Benz Dreirads ist die erste Anzeige für ein motorbetriebenes Fahrzeug überhaupt. Sie stammt aus dem Jahr 1888, als der Patent-Motor-Wagen „Benz“ 2750 Mark kostete.*

16 Mitte *Gottlieb Daimler (1834–1900) baut im Jahr 1886 das erste Auto, den Motor-Wagen.*

16-17 *Diese Abbildung zeigt den Motor des ersten straßenerprobten Automobils, des Patent-Motor-Wagen Benz. Er wird 1885 gebaut und 1886 getestet. Der Wagen hat einen Einzylindermotor mit 990 ccm Hubraum und weniger als ein 1 PS. Weil er noch keinen Benzintank hat, muss Eugene, Benz' Sohn, mit einer Flasche hinter seinem Vater herlaufen und ständig Treibstoff nachfüllen. 1888 fährt Bertha Ringer, Benz' Frau, mit den Kindern in einen von Benz' Wagen von Mannheim nach Pforzheim, um zu zeigen, wie zuverlässig die Fahrzeuge sind!*

17 oben *Diese Konstruktionszeichnungen fügt Benz seinem Antrag auf Patent Nummer 37435 bei. Das Patent wird ihm am 2. November 1886 erteilt.*

17 Mitte *Das Benz Veloziped von 1894 lässt die ersten Versuche erkennen, die Bauteile des Modells wirtschaftlicher zu gestalten.*

17 unten *Das Oldsmobile Curved Dash aus dem Jahr 1903 zählt zusammen mit dem Ford Modell T zu den beiden wichtigsten frühen Automobilen. Beim Curved Dash sind die Räder gleich groß.*

Räder, ein Triebwerk (Verbrennungs- und nicht Dampfmotor) und ein Steuer bekommt und es in der Lage dazu ist, außer dem Fahrer mindestens einen weiteren, bequem in Fahrtrichtung sitzenden Passagier zu befördern.
Während der Entstehungsphase erscheint eine ganze Reihe von Anfangsmodellen, welche manchmal genial und manchmal völlig verrückt waren (wie z. B. das mechanische, sechshufige Pferd). In dieser Zeit bilden sich die Grundbestandteile des Automobils heraus. Als wirklich erste Autos können die frühen Wagen von Gottlieb Daimler (1885) und Karl Benz (1886) bezeichnet werden. Es vergeht nicht viel Zeit und Daimlers Ideen kommen dank der Zusammenarbeit mit Panhard & Levassor und Peugeot in Frankreich und durch Giovanni Agnelli in Italien an, werden in England durch die Eröffnung einer eigenen Filiale verbreitet, in den Vereinigten Staaten durch die Kooperation des Flügel-Fabrikanten Steinway. Gleichzeitig wird Benz mit einer Produktion von mehr als 600 Wagen jährlich zum weltweit wichtigsten Autohersteller.
Die Eltern unseres – natürlich verdecklosen – Autos sind also Deutsche. Aber der Virus der Vierräder verbreitet sich vor allem in England und Frankreich und findet dort überall und in jeder Gesellschaftsschicht begeisterte Anhänger. Auch in Italien breitet sich früh die Leidenschaft für Automobile aus, während die Industriellen und reichen Verbraucher aus Übersee langsamer reagieren. Jedoch erlebt der amerikanische Markt, sobald er infiziert ist, eine rasante Entwicklung: Verkauft man in den Vereinigten Staaten im Jahr 1900 nur 4192 Wagen, so verdreifacht sich diese Summe im Verlauf von drei Jahren. Im Jahr 1914 fahren auf der ganzen Welt ungefähr eineinhalb Millionen Autos. Fast alle sind Cabriolets.
Der größte Teil der heute wichtigsten Herstellernamen etabliert sich in dieser Zeit:

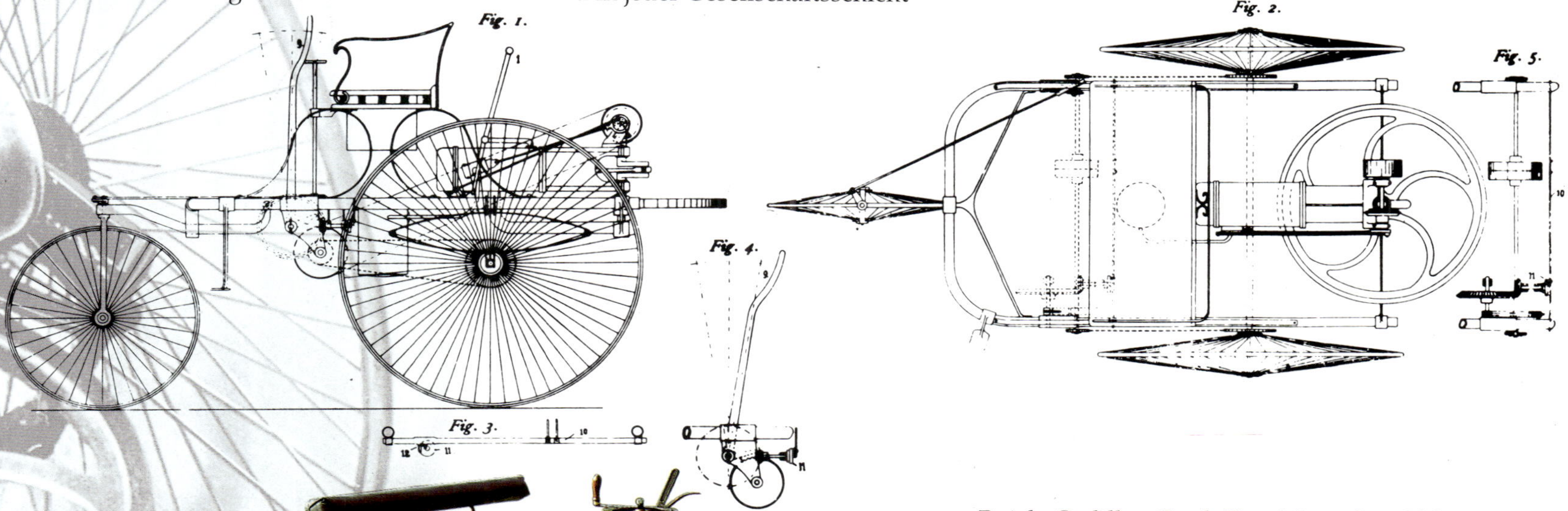

Buick, Cadillac, Ford, Fiat, Mercedes, Oldsmobile, Peugeot, Rolls Royce. Andere Häuser dagegen, die zu Beginn des Jahrhunderts noch zu den Protagonisten gehören, sind heute verschwunden. Aufgrund seiner Größe und Macht wird der Automobilmarkt zu einem Kampfplatz, der keine Regeln kennt. Man kämpft unter falschen Namen, mit geheimen Betrügereien, mit gemeinsamer Macht und mit rohen Faustschlägen. Die großen Alten, Daimler und Benz, ebenso August Horch, später Gründer von Audi, werden aus ihren Unternehmen ausgeschlossen, und Henry Ford gelingt es nur um ein Haar, dieses Schicksal abzuwenden.
In den Museen verstauben mittlerweile so vornehme und berühmte Markenzeichen wie Atala, Austin, Bugatti, Cord, De Dion-Buton, De Soto, Daimler, Dixi, Duesenberg, Isotta Fraschini, Panhard & Levassor und Studebaker auf den Kühlerhauben so manch wunderschönen Modells. Ihnen werden selbst von den Lesern dicker Bände über die Geschichte des Automobils nur noch flüchtige Blicke der Bewunderung gewährt.

Die ersten Automobile des 20. Jahrhunderts

18 oben links *Eine berühmte Persönlichkeit am Steuer: Eduard VII, König von England, ein begeisterter Anhänger motorisierter Fahrzeuge; daneben sitzt John Scott Montagu, später Lord Montagu von Beaulieu. Bei dem Auto handelt es sich um einen englischen Daimler (nicht zu verwechseln mit den deutschen Autos dieses Namens), den Lord Montagu bei der Mille Miglia von 1900 einsetzt.*

18 oben rechts *Die motorisierten Fahrzeuge von 1898 werden bereits als öffentliche Verkehrsmittel eingesetzt: Dieses Taxi ist ein Daimler Phoenix.*

18-19 *Zweisitzige Variante des 1893er Benz Viktoria. Der Motor, ein erstaunlicher 2,9-Liter-Einzylinder, bringt jedoch nur 6 PS Leistung.*

Bevor aus den ersten fahrbaren Untersätzen richtige Automobile werden sollten, mussten sich während des ersten Jahrzehnts des 20. Jahrhunderts zunächst industrielle Herstellungsverfahren etablieren. Die ersten Autos haben große Räder mit Rahmen und Speichen aus Holz, sind aber ohne Bereifung (oder sie haben Holzfelgen und eine Fahrradbereifung). Sie sind mit breiten Federungen ausgestattet, um die vom Straßenpflaster oder von unebenen Untergründen ausgelösten Stöße abschwächen zu können. Sie haben Fahrerkabinen, die wie Holzschalen aussehen und in denen sich Sesselchen befinden, die – leider – nicht immer gepolstert und mit Leder bezogen sind, was, wie man sich leicht denken kann, nicht immer gute Auswirkungen auf das Rückgrat begeisterter Fahrer hatte. Die Wissenschaft fordert so manches Opfer.
Der Motor hat im Vergleich zu seiner Leistungsfähigkeit einen sehr großen Umfang, ist sperrig und laut. Fast sofort findet, nachdem die Versuche zum Einsatz von Elektromotoren, Dampf- oder Gasmaschinen fehlgeschlagen sind, der Verbrennungsmotor Anwendung. Er wird unterhalb der Fahrerkabine, im Heck oder im Frontbereich des Wagens angebracht. Die Lenkspindel ist sichtbar und geht in ein fast horizontales Lenkrad breiten Durchmessers über, das ursprünglich mit einem knaufartigen Griff, ähnlich denen in Straßenbahnen, ausgestattet ist.
Die ersten Modelle sind offen und haben höchstens ein kleines, wachsbeschichtetes Verdeck. Sie erinnern an die kurzen, zweisitzigen Kutschen, an die „romantischen Coupés" die unter den Damen und Herren von Welt in Mode sind. In dieser Pionierphase sind die Autos noch aus praktischen Gründen und nicht aufgrund von Überlegungen verdecklos, und sie werden dies so lange bleiben, bis der technische Fortschritt es ermöglicht, starre Verdecke zu konstruieren, die die Fahrgäste vor Staub und Unwettern schützen.
Wenn wir die Entstehung des ersten Prototyps – über den es nur sehr undurchsichtige Aufzeichnungen gibt – von Gottlieb Daimler, im Jahre 1885 als Geburtsstunde des Automobils bezeichnet haben, so muss der Sieg des ersten amerikanischen benzinbetriebenen Wagens dem „Deft Exhibit-7" der Brüder Charles und J. Frank Duryea aus dem Jahre 1893 zuerkannt werden. Die-

19 oben *Erste Beispiele für Vergnügungsfahrten mit dem Auto: Familie Benz bei einem Ausflug nach Gernsheim, nahe Mannheim. Auf dem Viktoria rechts ist Baron von Liebig zu erkennen, in der Mitte des Bildes steht Karl Benz.*

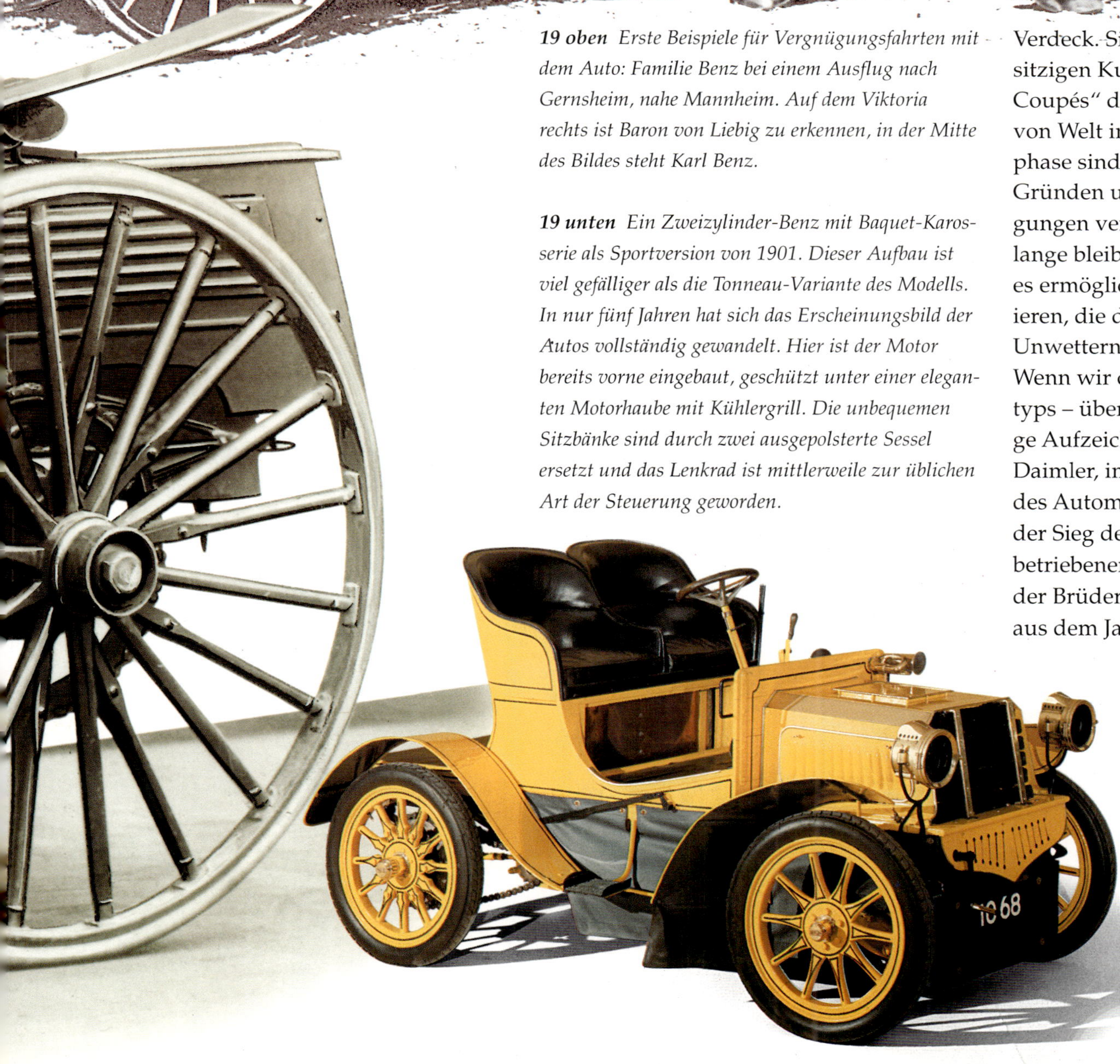

19 unten *Ein Zweizylinder-Benz mit Baquet-Karosserie als Sportversion von 1901. Dieser Aufbau ist viel gefälliger als die Tonneau-Variante des Modells. In nur fünf Jahren hat sich das Erscheinungsbild der Autos vollständig gewandelt. Hier ist der Motor bereits vorne eingebaut, geschützt unter einer eleganten Motorhaube mit Kühlergrill. Die unbequemen Sitzbänke sind durch zwei ausgepolsterte Sessel ersetzt und das Lenkrad ist mittlerweile zur üblichen Art der Steuerung geworden.*

ses Automobil hatte sogar ein faltbares, fest angebrachtes Verdeck.
Wie auch immer, der Jahrhundertbeginn ist noch eine Pionierphase, eine Zeit des Experimentierens. Aber wie bereits erwähnt, sind zu dieser Zeit schon fast alle der großen, mythischen Personen der Automobilgeschichte in der „Hall of fame" angekommen. Fangen wir mit dem Vater des Motors an, mit Nikolaus August Otto, dem Schöpfer des Viertaktmotors, des Ottomotors; weiterhin ist da Gottlieb Daimler, der Waffenschmied, dessen Name sich in der Folgezeit für immer mit dem des Erfinders Karl Benz verbinden wird; Ransom Olds, ein anderer Konstrukteur und einer der ersten in den Vereinigten Staaten, die an die Zukunft der motorbetriebenen Fahrzeuge glauben – ein Mann, der ein Markenzeichen, Oldsmobile, kreiert, das noch heute weit verbreitet ist; Giovanni Agnelli, Grün-

20 oben *Fotografie aus dem Jahre 1904: Kavallerie-Offizier Giovanni Agnelli, Gründer von Fiat, mit dem Techniker Marchesi auf dem Firmengelände in der Corso Dante, Turin. Fiat wird am 11. August 1899 gegründet und gilt schon bald als erste Adresse unter den italienischen Automobilherstellern. Agnelli zählt zu den ersten Verfechtern von Daimlers und Benz' Arbeiten und verbreitet ihre Ergebnisse in Italien.*

20 unten *Emsiges Arbeiten in der Fiat-Fabrik im Jahr 1900.*

20-21 oben *Das erste Logo der „Fabbrica Italiana di Automobili Torino" (FIAT) zeigt eine Abbildung des Fabrikgebäudes unter einem Blumendekor im Art-Déco-Stil.*

20-21 unten *Der erste Fiat wird „4 PS" getauft, obwohl er in Wirklichkeit nur 3,5 PS Leistung bringt. Marcello Alessio, ein Kutschenbauer, entwirft den Wagenaufbau mit der Bezeichnung „Duo". Er bietet Platz für drei Passagiere, die sich gegenübersitzen; auf Wunsch ist auch eine andere Sitzanordnung lieferbar. Der waagerecht eingebaute Zweizylindermotor mit 679 ccm Hubraum ist eine Konstruktion von Aristide Faccioli und sitzt im Heck.*

21 oben links *Die dunkleren, parallel gestrichelten Linien dieser Zeichnung des 4 PS zeigen den Kettenantrieb. Der Benzintank befindet sich unter dem Hauptsitz.*

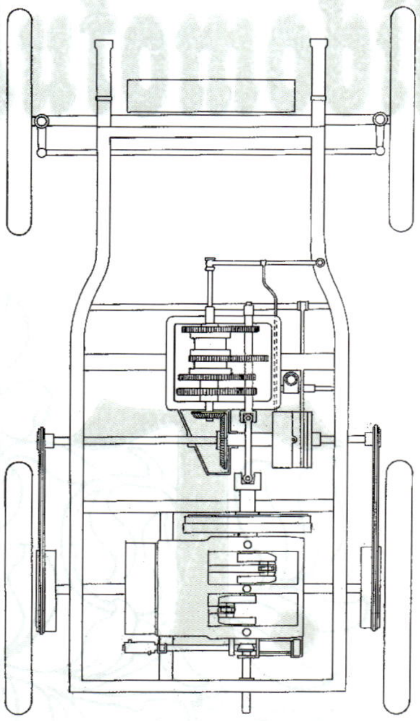

21 unten links *Das erste Fiat-Modell, der 4 PS, von unten betrachtet. Gut erkennbar ist das Lenkgetriebe, das von einer ähnlichen Lenkstange gesteuert wird, wie sie zu der Zeit in den Straßenbahnen üblich ist. Vorne sind die Rippen des Kühlers zu sehen.*

21 rechts *Auch in Italien entdecken die Automobilhersteller die Möglichkeiten der Anzeigenwerbung. Dies ist die erste Anzeige von Fiat; man beachte die Farben des Autos, besonders das Rot der Speichen und Felgen im Kontrast mit den weißen Reifen und der schwarzen Karosserie.*

22 oben *Dieses eigenwillige selbstfahrende Vehikel hat große historische Bedeutung: Es ist Lizzie, das erste Auto von Henry Ford aus dem Jahr 1896. Auf dem Sitz der zufriedene Henry.*

22 Mitte *Zwei nützliche Accessoires zieren Lizzies Front, eine Klingel und eine Lampe. Gesteuert wird mithilfe einer schmalen Lenkstange, ähnlich dem Ruder eines kleinen Außenbordmotors am Motorboot. Lizzie hat Hinterradantrieb mit Kettenschaltung, der Motor befindet sich – wie zu dieser Zeit üblich – unter der Hauptsitzbank. Schutzbleche, Stoßfänger oder ein schützendes Verdeck fehlen vollständig.*

22 unten *Dieses Foto könnte die Überschrift „Kriegsgeplänkel" tragen, es zeigt Henry Ford wie er einer pferdegezogenen Kutsche scheinbar tiefe Achtung erweist. Tatsächlich aber arbeitet er emsig an ihrem Verschwinden.*

23 oben *Henry Ford hinter dem Steuer einer seiner Kreationen. 1907 bietet er zwei ähnliche Modelle an, das Modell R und das etwas spartanischere Modell S.*

der der Fiat, ursprünglich Kavallerieoffizier; Schmidt und Stoll, eigentlich Hersteller von Strickwaren, deren Führungsqualitäten jedoch die Basis der heutigen Audi bilden; und der größte von allen, der Lokomotiv-Reparateur Henry Ford.
Die Aktivitäten von Henry Ford sind von Beginn an mehr als lebhaft. Sein erstes Modell nennt sich Quadricycle und in den Chroniken wird sein Entstehungsdatum auf das Jahr 1896 beziffert.
Im selben Jahr lässt Olds seinen ersten Viersitzer auf den Straßen fahren – ein echtes Automobil, sicher, mit großen Rädern ausgestattet, das jede Art von Belastung aushält. In der Pionierzeit befindet sich dieses – natürlich verdecklose – Auto direkt auf dem zweiten Platz nach dem „Model T" von Ford: der Curved Dash Olds.
Das erste Vierrad ist jedoch ein echtes Beispiel des für die ersten Prototypen charakteristischen Minimalismus: Es hat große Räder, einen rückwärtig angebrachten Zweizylindermotor (später wird er im Zentrum unter den Sitzen platziert), einen Lenkhebel, der sich um seine Längsachse drehen kann und der die Räder bewegt.
Das zwei Jahre darauf folgende Modell scheint bereits besser ausgearbeitet zu sein und hat sogar einen gepolsterten Sitz; das

23 unten *Der Ford Modell T ist wahrscheinlich das wichtigste Auto in der Geschichte des Automobils überhaupt. Es ist das Auto mit dem Amerika mobil wird. Gebaut werden viele Varianten: Zwei- und Viersitzer, Tourer oder Roadster und sogar Kleinlastwagen. Die typischen Merkmale eines vielseitigen Autos sind alle vorhanden, außerdem auch eine Neuheit: die Blattfederung quer über die Achse. Bei diesem 1909er Touring, der für 850 Dollar zu haben ist, gehören die Öllampen zum Standard.*

Modell aus dem Jahre 1901, das von der Detroit Automobile Company montiert wurde, ist sogar mit einem schönen Lenkrad ausgestattet. Die Firma Ford gibt es zu diesem Zeitpunkt noch nicht, sie wird erst 1903 gegründet, und das erste Auto, das unter dem Markennamen Ford auf den Markt kommt, ist das „Model A", das später durch das Modell „C" und im Jahre 1906 durch das Modell „N" ersetzt wird. Auf den steilen und holprigen Straßen der städtischen und ländlichen Gegenden Europas fahren zur gleichen Zeit ähnliche, nein, sogar technisch weiterentwickelte Modelle. Der Wunsch nach Auszeichnung durch Sicherheit, Geschwindigkeit, Wendigkeit und auffälliges Design treibt die Erprobung neuer, revolutionärer Vorrichtungen und Ausstattungen voran. Nicht wenige der technischen Neuerungen, die heutzutage an modernen Wagen Anwendung finden, sind in jener Zeit mindestens theoretisch durchdacht und konzeptuell niedergelegt worden. Ein Beispiel hierfür? Der Twin Spark, d. h. die Zwillings- oder Doppelzündung, die in jenen Jahren von Alfa Romeo patentiert wurde.

__24 oben links__ Bei diesem Olds Curved Dash Runabout von 1902 ist das Verdeck hochgeklappt. Die Bezeichnung „Runabout" wird zu Beginn des Jahrhunderts häufig verwendet und bezieht sich auf Modelle mit kurzem Radstand im Gegensatz zum „Tourer", der größer und geräumiger ist. Entwicklungsgeschichtlich betrachtet sind die Runabouts die Vorläufer der zweitürigen Convertibles, Roadster und Sportwagen. Aus den Tourern entwickeln sich später die Torpedos, die viertürigen Convertibles und die Cabriolets. Der Curved Dash ist in den USA das erste Automobil, das in Großserien produziert wird. Es hat einen Einzylindermotor mit 4 PS.

__24 oben rechts__ Als Ergebnis von Umstrukturierungen bei der Detroit Automobile Company wird im Jahr 1902 Cadillac gegründet. Im Januar 1903 kann bei der New Yorker Auto Show der erste Cadillac vorgestellt werden: der Tourer Modell A (im Bild). Das Auto mit seinem 10-PS-Motor hat großen Erfolg: 2286 Exemplare werden verkauft. Bemerkenswert ist die Ähnlichkeit zum Ford Modell A.

__24 unten__ Verglichen mit dem Curved Dash hat der Oldsmobile Touring aus dem Jahr 1905 einen erheblich längeren Radstand.

__25 oben__ Einer der ersten Peugeots: der 1892er Vis-à-vis. Ausgefallen ist das Blümchenmuster auf den Seitenteilen und dem Verdeck, sogar die Kotflügel sind mit einem Muster verziert.

__25 unten__ In dieser frühen Phase der Automobilgeschichte ist auch Horch eine wichtige Marke. Dieser Tonneau, der zwischen 1900 und 1905 produziert wird, hat einen starken 2,5-Liter-Motor, der 12 PS Leistung bringt. Die Höchstgeschwindigkeit liegt bei 35 km/h.

Unter freiem Himmel mit Runabout, Roadster und Baquet

Kurz nach der Jahrhundertwende beginnen sich die Wege der Autos mit und ohne festem Dach zu trennen. In der Literatur zur Geschichte des Autos wird die Entstehung von Cabriolet und Spider um die Mitte der 20er-Jahre angesiedelt. Aber abgesehen davon, dass wir dieses Datum zweifelsohne um mindestens zehn Jahre zurückverlegen müssen, dürfen wir auch nicht die Geschehnisse aus den Jahren 1900 bis 1910 vernachlässigen. An ausdrucksstarken Modellen mangelt es hier nicht, aber wichtiger ist die Tatsache, dass zu dieser Zeit zahlreiche stilistische Entwicklungen und technische Neuerungen stattfinden, deren Herkunft sich in vielen Fällen bis zu den Planungszentren in den USA zurückverfolgen lässt.
Bezüglich der Autos ohne starre Decke lassen sich innerhalb der Entwürfe drei Strömungen (die Wagen für die Wettkämpfe des Grand Prix ausgenommen) unterschei-

26 oben *Diese ungewöhnliche Parade im Jahr 1904 zeigt Buick-Händler, die Autos aus der Flint Fabrik in ihre Verkaufsstellen überführen. Buick ist eine neue Marke und die Fabrik wurde erst kurz zuvor von der Herstellung landwirtschaftlicher Fuhrwerke auf die Automobilproduktion umgestellt.*

26 Mitte *Schon nach drei Jahren liegt Buick mit seinen Verkaufszahlen an zweiter Stelle, hinter Ford. Das Bild zeigt den Tourer Modell H, Baujahr 1907.*

26 unten *Der Ford Modell N, ein kleiner Runabout mit hoher Geschwindigkeit: 45 km/h. Er ist der Vorläufer des Modells T.*

den: „Runabout“, „Roadster“ und „Baquet“. Die Runabouts sind winzige Zweisitzer mit oder ohne Verdeck. Die Gestaltung ihrer Karosserie beschränkt sich auf das Wesentliche. Meistens haben sie einen Ein- oder Zweizylindrigen Motor (manchmal aber werden sie mit einem Elektro- oder sogar mit einem Gasmotor angetrieben). Mit ihrem außerordentlich kurzen Achsenabstand repräsentieren sie die Vorläufer der europäischen und amerikanischen Mini-Cabriolets der 20er-Jahre, doch noch sind sie eng mit der Tradition der Pferdekutschen verbunden. In den Industrieländern finden sie weite Verbreitung.
Eine Weiterentwicklung dieser bescheidenen Fahrzeuge stellen die röhrenden Roadster dar, die wenig länger, doch wesentlich leistungsstärker sind. Abgesehen von den zwei Vordersitzen haben die Roadster noch einen gefährlichen und vollkommen unbequemen Klappsitz zu bieten,

27 oben Cadillac Modell G von 1907, ausgestattet mit Verdeck. Die Verdeckkonstruktion ist beachtlich, jedes Mal, wenn das Verdeck eingesetzt werden soll, muss es mit drei Metallstützen und Querstreben an den Seitenteilen der Karosserie befestigt werden. Es kostet 120 Dollar.

27 Mitte *Königin Margerita von Italien in einem Fiat Brevetti, bekannt als Cabriolet Royal. Dieses Modell wird von 1905 bis 1912 gebaut. Es ist ein typischer Landauer, bei dem sich im hinteren Teil das Dach als Faltverdeck öffnen oder schließen lässt. Fahrer und Beifahrer werden durch ein festes Dach geschützt, allerdings fehlen vorne seitliche Abdeckungen.*

27 unten *Ungewöhnlich ist bei diesem 1912er Buick Modell 22 die nach hinten geneigte Windschutzscheibe, durch die der Luftwiderstand reduziert wird.*

der, aus Gründen, die sich der Leser selber ausdenken darf, „Schwiegermutter-Sessel" genannt wird. Die Baquets schließlich, die in den Vereinigten Staaten auch mit „Tourings" oder „Phaetons" betitelt werden, erinnern eindeutig an die von Pferden gezogenen Fahrzeuge. Der französische Name Baquet, der in der Übersetzung „Holzzuber" heißt, stellt eine gelungene Analogie zur Form des Wagens her. Im Vergleich zu den Runabouts und Roadsters sind die Baquets größer, bequemer, leistungsstärker und eleganter. Oft haben sie Vierzylindermotoren mit einem Hubraum von 3–4 Litern. Mindestens vier Fahrgäste finden in ihnen Platz, die hoch über dem Wagenboden sitzen, wobei die hinteren Sitze die vorderen an Höhe überragen. Die Sitze bilden eine Art von kleinem Salon, der aus zwei Bänken, zwei Sesseln und einer Bank oder vier einzelnen Sesseln besteht. Manchmal fehlt das Verdeck, immer aber die Windschutzscheibe und, was die Ausstattung betrifft, die Türen, insbesondere die vorderen.
Auf beiden Seiten des Ozeans blüht die Produktion von Runabouts. Manchmal gibt es von ihnen auch Versionen mit größerem Achsenabstand wie bei den Baquets (oder Tourings). Lassen Sie uns einen kurzen Blick auf diese Zeit werfen und beginnen wir mit dem Ältesten, heute noch fahrenden Auto aus Großbritannien, dem Daimler AD 1897.
Nach nur zwei Jahren wird die Lenkstange des Daimler AD durch ein Steuerrad ersetzt. Im Jahre 1900 gibt der von der

28 oben *Der Bugatti Typ 22 sieht im Firmenkatalog gut aus, doch sein Design ist einfach und von der Eleganz des Atalante Typ 57 noch weit entfernt. Die Karosserie wird als sportlicher Torpedo beschrieben, tatsächlich aber ähnelt sie eher einem Runabout. Auffällig ist auch der ausklappbare Notsitz („Schwiegermuttersitz"), der für den Aufpreis von 50 Francs zu haben ist.*

28-29 *Vom Buick Modell 26, Baujahr 1911, werden 1000 Stück verkauft. Er ist ein typischer Vertreter der ersten Roadster-Modelle – sportlich und schön ausgearbeitet. Das Modell hat kein Verdeck, aber dafür sind die Kotflügel und Trittbretter interessant, kann man doch an ihnen die Entwicklung zu den weichen, abgerundeten Formen des Futurismus schon erkennen.*

28 links *Dieser Cadillac aus dem Jahr 1909 bietet den Schutz eines Verdecks für Fahrer und Beifahrer, während der Passagier auf dem Notsitz den Launen des Wetters ausgeliefert ist.*

28 unten *Dieses Foto wurde lange nach dem Bau der beiden Modelle aufgenommen (die Produktionsjahre stehen auf den Tafeln). Links, am Steuer des Tonneau sitzt August Horch, Gründer der gleichnamigen Firma. Modelle dieser Art werden allgemein auch „Breaks" genannt und sind eher hässlich als praktisch. Am Steuer des wesentlich eleganteren Doppelphaeton, rechts, sitzt Dr. Stöss.*

29 oben *Der Buick Roadster Modell 24 von 1912 unterscheidet sich vom Modell 26 in erster Linie durch seinen praktischen Regenschutz.*

29 Mitte *Louis Delage, 1905 Gründer der gleichnamigen Firma, zusammen mit Augustin Legros und einem seiner ersten Autos. Delage arbeitet mit Bauteilen von De Dion-Buton, der in dieser Zeit als einer der verlässlichsten und angesehensten Hersteller gilt.*

29 unten *Die Flaggen an der Windschutzscheiben geben einen Hinweis auf die Insassen: es sind Franklin Delano Roosevelt und seine Gattin in einem Cadillac von 1912.*

Autoleidenschaft infizierte Diplomat Jellinek, der dank seiner Genialität gemeinsam mit seiner Tochter Mercedes in die Annalen der Geschichte eingehen wird, bei der (deutschen) Daimler einen wunderschönen Rennwagen, der komplett aus Stahl gefertigt ist, in Auftrag.
Verschiedene Wagen kommen im Jahre 1903 auf den Markt: Der Fiat 24-32 HP mit kurzem Radabstand (mit langem ein Phaeton), in den Vereinigten Staaten – man achte auf die selten einfallsreiche Namengebung – der Packard Modell F mit seiner modernen, in die Zukunft weisenden Karosserie aus Flachplatten, der einzylindrige Overland, der Rambler 1903, der dank der Anordnung der Sitzplätze eher einem Baquet nahe kommt: Außer den zwei Sitzen für Fahrer und Beifahrer gibt es, vor diesen und tiefer gelegen, noch zwei Kindersitze, während weitere zwei Passagiere hinten, auf einem der Fahrtrichtung entgegengesetzten Sitz Platz finden. Das Ganze ist auf kleinstem Raum angeordnet. Erwähnenswert ist auch der De Dion-Buton mit seinem gut ausgearbeiteten Motorraum. Im Jahre 1904 wird der ebenfalls einzylindrige Pope Tribune eingeführt, im darauf folgenden Jahr der Overland Modell 17, der eine hohe Rückenlehne und endlich einen richtigen Kühler hat. Aus dem gleichen Jahr stammt das Ford Modell „N", Vorläufer des Ford Modell T, auf den wir noch zu sprechen kommen.
1907 entsteht der Buick Modell G mit einer 70 Dollar teuren, verstellbaren Lenksäule als Sonderausstattung (eine Vorrichtung, die in die serienmäßige Ausstattung der Folgejahre nicht immer integriert ist); der verdecklose Ford Modell R und der äußerst elegante, elektrisch betriebene Studebaker kommen auf den Markt. Das Cadillac-

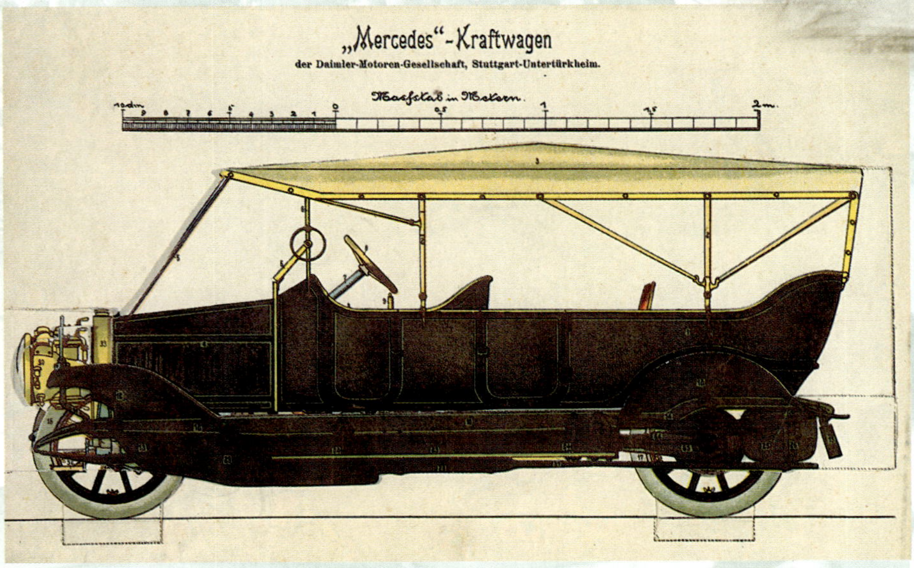

30 oben *Mercedes Jellinek baut nicht etwa selbst Autos, dennoch wird ihr Name in der Geschichte des Automobils für immer unvergesslich bleiben. Ihr Vater, der Diplomat Emil Jellinek, ist ein großer Verehrer der Motorentechnik mit ausgeprägtem Geschäftssinn. Er gibt zunehmend leistungsstärkere Daimler-Motoren in Auftrag, die bei Rennveranstaltungen große Erfolge erzielen und entsprechend Aufsehen erregen. Obwohl Daimler auf diese Art der Werbung keinen Wert legt, will er den wichtigen Kunden nicht verlieren. Er lässt Jellinek sogar gewähren, als dieser beginnt seine Autos nach seiner Tochter zu benennen. So kommt Mercedes schließlich zu seinem Namen.*

31 oben links *Zwei Automobilfreunde bei einem Ausflug mit Geleitschutz: es sind Kaiser Wilhelm II. und Eduard VII., König von England. Bei dem Auto handelt es sich um einen Daimler Simplex 18/22 PS, der zwischen 1901 und 1905 gebaut wird.*

31 oben rechts *Der König von Bulgarien in einem Mercedes Simplex 18/22 PS. Beachtenswert: Fahrer und Beifahrer haben keine Türen.*

30 Mitte *Hochbetrieb in der Mercedes-Fabrik zu Beginn des Jahrhunderts.*

30 unten *Diese technische Zeichnung zeigt ein Modell der Daimler-Motoren-Gesellschaft, das bereits den Namen „Mercedes" trägt.*

31 Mitte *Ein aufschlussreicher Blick in die Benz-Fabrik in Mannheim: auf der linken Seite die noch unfertigen Chassis, in der Mitte und rechts die Abteilung für Sitze und Polster, dahinter und ganz rechts die Karosserien.*

31 links *Farbiges Porträt eines Wolseley von 1904.*

31 unten rechts *Die elegante Karosserie eines Daimler Simplex Doppelphaeton, der bereits den Namen Mercedes trägt. Das erste offiziell Mercedes genannte Modell ist der Simplex 35 PS von 1901. Er ist vergleichbar mit dem 18/22 und anderen Simplex-Modellen dieser Zeit. Das Foto zeigt eine Version aus dem Jahr 1904. Sie ist technisch gut entwickelt, auch in Bezug auf die Leistung. Trotzdem sind Fahrer und Beifahrer immer noch dem Wetter ausgeliefert, weil Daimler hartnäckig an den charakteristischen Merkmalen des Kutschendesigns festhält.*

Modell „S" stammt demgegenüber aus dem Jahr 1908. Auch dieser Wagen ist verdecklos, dabei aber auf vollendete Weise luxuriös.

Der Runabout entwickelt und verwandelt sich still und leise zum Roadster. Nicht wenig Bedeutung trägt hierbei vor allem die amerikanische Produktion, denn bereits bei dem Buick Modell 10 aus dem Jahr 1908, der noch als Runabout bezeichnet wurde, handelte es sich in Wirklichkeit um einen Roadster. Aus demselben Jahr stammt der Ford Modell S, ein recht spartanisches, verdeckloses Modell. Bei dem Olds von 1910 wird dagegen der Achsenabstand wesentlich verlängert.

In der Zwischenzeit hat jedoch das für die Geschichte des Automobils wahrscheinlich wichtigste Modell seinen Auftritt: Der Ford T, entstan-

33 oben *Obwohl dieser Buick Tourer von 1902 einen Baquet-Aufbau hat, nimmt er doch schon einige typische Merkmale des Torpedos vorweg. Die Bezeichnung Tourer wird zu Beginn des Jahrhunderts in den USA für offene Wagenmodelle mit zwei Sitzreihen, einer Standardkarosserie und eher „bummelnder" Fortbewegungsweise verwendet.*

33 unten *Dieser Cadillac Modell 30 wird 1911 verkauft. Er hat einen langen Radstand, zwei Türen (nur hinten) und ein langes, mit Riemen gespanntes Verdeck. Wären die Details nicht so penibel ausgearbeitet und die Karosserieteile etwas gleichförmiger, so könnte dieses Modell als eines der ersten Torpedos angesehen werden.*

32-33 *Noch etwas verfrüht, doch sinnbildlich beschreibt das Foto den Übergang vom Pferd zum Auto. Links ein Ford Modell N von 1906.*

32 *Der Fiat 28/40 PS ist mit drei unterschiedlichen Radständen zu haben: standard, lang und extra lang. Er hat einen Vierzylindermotor mit 7363 ccm, der eine Spitzengeschwindigkeit von 90 km/h zulässt. Bemerkenswert ist die dritte Sitzreihe bei der unteren Version, die in diesem eleganten italienischen Baquet den Transport von insgesamt 6 Personen erlaubt.*

den im Jahr 1908. Er wird bis zum Jahr 1928 in mehr als 15 Millionen Exemplaren produziert, eine Rekordzahl, die in den kommenden 40 Jahren nicht überboten werden sollte. Er motorisiert ganz Amerika, revolutioniert das Verhältnis zwischen Industrie und Arbeitskräften, er führt mit Erfolg das Fließband-System ein. Das T-Modell erscheint in allen Ausführungen: Als Runabout, Roadster, als Torpedo, sogar als Landaulet und als offener Transportwagen. Machen wir einen Sprung zur Produktion des Jahres 1911 und bleiben wir bei den Beispielen: Buick Modell 38 und Cadillac Roadster sind weniger nüchtern und komfortabler (haben sogar Verdeck und Türen!) als die vorausgegangenen Modelle; das ulkige Chevrolet Royal Mail stammt aus dem Jahr 1914 und kommt in den Farben Grau und Pflaume auf den Markt. Schließlich ist noch der Buick D6-44 von 1916 zu nennen, der ein neues Heck hat, das außergewöhnliche Ähnlichkeiten zu den Kofferräumen moderner Limousinen aufweist. In Europa erwarten uns die plumpen Baquets, enge Verwandte sowohl der Runabouts als auch jener Furcht erregenden fahrbaren Untersätze, die heute mal „Break“, mal „Tonneau“ genannt werden und die als Verdeck einen hohen Baldachin

34 oben *Henry Ford mit Familie bei einer Testfahrt des Tourers Modell T. Diese Version wird „Viertürer“ genannt und hebt sich dadurch von den bisher üblichen Konstruktionen mit nur zwei Türen (und die auch noch hinten) ab. Endlich darf auch der Fahrer bequem einsteigen, doch ... weit gefehlt! Hier ist die Tür nur Attrappe.*

34 Mitte *Dieser Modell T Tourer (wahrscheinlich von 1912) ist traditionell gehalten, typisch auch die fehlenden Türen vorne.*

34 unten *Der Ford T Tourster, eine der vielen Varianten, dank derer das Modell T 15 Millionen Mal verkauft werden kann.*

35 oben *Dieses Kinobild zeigt das Modell T in einer seiner vielen Filmrollen. Hier sitzen Stan und Olli – wie so oft – kräftig in der Klemme.*

35 Mitte *Dieser Ford Modell T ist speziell für den Wüsteneinsatz ausgerüstet oder genauer für einen Maharadscha. Bemerkenswert ist hier die Seitenabdeckung, hinter der sich Picknick-Geschirr und -Proviant verbergen und die sich praktischerweise als Klapptisch nutzen lässt.*

35 unten *Dieses Bild zeigt mehrere Produktionsstufen außerhalb des Werksgebäudes. Im Vordergrund kontrolliert ein Mechaniker die Vorderachse eines zukünftigen fünfsitzigen Ford Modell T. Durch das Fehlen der Karosserie ist die Konstruktion des Chassis – bestehend aus zwei Rahmenlängsträgern – und der Hinterachse deutlich zu erkennen.*

haben. Zur Vervollständigung und um in Gedanken die Klammer zu schließen verweisen wir auf ein Beispiel, auf den Horch 10/12 PS von 1903. Wenn man von Baquets, Phaetons und Tourings spricht, kann man den ersten Daimler, der unter dem Markenzeichen Mercedes erschien, nicht vernachlässigen. Es ist der 18/22 PS Simplex aus dem Jahr 1902. Sein Verdeck schützt nur die hinteren Passagiere, und obwohl er relativ kurz ist, ist das Trittbrett nicht mit den vorderen und hinteren Kotflügeln verbunden. Von diesem Modell gibt es auch eine Landaulet-Ausführung, d. h. ein geschlossenes Modell. Der Motor erreicht mit einem Hubraum von 5900 Kubikzentimetern eine maximale Leistung von 35 PS. Aus demselben Jahr stammen der Benz Phaeton Tonneau und der Parsifal (mit einer maximalen Leistung zwischen 8 und 14 PS). Beide haben ein Heck, das einer Badewanne nicht unähnlich sieht, und es kann ihnen nicht gelingen, das Etikett „Baquet“ loszuwerden.
Von der anderen Seite des Ozeans sei noch ein Ford-Modell erwähnt, der Ford Modell K von 1906, der mehr Erfolg als Touring denn als Roadster hatte. 1907 präsentiert Rambler das Modell 24 und Buick das Modell H. Aus dem Jahr 1908 stammt die Oldsmobile-Serie M-Touring.
Der Opel-Darracq 9 PS aus dem Jahr 1909 hat nur zwei seitliche Zugänge und eine Sitzbank zu bieten. Sein Verdeck ist sehr breit, ausgestattet mit zwei Stützstangen aus Metall, vier Rippen und zwei Streben, die am Vorderwagen befestigt werden (ein System mit dem auch manche Torpedos ausgerüstet sind): Mit seinen offenen und vor Unwettern völlig ungeschützten Seiten erinnert es mehr als alles andere an ein Campingzelt. Aufgrund seines sehr kurzen Radabstands ist das Trittbrett lediglich eine kleine Krümmung zwischen hinterem und vorderem Kotflügel. Es gibt keine Tür. Die Front mit ihrem noch nach hinten absinkenden Kühler ist äußerst unschön. Aus Spaß an der Freude sei hier noch auf den aus dem Jahre 1910 stammenden Stanley mit seinem Dampfmotor hingewiesen.
Zwei Beispiele aus Italien: Der Lancia Beta 20 HP aus dem Jahre 1909 und der Alfa 15 HP von 1910. Ersterer ist Vorgänger der folgenden Gamma-, Delta- und Epsilon-Modelle. Obwohl die Türen fehlen, ist sein äußeres Erscheinungsbild vornehm und seine Ausstattung luxuriös. Er hat große, aber wohlproportionierte Kotflügel, große Scheinwerfer, die neben dem vertikalen, vergoldeten Kühler genau richtig platziert sind, was sich im Verlauf der folgenden Jahrzehnte gegen die Platzierung neben dem Fahrersitz durchsetzen wird. Die Räder sind mit einer Gummibereifung belegt und haben je zehn Speichen, ähnlich der damaligen Lokomotiven. Die Speichen folgen in ihrer Farbgebung der vorherrschenden Mode und sind häufig rot lackiert. Das Fahrzeug ist recht lang, denn allein sein Chassis erreicht eine Länge von fast vier Metern. Die Gesamtbreite umfasst 162 Zentimeter. Das Vorhandensein des Trittbretts ist zum Erreichen der erhöhten Sitze unabdingbar; die Vordersitze sind zwei richtige, separate Polstersessel mit

__36-37__ 1914er Renault Sport Torpedo, gesteuert von einer eleganten Dame. Gemessen an den standardmäßigen Klassifizierungen kann dieser Wagen mit Vierzylindermotor und 25 PS als Roadster eingestuft werden.

__36 unten__ Ein englischer Daimler von 1910 mit typischer Tourer-Karosserie, luxuriöser Polsterung, wunderschöner Ausarbeitung und zahlreichen Zierelementen.

__37 oben__ Dieser deutsche Roadster ist ein Opel von 1909. Sein eigenwilliger Name „Doktorwagen" deutet an, dass die Opel-Brüder das Modell für einen Kunden der Mittelklasse anbieten wollen, der Wert legt auf Zuverlässigkeit, Robustheit, Geschwindigkeit, Vielseitigkeit und die Möglichkeit, bei jedem Wetter zu fahren.

__37 Mitte__ Die geteilte Windschutzscheibe dieses Opel Torpedo 6/16 PS von 1911 wirkt zu groß. Die Klassifizierung als Torpedo ist bei der geschlossenen Variante dieses Wagens mit der Karosserie von Karmann bereits angemessen.

__37 unten__ Opel Torpedo 5/12 PS von 1912 – die Karosserie macht das Auto jedoch eher zum Roadster als zum Torpedo.

einem bunten Lederbezug, die Rücksitze ähneln einem gemütlichen Sofa. Der Rahmen des Verdecks wird aus vier Speichen gebildet.
Und nun eine kurze Bemerkung zu den technischen Besonderheiten. Der Vierzylindermotor hat einen Hubraum von 3120 Kubikzentimetern und kann eine maximale Leistung von 34 PS und 1500 Umdrehungen pro Minute erreichen. Zum ersten Mal handelt es sich dabei um einen Zylinderblock mit feststehendem Kopf. Der Wagen hat vier Gänge, Kardanantrieb (zu jener Zeit war noch die Kettenübertragung üblich), mechanische Bremsen mit Wirkung auf die Hinterräder und die Übertragung. Seine Höchstgeschwindigkeit liegt bei 90 km/h. Von diesem Modell, das man heute im Vincenzo Lancia Museum in Turin bewundern kann, werden 150 Exemplare gebaut.
Ein luxuriöses Beispiel für einen Baquet ist schließlich der Rolls Royce Silver Ghost von 1912. Er ist sehr lang, elegant und verdecklos. Er hat Ledersitze im Chesterfield-Stil; der Fahrersitz befindet sich im vorderen Zentrum des Wagens (eine Parallele zu den Kutschen) und hat keine Tür. Die unverzichtbaren Trittbretter sind mit den Schutzblechen zu einer harmonischen Form verbunden, die in der Folgezeit dominierender Charakterzug der Seitenlinie bleiben wird. Die Scheinwerfer scheinen wahrhafte Fremdkörper zu sein, von der restlichen Karosserie abgetrennt ebenso wie die Räder, die für lange Zeit nicht vom Wagengehäuse verdeckt werden sollten.
Mehr oder weniger alle Baquet- oder Touring-Modelle, die bis hierher erwähnt wurden, haben keine Vordertüren. Diese entstehen erst mit dem Aufkommen der Torpedos.

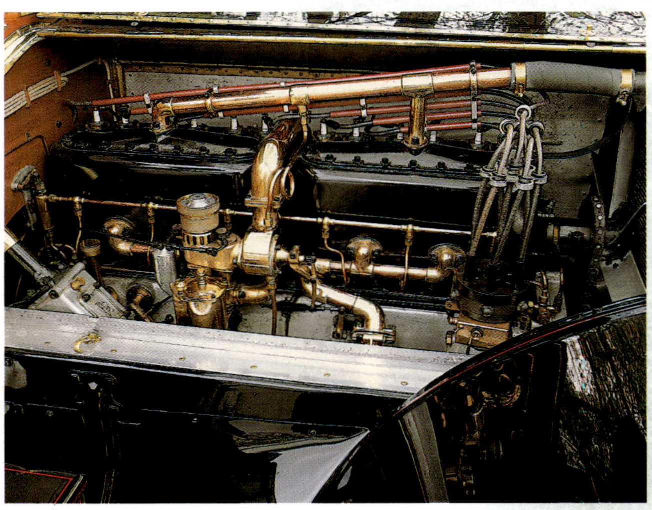

38 oben *Eines der elegantesten Autos seiner Zeit – der Rolls Royce Silver Ghost 40/50 von 1907. Dieses Modell gehört zum Fuhrpark der königlichen Familie in Belgien. Das Verdeck, das durch Riemen an den vorderen Kotflügeln gestrafft wird, überdeckt das elegante Interieur dieses großen Baquets.*

38 Mitte *Ein Blick in das Cockpit des Silver Ghost zeigt die prächtige Innenausstattung, die wahrhaft „königlich" ist. Vor den beiden Klappsesseln ist eine zweite Windschutzscheibe eingebaut (im Bild heruntergeklappt), die diesen Rolls Royce zu einem Dual-Cowl-Modell macht.*

38 unten *Ein genauer Blick in den Motorraum des Rolls Royce Silver Ghost 40/50.*

38-39 *Rolls Royce Landauer von 1911 – Landauer oder auch Landaulette ist die Bezeichnung für eine allgemein sehr prächtig ausgestattete Karosserie, deren Fahrgastzelle von allen Seiten geschlossen ist und die im hinteren Abschnitt teilweise oder ganz geöffnet werden kann. Es gibt Ausführungen, bei denen der Fahrer im Freien sitzt und solche, bei denen er in die geschlossene Fahrgastzelle einbezogen ist.*

39 oben *Dieser Rolls Royce ist für einen Maharadscha bestimmt. Er weist Merkmale auf, die ihn für Prunkparaden prädestinieren, z. B. der extrem lange Radstand, der „turmartige" geschlossene Fahrgastraum und die hintere Sitzbank im Freien. Doch trotz der prächtigen Ausarbeitung und der hochwertigen Materialien wirkt dieses Modell schwerfällig und wuchtig.*

39 unten *Die klassische Baquet-Karosserie dieses Rolls Royce von 1906 ist stahlgrau. Die für diese Zeit riesigen Reifen passen zur gewaltigen Größe des Autos. Unter dem Trittbrett verbirgt sich nützlicher Stauraum.*

Heldenzeiten: Die großen Unternehmen

Laut eines unschönen, aber nicht ganz unwahren Klischees fördert jeder Krieg die technologische Entwicklung. Dasselbe wird von Autorennen behauptet. Aus den Extremsituationen, denen Fahrer und Wagen während dieser Rennen ausgesetzt sind, kann die Industrie Rückschlüsse auf das Verhalten und die Belastbarkeit der Autos ziehen.

Im 20. Jahrhundert erscheint dies jedoch als pure Gedankenlosigkeit angesichts des in den vergangenen hundert Jahren gewachsenen know-hows und vor allem angesichts der Tatsache, dass die gesamte Planung eines neuen Modells mehrere Milliarden Mark verschlingt. In der Geschichte des Automobils spielen Rennen eine wichtige Rolle, vor allem dann, wenn die an diesen Rennen teilnehmenden Automobile aus Serienproduktionen stammen, wie das z. B. bei den ersten Cabriolets der Fall ist.
Wenn man einmal von den kurzlebigen reinen Schönheitswettbewerben aus den Anfangsjahren des Automobils absieht, so bieten Rennen die Möglichkeit den sportlichen Ehrgeiz zu befriedigen. Gleichzeitig dienen sie als Tests für Ausdauer, Wendigkeit und Verbrauch der Wagen – Eigenschaften, die auch außerhalb des Rings interessant sind.

Von 1895 an ist der Wert dieser Wettkämpfe auch an der Reaktion seitens der Werbung ablesbar, die automatisch beginnt, sich auf Serienmodelle oder allgemeiner auf das Markenzeichen zu konzentrieren. Die Helden am Steuer, deren Biografien fast immer dramatisch enden, verkörpern in der Öffentlichkeit das Ideal von Freiheit von Abenteuer. Königreiche und Regime betrachten die Autorennen eher unter ihrem politischen denn unter ihrem technischen Nutzen und versäumen es nicht, die Taten jener modernen Ritter besonders hervorzuheben.
Eigentliches Heimatland der Rennen ist Frankreich, wo sie mit unvergleichbarem Enthusiasmus aufgenommen werden. Hier spielen sich die ersten Rennen ab und hier führt man den ersten Grand Prix ein, der jährlich vergeben wird. Ab 1894 organisiert der französische Automobilclub zwischen verschiedenen Städten anspruchsvolle Rennen für so genannte Serienmodelle.
Im Folgenden die Rennstrecken und ihre Länge:
1894, Paris–Rouen, 127 km
1895, Paris–Bordeaux-Paris, 1175 km;
1896, Paris–Marseille-Paris, 1700 km;
1897, Paris–Dieppe, 171 km;
1898, Paris–Amsterdam-Paris, 1431 km;
1899, Paris–Bordeaux, 565 km und Tour de France, 2173 km;
1900, Paris–Toulouse-Paris, 1347 km;
1901, Paris–Bordeaux, 527 und Paris-Berlin, 1105 km;
1902, Paris–Wien, 990 km;
1903, Paris–Madrid, 550 km.
Im Jahr 1903 brechen die Organisatoren das Rennen angesichts zahlreicher Unfälle, bei denen zehn Fahrer, Mechaniker und Zuschauer zu Tode kommen, bei Bordeaux ab. Absolute Gewinner der ersten verbissenen

41 unten rechts Mit diesem gefährlichen „Rennwagen“, dem Oldsmobile Pirate, schlägt der Rekordfahrer Dan Wurgis bei einem Eröffnungsrennen auf der Daytona Rennstrecke einen Winton Bullet.

40 oben Das historische Foto zeigt einen Rennwagen unterwegs in einer Stadt beim ersten Autorennen auf der Strecke Paris–Rouen 1894. Die Passanten schenken dem Rennteam nur wenig Aufmerksamkeit, wahrscheinlich wissen sie nicht, dass ein Rennen stattfindet. Das Straßenbild ist noch von pferdegezogenen Kutschfahrzeugen geprägt. Gewinner auf der 130 km langen Rennstrecke ist zunächst Graf de Dion in einem Dion, er wird jedoch nachträglich disqualifiziert, weil er keinen Mechaniker als Begleiter hatte. Den ersten Platz belegt darauf Lemaitre in einem Peugeot.

40 unten Giovanni Agnelli, der Gründer von Fiat, mit Felice Nazzaro bei einer Testfahrt zur Tour von Italien im Jahr 1901. Sie sitzen in einem Fiat 8 PS.

41 oben links Der Fiat 45 PS von 1904 in Aktion, am Steuer sitzt Vincenzo Lancia. Die 60-PS-Version ist wegen seines großen Motors (über 10 Liter!) allerdings bekannter. Bei der Targa Florio war dieses Modell das erste seiner Klasse.

41 unten links Ein Fiat 60 PS beim Winter-Cup 1906. Salmson, der Fahrer, hat diesen Wettbewerb bereits zweimal gewonnen. Beachtlich sind auch die Spikes an den Ersatzreifen.

41 oben rechts Vincenzo Lancia, der berühmte Rennfahrer für Fiat, in einem Fiat 75 PS beim Rennen auf der Strecke Susa–Moncenisio im Jahr 1904.

42 oben *Blick auf die Steuerungselemente und den Sicherungskasten des Mercedes Simplex 60 PS von 1903.*

Kämpfe sind die Panhard-Modelle, die von seinem Teilhaber Levassor gefahren werden. Die beiden werden in die Annalen der Geschichte eingehen, denn es gelingt ihnen, ab 1890 Motoren und das technische knowhow von Daimler nach Frankreich zu importieren. Dies geschieht aufgrund des Einflusses von Levassors späterer Ehefrau, der unternehmungslustigen Madame Sarazin, Witwe Emiles Mors, des Mannes, der die Deutz-Produkte nach Frankreich brachte. Auch Peugeot rüstet sich mit Daimler-Motoren aus und in den Rennen des ACF schneidet er nicht schlecht ab, obwohl es ihm nie gelingen wird, die schrecklichen Zwei zu schlagen. Das Unternehmen besiegt jedoch die Mors- und die Renault-Modelle. Mors ist ein Name, mit dem viele nichts verbinden können. Und doch ist Mors die Firma, in der sich kurze Zeit später das kreative Genie André Citroëns entwickeln wird. Die mittlere Geschwindigkeit der ersten Rennen bewegt sich zwischen 16 und 45 km/h, steigt dann aber leicht an. Im Jahr 1900 etabliert James Gordon Bennet, Herausgeber des New York Herald, einen nach ihm benannten Pokal für Straßenrennen, der bis 1905 in Diskussion bleibt. Auch an diesem Beispiel wird die Überlegenheit der Franzosen deutlich. Lediglich 1902 gelingt es Selwyn Edge, Fahrer eines Napier, die Serie ihrer Siege zu unterbrechen.

Neben den französischen Wettkämpfen und der Gordon-Bennet-Trophy (die sich oft überschneiden) findet man in den Chroniken minutiöse und ausgeschmückte Zusammenfassungen von einer großen Anzahl von Sportveranstaltungen aus den Industrieländern. Hier einige Resultate: 1895: Oskar Müller gewinnt mit einem Benz „Vis-a-vis" das erste Zuverlässigkeitsrennen in den Vereinigten Staaten. 1898: Erstes Rennen auf deutschem Boden (Berlin–Potsdam–Berlin) und Renndebüt der Daimler. 1900: Der erste Rennwagen von

42 Mitte *Dieser Simplex 60 PS aus dem Jahr 1903 hat einen Baquet-Aufbau mit vier Sitzen und vorne keine Türen. Das gesamte Erscheinungsbild dieser Version ist nicht sehr beeindruckend, besonders der Kühler wirkt schmucklos, trist. Es gibt verschiedene Varianten dieses wichtigen Modells, u. a. auch eine einsitzige Rennversion mit 90 PS.*

42 unten *Dieses Foto eines Mercedes Simplex 60 PS von 1903 gewährt einen Blick auf das gewaltige Primärrad des Kettenantriebs. Die drei Ersatzreifen hinter dem Benzintank lassen darauf schließen, dass eine lange Reise bevorsteht. Ein weiterer Hinweis ist auch der am Heck befestigte Außenkoffer.*

Fiat, der Fiat 6 HP, gewinnt, gefahren von zwei zukünftigen Konstrukteuren, Felice Nazzaro und Vincenzo Lancia, das Rennen Vicenza–Bassano–Treviso–Padua bei einer durchschnittlichen Geschwindigkeit von 59,6 km/h. 1901: Die Wettkampfveranstaltungen werden so zahlreich, dass man sie analog zum Gesamtgewicht der Wagen in vier Klassen unterteilt. 1903: Erster Sieg eines Benz in Huy, Belgien, während eines Geschwindigkeitsrennens. Den zweiten Platz erringt ein Daimler-Mercedes. Die durchschnittliche Geschwindigkeit liegt bei 119,8 km/h. Der Fiat 60 HP Baquet gewinnt einen Wettkampf im Schnee, den Winter Cup. Währenddessen erprobt man sich in verblüffenden Unternehmungen wie z. B. den Langstreckenrennen, bei denen staubige und gefährliche Straßen mit verdecklosen Autos erobert werden. Manchmal sind es einsame Abenteuer, manchmal hemmungslose Wettkämpfe. Im Jahr 1897 reist Alexander Winton mit einem Wagen aus dem eigenen Haus in zehn Tagen von Cleveland nach New York. Das erste Langstreckenrennen im Jahr 1900, der „Thousand Miles Trials" in Großbritannien, gewinnt ein englischer vierzylindriger Daimler. 1902 bringt ein zweizylindriger Autocar Runabout die Strecke Philadelphia–New York in sechs Stunden und zehn Minuten hinter sich.

In Ritter- und Heldenzeiten dürfen Duelle nicht fehlen, denn gerade diese begeistern das Publikum. So besiegt im Jahr 1901 in einem Zehn-Meilen-Rennen der erste Sportrennwagen von Ford einen Winton mit einer Durchschnittsgeschwindigkeit von 70 km/h. 1902 wird die Rennstrecke von Dayton Beach eröffnet, und Dan Wurgit schlägt einen Winton Bullet mit seinem einzylindrigen Oldsmobile Pirate, einer gefährlichen Blechkiste, auf der der Fahrer mehr oder weniger zusammengekauert saß wie ein Jockei auf einem Pferd. Im gleichen Jahr findet das Duell Fiat gegen Panhard auf der Rennstrecke Villanova–Bologna statt. Der Fiat 12 HP Corsa gewinnt und legt die 302 Kilometer bei einer durchschnittlichen Geschwindigkeit von 35 km/h zurück.

43 oben *Das Cockpit des Targa Florio 28/40 PS von 1907 ist bewusst schlicht gehalten, weil es für Rennen bestimmt ist.*

43 Mitte *Der Fiat Targa Florio 28/40 PS trumpft bei der Targa Florio im Jahr 1907 voll auf: Nazzaro und Lancia belegen mit diesem Modell die Plätze Eins und Zwei.*

43 unten *Blick in den Motorraum des Fiat Targa Florio von 1907: der Vierzylindermotor hat 7363 ccm Hubraum. Auffällig sind die externen Bauteile des symmetrischen Ventilsteuerungssystems und die Aufteilung des Motors in zwei Blöcke mit jeweils zwei Zylindern. Die Bezeichnung 28/40 HP soll niemanden täuschen, tatsächlich produziert der Motor 60 PS Leistung bei 1200 U/min. Seine Höchstgeschwindigkeit beträgt 100 km/h.*

44–45 *Ein Mercedes Simplex von 1907, ausgebaut als zweisitziger Runabout mit getrennten „Sesseln". Das Modell wird ab 1901 in verschiedensten Karosserieversionen mit langem oder kurzem Radstand angeboten. Der Motor ist ungewöhnlich gebaut: Es sind vier Zylinder, aufgeteilt in zwei einzeln gegossene Blöcke. Die Motorengröße variiert zwischen 4,1 und 9,2 Litern, je nach Modellvariante.*

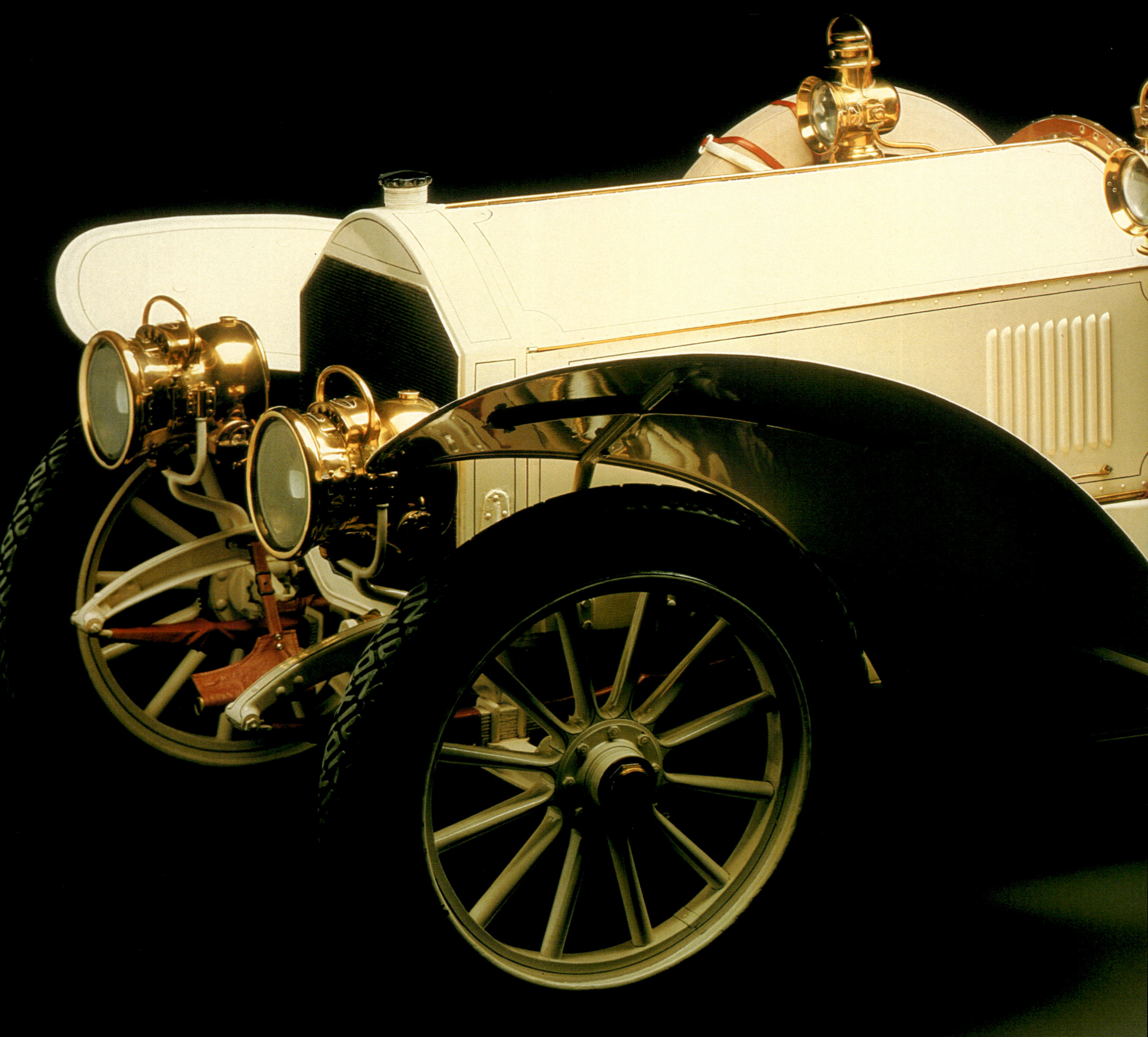

Das Automobil „wird“ verdecklos

Die Verwandlung: Torpedos

46 oben *Ein anderer bekannter Daimler-Benz-Besitzer war Zar Nicholas II., der auf diesem Bild mit seinen Töchtern im Jahr 1911 ein Militärmanöver verfolgt. Bei dem abgebildeten Auto handelt es sich um einen Daimler Knight 16/40 PS, der von 1910 bis zum Beginn des 1. Weltkriegs hergestellt wird.*

Immer besser ausgestattet werden die Automobile, nehmen an Länge und Bequemlichkeit zu, entfernen sich immer mehr von den Droschken, aus denen sie hervorgegangen sind. Aber noch ist der Moment für Versionen mit geschlossenen sportlichen Karosserien nicht gekommen: Die Vorgänger der heutigen Coupés sollten sich noch ein paar Jahrzehnte gedulden müssen, jedoch manifestiert sich ab 1910 ein großer Teil der Charakteristika, die bis in die 40er-Jahre allgemein bekannt werden sollten. Das Bindeglied zwischen Baquet und Touring am Jahrhundertanfang und Cabriolet und Tourenwagen, welche in den 20er- und 30er-Jahren riesigen Erfolg haben werden, trägt einen Namen, der an die ersten Rennen erinnert: der „Torpedo". Dies sind längliche Autos, deren Karosserien aus viereckigen, glatten, wenig geformten Blechen zusammengesetzt sind; sie haben tief liegende Türen, über denen sich keinerlei Schließe oder Schutz befindet; das Verdeck, das im mittleren Teil des Wagens direkt hinter dem Fahrersitz an einem Zapfen befestigt ist, wird durch drei bis vier Rippen versteift und hat entweder Verbindungsstangen,

die an der vorderen Federung befestigt werden, was jedoch eine wirklich unschöne Lösung ist, oder schmale Streben, die ebenfalls der Stabilisierung dienen und neben der Windschutzscheibe eingehakt werden können. Von der Seite und mit offenem Verdeck betrachtet ist es ein Fahrzeug, dessen oberer Teil so flach wie eine gehobelte Fläche erscheint. Das ausgeklappte Verdeck macht jedoch die große Spannweite zwischen dem mittleren Zapfen und der vorderen Haltevorrichtung deutlich.
Am Benz 40-45 aus dem Jahr 1919 offenbart sich der Übergang zwischen Baquet und Torpedo: Seine gewölbten Formen verhärten sich, sogar die hinteren Kotflügel ver-

46 unten *Der Daimler Phaeton 22/40 PS kommt 1910 auf den Markt. Das abgebildete Modell hat einen etwas leistungsstärkeren Motor und wird 1912 hergestellt. Neben dem viersitzigen 22/40 Viersitzer sind auch die Modellvarianten „Kolonialwagen" und „Camp" erhältlich.*

47 oben *Das Lenkrad des Mercedes 37/90 PS besteht aus einem Holzkranz und vier gebogenen Stahlspeichen, die an der Lenksäule befestigt sind.*

47 Mitte *Mit Beginn des Jahres 1910 startet die Produktion des Mercedes 37/90 PS. Im Vordergrund sind die Räder mit geschlossener Felge deutlich erkennbar. Nur ansatzweise sieht man hier dagegen die geraden hinteren Schutzbleche, die aber nicht lange angeboten werden, weil Kunden und Hersteller die geschwungene Form bevorzugen.*

47 unten *Ein Blick auf den Motor des Mercedes 37/90 PS – beachtenswert sind hier die Ventilsteuerung, die Stößelstangen und Kipphebel (es gibt jeweils drei Ventile, ein Einlass- und zwei Auslassventile) und die zum Bogen geschweißten Segmente der Auspuffleitungen. Der Motor ist mit einem extra Kühlsystem für jeden Zylinder ausgerüstet, ein geschweißter Mantel, in dem Kühlwasser zirkuliert.*

48 oben *Der Rennfahrer Louis Chevrolet stolz hinter dem Steuer des Prototypen seines selbst entworfenen Automobils. Tatsächlicher Gründer der Automobilfabrik ist Billy Durant, der von Chevrolets Ruhm als Rennfahrer profitieren will. Während Durant für die Großserienproduktion ein preiswertes Modell haben möchte, entwirft Chevrolet dieses elegante und luxuriöse Auto. Schließlich verlässt Louis Chevrolet die Firma und steigt bei Frontenac ein, während Durant weiterhin eigene Ziele verfolgt und dank des Chevrolet-Modells erfolgreich die Herrschaft über General Motors wiedererlangen kann. Das Schwarzweiß-Foto lässt die Schönheit des Wagens leider nicht zur Geltung kommen. Das Dunkelgrau der Karosserie kontrastiert aufs feinste mit den vergoldeten Abschlussleisten der Tür, dem Kühlergrill, der Starterkurbel und den Scheinwerfern. Die Räder sind cremefarben.*

48 Mitte und unten *Dies ist der erste Alfa Romeo, das Modell 24 PS, Baujahr 1910, mit einem Torpedo-Aufbau. Die Konstruktion dieses Autos und seiner nächsten Nachfolger stammt von Giuseppe Merosi. Die Abbildung darunter zeigt die Hupe. Sie kann vom Fahrer über eine Pumpe neben der Tür betätigt werden.*

wandeln sich in flache, scharfkantige Blechstreifen; die Sitze jedoch ragen immer noch leicht hervor.

Aber nun wollen wir von echten Torpedos erzählen und beginnen deshalb mit dem Chevrolet Classic Six aus dem Jahr 1910. Dies ist trotz fehlendem Verdeck bereits ein mit einer vollständigen und eleganten Karosserie ausgestattetes Modell. Die Seitentüren verschönern feine und dekorative Leisten, die der Innenausstattung farblich angepasst werden. Es hat einen Sechszylindermotor mit 40 PS. Jetzt verlängert sich endlich das Motorgehäuse, und die Front wird von einem hübschen Kühlergrill mit Wabenmuster abgeschlossen.

1911 präsentiert Opel ein neues Modell, das sich deutlich von seinem Vorgänger, dem 9-PS-Wagen aus dem Jahr 1909 unterscheidet. Es ist ein schöner Torpedo mit einer sehr gepflegten Formgebung. Auch bei diesem Modell endet der Kühler vertikal zum Motorgehäuse. Die Scheinwerfer sind neben dem Fahrer platziert, eine Konstruktionsweise, die mit den Jahren völlig verschwinden wird. Im Wagenheck entsteht ein breiter Gepäckraum, kein richtiger Kofferraum, aber ein eigenes Fach in der

49 oben *Dieses Auto stellt sich selbst vor – Name, Modell und erstes Produktionsjahr stehen auf der Seite. Der Aufbau ist ein typischer Torpedo, „originell" ist die Platzierung des Reserverads!*

49 Mitte *Eine Anzeige zur Werbung für den Oldsmobile Six und gleichzeitig zur Feier des 15-jährigen Firmenbestehens. Der Werbetext beschreibt den Six als „neues Auto mit alter Tradition". Bedenkt man, dass die Automobilindustrie zu der Zeit noch an ihrem Anfang steht, so wirkt der Text etwas ironisch.*

49 unten *Oldsmobile Limited, Siebensitzer Tourster, Baujahr 1911.*

50 oben *Lancia mit typischer Torpedo-Karosserie als Dual-Cowl-Version. Es handelt sich um den 1913er Theta, ein Luxusmodell, das sowohl in Europa als auch in Amerika sehr erfolgreich ist und insgesamt 1696-mal verkauft wird. Als erstes Auto der Welt wird es standardmäßig mit elektrischem Anlasser geliefert (anfänglich wahlweise). Bemerkenswert ist die geteilte Windschutzscheibe, deren Fenster in entgegengesetzte Richtung ausgeklappt werden können.*

Karosserie. Die Räder haben zehn Speichen. Der Daimler 18/60 PS führt 1912 eine bewundernswerte Neuheit ein: leicht abnehmbare Holzräder, die bei Pannen dem Radwechsel weniger Anstrengung abverlangen.
Machen wir einen Sprung über den Ozean und kommen wir auf ein anderes Modell zu sprechen, den Buick Model 25 Touring von 1913. Der Begriff „Touring", der, wie wir bereits gesehen haben, ein Synonym von „Baquet" ist, ändert mit dem Ende der Epoche jener Wagen seine Bedeutung und bezeichnet nun viertürige Autos mit vier Sitzen und einem relativ breiten Radabstand. Der Buick 25 wird mit 8000 verkauften Modellen vom Publikum gut aufgenommen. Im selben Jahr weist Cadillac auf die terminologische Verwirrung hin, indem es sein neues Modell „Torpedo Touring" nennt. Schließlich werden der Schalthebel und all die anderen Kontrollvorrichtungen ins Wageninnere integriert.
Der Lancia Theta Torpedo (1913–1919) kann als ein Art von Standard-Modell unter den Wagen mit jener Bezeichnung betrachtet werden. Die Karosserie besteht wie die Türen aus gleichmäßigen, durchgängig rechtwinklig zugeschnittenen Flächen. Windschutzscheiben sind vorhanden und der Fahrersitz ist nun aufgrund des tiefer

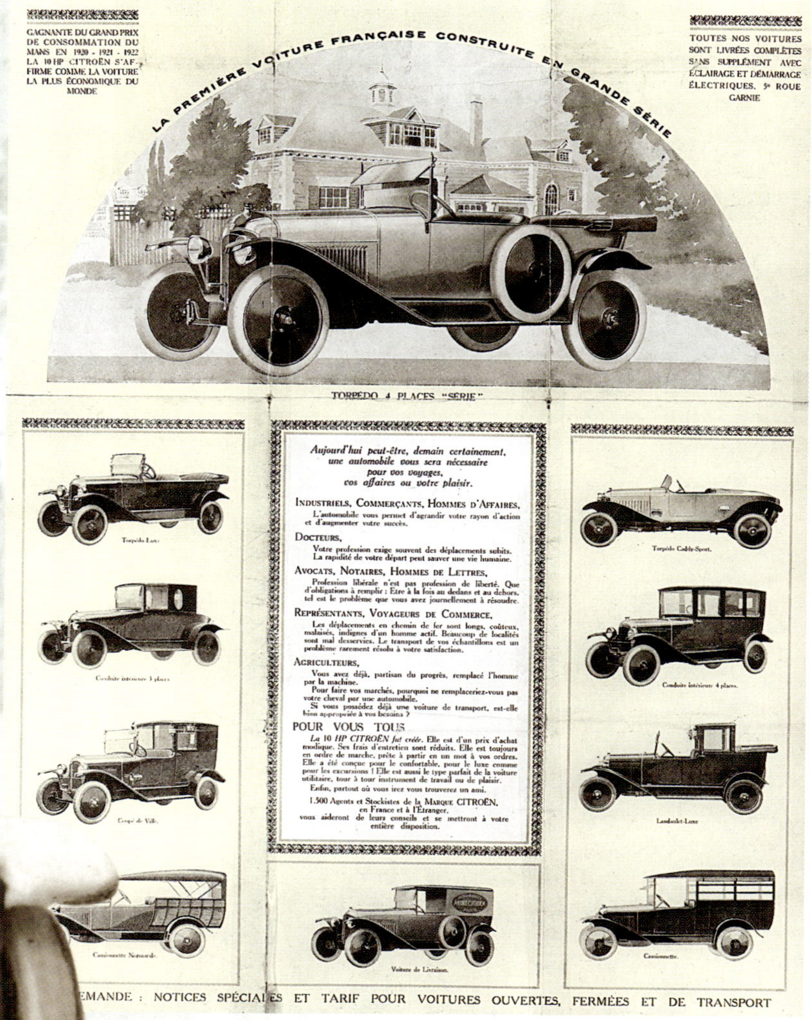

GAGNANTE DU GRAND PRIX DE CONSOMMATION DU MANS EN 1920 - 1921 - 1922 LA 10 HP CITROËN S'AFFIRME COMME LA VOITURE LA PLUS ÉCONOMIQUE DU MONDE

LA PREMIÈRE VOITURE FRANÇAISE CONSTRUITE EN GRANDE SÉRIE

TOUTES NOS VOITURES SONT LIVRÉES COMPLÈTES SANS SUPPLÉMENT AVEC ÉCLAIRAGE ET DÉMARRAGE ÉLECTRIQUES. 5e ROUE GARNIE

TORPÉDO 4 PLACES "SÉRIE"

Aujourd'hui peut-être, demain certainement, une automobile vous sera nécessaire pour vos voyages, vos affaires ou votre plaisir.

INDUSTRIELS, COMMERÇANTS, HOMMES D'AFFAIRES,
L'automobile vous permet d'agrandir votre rayon d'action et d'augmenter votre succès.

DOCTEURS,
Votre profession exige souvent des déplacements subits. La rapidité de votre départ peut sauver une vie humaine.

AVOCATS, NOTAIRES, HOMMES DE LETTRES,
Profession libérale n'est pas profession de liberté. Que d'obligations à remplir : Être à la fois au dedans et au dehors, tel est le problème que vous avez journellement à résoudre.

REPRÉSENTANTS, VOYAGEURS DE COMMERCE,
Les déplacements en chemin de fer sont longs, coûteux, malaisés, indignes d'un homme actif. Beaucoup de localités sont mal desservies. Le transport de vos échantillons est un problème rarement résolu à votre satisfaction.

AGRICULTEURS,
Vous avez déjà, partisan du progrès, remplacé l'homme par la machine.
Pour faire vos marchés, pourquoi ne remplaceriez-vous pas votre cheval par une automobile.
Si vous possédez déjà une voiture de transport, est-elle bien appropriée à vos besoins ?

POUR VOUS TOUS
La 10 HP CITROËN fut créée. Elle est d'un prix d'achat modique. Ses frais d'entretien sont réduits. Elle est toujours en ordre de marche, prête à partir en un mot à vos ordres. Elle a été conçue pour le confortable, pour le luxe comme pour les excursions ! Elle est aussi le type parfait de la voiture utilitaire, tour à tour instrument de travail ou de plaisir.
Enfin, partout où vous irez vous trouverez un ami.

1.500 Agents et Stockistes de la MARQUE CITROËN, en France et à l'Étranger, vous aideront de leurs conseils et se mettront à votre entière disposition.

Torpédo Luxe — Conduite intérieure 3 places — Coupé de Ville — Camionnette Normande — Voiture de Livraison — Torpédo Caddy-Sport — Conduite intérieure 4 places — Landaulet-Luxe — Camionnette.

…EMANDE : NOTICES SPÉCIALES ET TARIF POUR VOITURES OUVERTES, FERMÉES ET DE TRANSPORT

50 unten *Graf von Ratibor, Präsident des Imperial Automobil Clubs, grüßt Kaiser Wilhelm II. in einem 1913er Mercedes Knight „Kardanwagen".*

51 oben links *König Alfonso XIII. von Spanien 1919 bei einer Staatsparade in Marokko. Er sitzt in einem sehr teuren Benz Runabout 22/25 PS.*

51 oben rechts *Citroën Werbeprospekt aus den 20er-Jahren. Neben dem Torpedo in der Mitte ist auch das Modell oben rechts sehr interessant: der 1923er Caddy Sport, der auch erfolgreich bei Rennen eingesetzt wird.*

51 Mitte *Dieser 1913er Lancia Beta Torpedo fällt durch sein ausgesprochen lang gezogenes Verdeck auf.*

51 unten *Dieser einfache Torpedo mit speichenlosen Rädern ist ein 1928er Opel Viersitzer Cabriolet.*

gelegenen Lenkrohrs und Steuers weniger aufrecht und gerade konstruiert. Diese Entwicklungen lassen die technischen und stilistischen Fortschritte deutlich hervortreten. Auch der Fiat 20-30 HP Tipo 3, der zwischen 1910 und 1912 produziert wurde, gehört noch zu den alten Modellen. Da es von ihm eine Landaulet-Version gibt, kann er als echtes Cabriolet betrachtet werden. Der Krieg beeinflusst und bestimmt besonders in Europa die Automobilindustrie. Auch Torpedos werden im Krieg eingesetzt.

Der Buick D 45 stammt aus dem Jahr 1916 und weist sehr klare Linien auf. Das Ersatzrad befindet sich anstatt an der Seite auf dem Heck, was sich zukünftig durchsetzen sollte. Im darauf folgenden Jahr entsteht der Chevrolet Serie D, der hier aufgrund

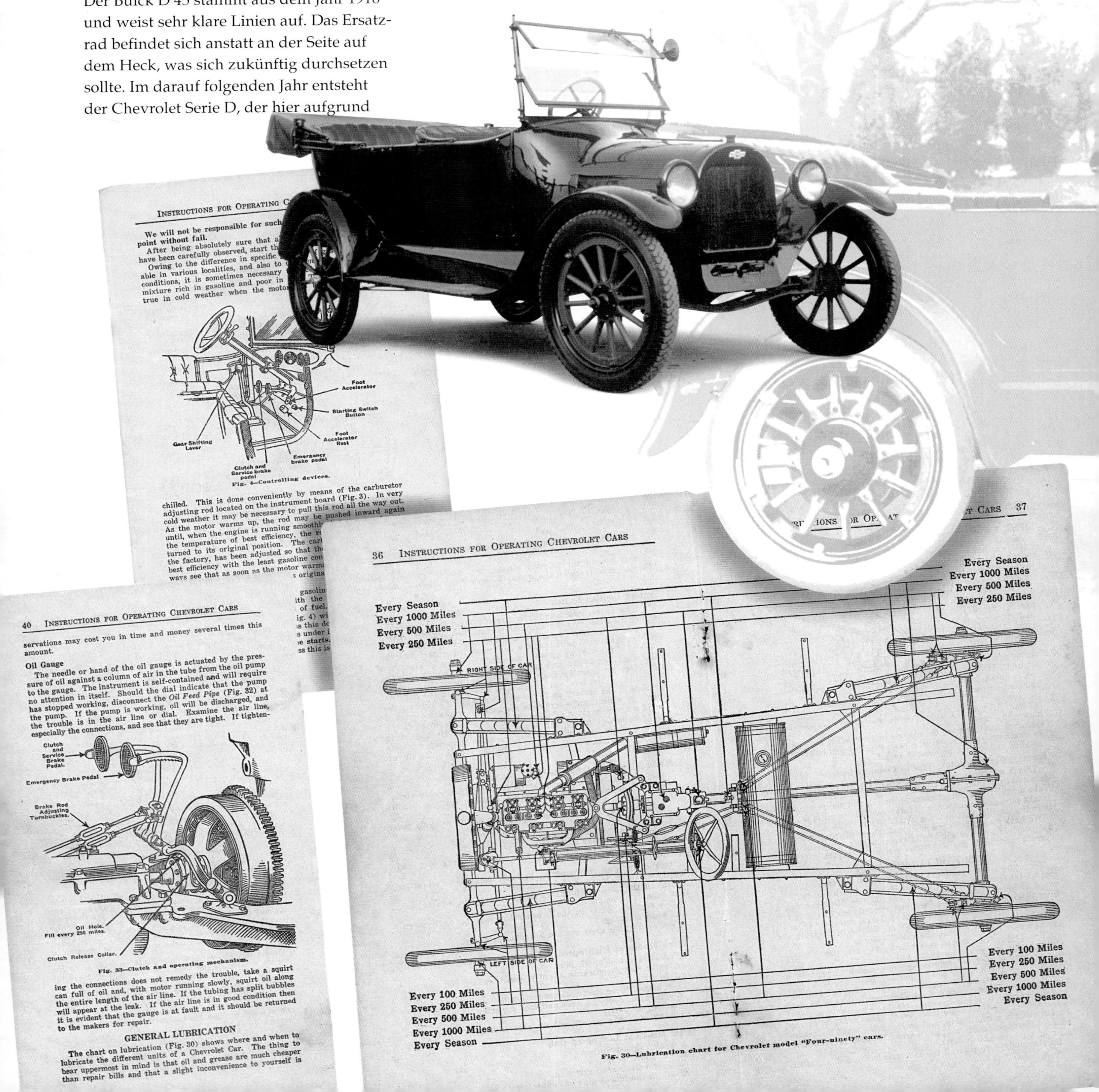

INSTRUCTIONS FOR OPERATING C

We will not be responsible for such
point without fail.
After being absolutely sure that a
have been carefully observed, start th
Owing to the difference in specific
able in various localities, and also to
conditions, it is sometimes necessary
mixture rich in gasoline and poor in
true in cold weather when the motor

Fig. 4—Controlling devices.

chilled. This is done conveniently by means of the carburetor adjusting rod located on the instrument board (Fig. 3). In very cold weather it may be necessary to pull this rod all the way out. As the motor warms up, the rod may be pushed inward again until, when the engine is running smoothl the temperature of best efficiency, the r turned to its original position. The car the factory, has been adjusted so that th best efficiency with the least gasoline con ways see that as soon as the motor warm s origina gasolin ith the of fuel. ig. 4) wi s this dc s under i e starts. ss this is

40 INSTRUCTIONS FOR OPERATING CHEVROLET CARS

servations may cost you in time and money several times this amount.

Oil Gauge

The needle or hand of the oil gauge is actuated by the pressure of oil against a column of air in the tube from the oil pump to the gauge. The instrument is self-contained and will require no attention in itself. Should the dial indicate that the pump has stopped working, disconnect the *Oil Feed Pipe* (Fig. 32) at the pump. If the pump is working, oil will be discharged, and the trouble is in the air line or dial. Examine the air line, especially the connections, and see that they are tight. If tighten-

Fig. 33—Clutch and operating mechanism.

ing the connections does not remedy the trouble, take a squirt can full of oil and, with motor running slowly, squirt oil along the entire length of the air line. If the tubing has split bubbles will appear at the leak. If the air line is in good condition then it is evident that the gauge is at fault and it should be returned to the makers for repair.

GENERAL LUBRICATION

The chart on lubrication (Fig. 30) shows where and when to lubricate the different units of a Chevrolet Car. The thing to bear uppermost in mind is that oil and grease are much cheaper than repair bills and that a slight inconvenience to yourself is

36 INSTRUCTIONS FOR OPERATING CHEVROLET CARS

CARS 37

Fig. 30—Lubrication chart for Chevrolet model "Four-ninety" cars.

52 oben *Dies ist ein besonderes Auto, der 1915er Dat 31. Dat ist der Vorläufer von Datsun und dadurch auch von Nissan. Lange Zeit weiß die Welt fast nichts von der japanischen Autoproduktion, besonders offene Modelle gibt es so gut wie gar nicht.*

52 Mitte *Der Chevrolet 4 90 Touring von 1919 ist ein kostengünstiger, eher kleiner Torpedo.*

52-53 *Oldsmobile Modell 53 von 1913. Mit diesem Modell erhofft sich Olds eine Steigerung der Verkaufszahlen nach den enttäuschenden Ergebnissen des Olds Limited. Das Modell 53 hat eine Delco-Lichtmaschine mit eingebauter Zündung.*

53 oben *Der beliebteste Buick 1916 ist das Modell 45. Es werden annähernd 74 000 Autos dieses Typs gebaut.*

53 unten *Anstelle eines rechteckigen oder ovalen Heckfensters hat der Chevrolet Serie D von 1917 lediglich zwei „Bullaugen".*

52 unten *Seiten aus dem Chevrolet 4 90 Bedienerhandbuch. Die Doppelseite erklärt, in welchen Abständen die Teile, die ständiger Reibung ausgesetzt sind, geschmiert werden müssen. Das Motoröl soll alle 100 Meilen (160 km) nachgefüllt und die Achsfederung beim Wechsel jeder Jahreszeit kontrolliert werden.*

54 und 55 oben *Dieser elegante Minerva gehört dem König von Belgien. Bemerkenswert ist, dass nur die Fahrgäste im Fond in den Genuss des Verdeckschutzes kommen, und das auch nur teilweise. Der Bildausschnitt oben zeigt ein Detail der Verdeckkonstruktion: die geschwungene, bei diesem Modell vergoldete Sturmstange, die zum Spannen des Verdecks dient. Auf der nächsten Seite oben die Vergrößerung eines weiteren Details: die Göttin Minerva, nach der das Auto benannt ist. Häufig werden auf dem Kühlerdeckel Symbole wie Vögel, Katzen, mythologische oder andere Figuren dargestellt, die als Erkennungszeichen für das Auto oder seinen Hersteller dienen sollen. Das Profil der Göttin Minerva findet sich bei diesem Modell auch ein zweites Mal, oben am Kühler, wieder.*

55 Mitte *Der ausgesprochen luxuriöse Rolls Royce Silver Ghost Alpine Eagle von 1914 mit einer traditionellen und sehr hochwertigen Torpedo-Karosserie.*

einer überraschenden Besonderheit erwähnt werden soll: In die Rückseite seines Verdecks werden zwei vollkommen wasserdicht verschlossene Fenster integriert, Vorläufer der heutigen Heckscheiben aus durchsichtigem Plastik oder aus Glas, die in die Verdecke von Cabriolet und Spider eingeklebt oder eingenäht werden. Interessant ist auch der Benz 27/70 PS, der zwischen 1918 und 1923 gebaut wird. Wie schon der vorangegangene 39/100 verfügt er über ein sehr konkaves Heck, bei dem die Karosserie auf dem Fahrgestell aufliegt. Sein Verdeck weist nun endlich einen zusätzlichen, abknöpfbaren Seitenschutz für im Fond befindliche Passagiere auf. Der Motor, ein Vierzylinder, ist auf sechs Verbrennungskammern verteilt, die in einer Reihe, aber in zwei getrennt geschweißten Blöcken angebracht sind. Er hat einen Hubraum von 7065 Kubikzentimetern und erreicht eine maximale Geschwindigkeit von 95 km/h.

Beschließen wir unsere Zusammenschau von Torpedos mit einem schönen Modell französischer Abstammung, dem Citroën 10 HP Type A, der 1919 vorgestellt wurde. Er ist der erste Citroën, der in Massenproduktion hergestellt wird, hat eine elektrische Zündung und ist einer der ersten Wagen, bei dem der Fahrer auf der linken Seite sitzt. Er hat einen seitengesteuerten vierzylindrigen Motor, dessen geringer Hubraum von 1327 Kubikzentimetern den niedrigen Kaufpreis und die große Zahl produzierter Exemplare, 18 291 (verdecklose) Wagen, rechtfertigt. Interessantes Detail sind die ganz ausgefüllten Radblenden. Die Karosserie ist auf das Wesentliche beschränkt, doch lässt sich eine Besonderheit ausmachen, die bei den Modellen der folgenden Jahrzehnte, den „Double Chevron“, häufig vorkommen sollte: Der große vordere Kotflügel, der sich deutlich vom Rad abhebt und der auf der Höhe der Scharniere der Vordertüren in ein Trittbrett übergeht. Das Verdeck, das mit einer Aufhängung am Heck befestigt ist, besteht aus einem beweglichen, mit zwei Streben ausgestatteten und einem gestreckten, durch eine Rippe verstärkten Teil. Zwei weitere seitliche Streben sichern die Spannung.

55 unten *Dieser Rolls Royce Torpedo von 1914 hat viele charakteristische Merkmale: das Verdeck schützt nur die Fond-Passagiere, der Fahrer hat eine eigene Tür, die Fond-Passagiere haben eine extra Windschutzscheibe mit seitlichen Klappfenstern (eine Mode, die schon bald bei Dual-Cowl-Modellen populär werden soll) und die Türen öffnen sich gegengleich.*

Automobile im Europa der 20er-Jahre

Man kann sagen, dass sich ab den 20er-Jahren die Physiognomie des Automobils immer klarer herauszubilden beginnt. Parallel zu neuen philosophischen Strömungen und modernen Denkschulen entsteht die noch heute aktuelle Diskussion über Funktion und Form. In den Vereinigten Staaten entdeckt man elementare, positive Werte, die mit Empfindungen wie Ausgelassenheit, Heiterkeit und dem beruhigenden Gefühl des Wohlstandes einhergehen: Der Sportwagen soll schön sein, ein Begleiter für die glücklichen Momente des Lebens! Ende der 90er-Jahre würde einer der ganz Großen des Designs, Chris Bungle feststellen, dass Schönheit nicht, wie gemeinhin angenommen, reiner Selbstzweck, sondern eine funktionale Größe sei. In Europa trifft man dagegen im zweiten

Jahrzehnt des Jahrhunderts auf eine ganz andere Situation. Die Diktaturen (und eine nicht greifbare, konservative geistige Härte) bestimmen Ideen und Stile inner- und außerhalb der nationalen Grenzen: strenge Seitenlinien, harte Formen, ein Design, das neoklassischen Schönheitsbegriffen verbunden ist.
Ein Zeuge dieser Tendenz ist der riesige, überdimensional große Kühlergrill an der Front vieler Cabriolets und offener Limousinen jener Zeit. Er ist ein griechischer Tempel in modernem Gewand. Mercedes, Hispano-Suiza, Bugatti, Rolls Royce, Delage, Alfa Romeo... alle tragen sie das wichtige, metallische Symbol ihrer Herkunft: Ein weibliches Antlitz, die Nike von Samothrake, einen Adler oder einen Schwan, ein stilisiertes Rad, das dreidimensionale Herstellersignet oder den berühmten Jaguar, der sich jedoch erst später hinzugesellen wird.
Offene Karosserien sind am weitesten verbreitet, aber ihre Luxusvarianten sind nicht mehr Privileg einer kleinen Gruppe reicher Adliger, prominenter Personen oder der Stars aus der Stummfilmbranche. Auch bürgerliche Schichten machen von ihrem Recht auf den Besitz eines so feinen und eleganten Statussymbols Gebrauch. Mit welchem Fahrzeug soll man sich denn seit dem Niedergang der Droschken zu den Rennen von Ascot, zum Einkauf auf die Rue de Faubourg Saint Honoré, zum Frühstück auf die Rockefeller Plaza, zur Oper in Berlin begeben? Welches Vehikel bildet zur Zeit die optimale Synthese aus einer subtilen, verdeckten Modernität und dem Wunsch, der Notwendigkeit, aufzufallen? In diesem Fall kann man auf einen Torpedo (mindestens!) nicht verzichten.
Die industrielle Produktion blüht, die Anzahl möglicher Käufer vergrößert sich stetig, vielfältige Variationen und Versionen entstehen. Doch aufgepasst: In diesen stürmischen Zeiten (1920–1930) stören zwei Ereignisse die wirtschaftliche und industrielle Entwicklung, ja, krempeln sie um: Es sind die Spätfolgen des Ersten Weltkriegs und der Schwarze Freitag an der Wall Street im Jahr 1929.
Das erste Phänomen trifft am härtesten die deutsche Industrie sowohl bezüglich der Aktiengeschäfte als auch bezüglich der Produktion. Ein großer Teil der deutschen Firmen hatte sich in der Nachkriegszeit dadurch selbst in den Ruin manövriert,

56 oben *Bentley mit 8-Liter-Motor und langem Radstand von 1926.*

56 unten *1925: Der Berliner Automobil Club feiert den Jahrestag seiner Gründung. Die abgebildeten Wagen bereiten sich darauf vor, von der Avus-Rennstrecke abzufahren.*

57 oben *Dieser Daimler Lancaster 21 stammt aus dem Jahr 1926. Während sich in Amerika das Automobildesign sprunghaft weiterentwickelt, hält man in Europa eher an den strengeren, klassischen Formen fest, besonders in diktatorisch regierten Ländern wie Italien oder Deutschland. Das abgebildete Modell ist mit der bequemen Cantilever-Federung ausgestattet.*

57 Mitte *Henry Royce, einer der Gründer von Rolls Royce, hinter dem Steuer eines seiner Modelle mit extra langem Motorraum aus den 20er-Jahren.*

57 unten *Auch bei Rolls Royce lösen sich die Karosserieformen in den 20er-Jahren nach und nach von den Einflüssen der pferdegezogenen Kutschfahrzeuge. Dieser 1928er Phantom I Open Tourer glänzt mit einem phantastischen Chrom-Kühlergrill, auf dem die berühmte „Winged Victory" thront. Die Ähnlichkeit des Grills mit einem griechischen Tempel ist kaum zu übersehen.*

56-57 *Mit steigender Verlässlichkeit der Automobile werden sie auch immer häufiger für längere Reisen mit der Familie eingesetzt. Diese Familie in den 20er-Jahren scheint eine lange Reise zu planen, darauf lässt zumindest das umfangreiche Gepäck schließen. Deutlich erkennbar ist, wie die Koffer mit einem Ledergurt auf der speziellen Gepäckklappe befestigt sind. Bedenkt man die Qualität der Straßen dieser Zeit und die verwendeten Federungssysteme, so kann man sich leicht die Erschütterungen ausmalen, denen das Gepäck ausgesetzt ist.*

dass er den strategischen Fehler beging, sich ganz auf die Herstellung von Luxusmodellen zu konzentrieren. Das zweite Ereignis erschlug alle vollkommen unerwartet, verletzte schwer die schon zuvor schwachen europäischen Firmen oder Unternehmen, die noch keine Produktion in großem Stil durchführten.

Die Industrielandschaft im Deutschen Reich ist vielschichtig. 1926 geschieht ein für den Finanzsektor wichtiges Ereignis, das den Automobilmarkt langfristig bestimmt: Die Fusion der Firmen Daimler und Benz.

Als im deutschen Markt auch amerikanische Autohersteller Fuß fassen, entbrennt ein rücksichtsloser Wettbewerb. Viele schlecht organisierte deutsche Firmen müssen vor den preisgünstigen Angeboten der Amerikaner kapitulieren. Kein Wunder – allein Ford produziert zu dieser Zeit doppelt so viele Autos wie das gesamte Deutsche Reich!

Eine der wichtigsten deutschen Firmen ist Horch. Sie gehört ursprünglich August Horch, doch der wird 1909 aus der Firma verdrängt und gründet darauf Audi. 1923 ist Paul Daimler, Sohn von Gottlieb Daimler, technischer Direktor bei Horch. Er war zuvor, 1907–1922, als technischer Leiter bei Mercedes beschäftigt. 1925 wird für Paul Daimler ein Traum wahr: Er baut einen völlig neu gestalteten Achtzylindermotor mit doppelter Nockenwelle (aufgrund hermischer Probleme später ersetzt durch eine obenliegende Nockenwelle), der für die eleganten Modelle der 300er- und später 400er-Serie verwendet wird. Ein typischer Vertreter ist zum Beispiel der Horch 375, dessen 3- bis 3,9-Liter-Motor 80 PS auf die Straße bringt. Das gesamte Design ist eher traditionell gehalten, neu sind jedoch die Druckluftbremsen für alle vier Räder. Vorne werben zwei große Scheinwerfer und die vertikalen Rippen des Kühlers um Aufmerksamkeit. Die Stoßstange, die sich aus drei verchromten Teilen zusammensetzt, ist bereits ein Vorbote für den Stil, den man später typischerweise den amerikanischen Cabriolets des Maschinenzeitalters zuordnen wird. Die Räder haben schlanke, fahrradähnliche Speichen und sind unter Kotflügeln versteckt, auf denen kleine Leuchten sitzen. Auf dem breiten Trittbrett, nahe dem Fahrer, ist das Reserverad montiert. Das Verdeck wird von einem S-förmigen Dachrahmen getragen, der ein leichtes Öffnen und Zusammenfalten erlaubt. Außen an der Windschutzscheibe befindet sich eine verstellbare Sonnenschutzblende.

Und Mercedes? Umsatzmäßig liegen sie an zweiter Stelle hinter Opel und bauen weiterhin wunderschöne, anspruchsvolle Modelle besonders im „Gran Turismo"-Bereich. Bei den Cabriolets ist natürlich die Mannheim-Serie bemerkenswert. Ein neuer Motor soll den bewährten, aber arg „durstigen" Achtzylindermotor mit Kompressor der K-Reihe ablösen und Ferdinand Porsche konstruiert das neue Modell. 1926 wird der erste Mannheim mit 55 PS, 3 Liter und Sechszylinder-Reihenmotor gebaut. Langsam wird ein neuer Stil spürbar, der an die Bauart der mittelgroßen amerikanischen Cabriolets erinnert, bei denen das Verhältnis zwischen Front- und Heckpartie ausgewogener erscheint. Zunächst ist der Fahrgastraum eher unförmig und durch ein halbfestes Verdeck geprägt. Doch in der

58 oben *Diese Mercedes-Anzeige spielt in Ägypten. Es fällt auf, dass der Mercedes-Stern noch nicht seinen Metallkranz hat und dass immer noch der Name „Daimler-Motoren-Gesellschaft" unter der Anzeige steht.*

58 unten *Paul Daimler, Sohn von Gottlieb und ein brillanter Maschinenbauer, bringt seine gesammelten Erfahrungen aus den ersten Jahren Grand-Prix-Rennen in die Konstruktion des 28/95 PS ein: obenliegende Nockenwelle, ohv-Motor und Hochspannungs-Magnetzündung (die zuverlässiger als die Spulenzündung arbeitet und in der Flugzeugtechnik schon lange eingesetzt wird). Der Kühlergrill ist nicht einem griechischen Tempel nachempfunden, sondern einer „Bullnose" – so nennt sich denn auch das Design. Für die Endausstattung, z. B. Lackierung, werden nur Materialien der höchsten Qualität verwendet. Die Räder, das Interieur, das Verdeck und sogar der Unterboden sind in der gleichen Farbe gehalten.*

59 oben *Reichspräsident Hindenburg in einem Daimler Mercedes von 1924. Nach der Fusion mit Benz wird dieses Modell von 15/70/100 PS in Mercedes Benz Typ 400 umgetauft.*

59 Mitte *Dies ist das kleinste offene Benz-Modell (weniger als 1,6 Liter) vor der Fusion mit Daimler im Jahr 1926. Diese Sportvariante ist besonders bei jungen Fahrern beliebt.*

59 unten *Diese drei Mercedes-Benz werden unmittelbar nach der Firmenfusion produziert: links der 15/70/100 PS und rechts zwei 24/100/140 PS-Modelle. Das Modell K ist ebenfalls ein Teil dieser Reihe, aus der später die Modelle S, SK und SSK folgen. Die Modellvarianten dieser Reihe, die bis zum Ende der 20er-Jahre fortgeführt wird, reichen von elegant und luxuriös bis leistungsstark und sportlich.*

Folgeversion wird für die hinteren Passagiere mehr Platz geschaffen – obwohl sich die Gesamtlänge des Modells nicht verändert – und wieder das Verdeck mit doppelter Stützkonstruktion eingesetzt, das auch schon beim Torpedo verwendet wurde.
1929 erscheint ein Auto mit altem Namen, der Dixi 3/15, unter der Flagge einer neuen Firma: BMW. Die Bayerischen Motoren Werke haben sich ihren hervorragenden Namen bisher mit der Produktion leistungsstarker Flugzeugmotoren gemacht. 1928 kauft BMW die Fahrzeugfabrik Eisenach, die bereits den Dixi 3/15 herstellt. Anstatt in dieser wirtschaftlich angespannten Zeit die kostspielige Neukonstruktion eines Modells zu wagen, setzt es sich BMW zum Ziel, kleine sparsame Autos eventuell gar in Lizenz zu bauen. Ihre Wahl fällt auf ein englisches Modell: den 748 ccm Austin Seven. Eine gute Wahl, denn schon allein 1928 sind bereits 6000 Stück verkauft. In diesem Fall hat der Pragmatismus eindeutig über den Patriotismus gesiegt!
Der 3/15 (DA 1 und Folgemodelle) hat im Gegensatz zum englischen Austin Seven Linkslenkung und Bosch-Elektrik. Er ist als Zwei- oder Viersitzer zu haben. Der Vierzylindermotor mit 15 PS erlaubt eine Höchstgeschwindigkeit von 72 km/h, die Hinterräder sind mit Seilzugbremsen (später bei allen vier Rädern Standard) ausgerüstet und haben fahrradähnliche Speichen. Mit 1880 mm Radstand ist der 3/15 tatsächlich ein kleines „Sparauto“ und seine quadratische Form zeigt nicht den geringsten Versuch sich zur Schönheit zu mausern.
Den Dixi gibt es in zwei offenen Varianten, als Roadster und als „Gran Turismo“ sowie in zwei geschlossenen Varianten, als Coupé und RM Sedan. Von diesen vier sind die offenen Modelle am wirtschaftlichsten und es gibt von ihnen zahlreiche Abwandlungen. Am Roadster mit der Karosserie von Ihle zeigt sich bereits der nierenförmige Kühlergrill, der den BMW-Designern auch heute noch lieb und teuer ist. Trotz seiner winzigen Größe wird das Modell als Limousine bezeichnet und hat ein abnehmbares Verdeck. Am Modell BMW Wartburg (DA 3) gibt es keine Türen, das Heck läuft spitz zu; bei dem Modell „Gran Turismo“

60-61 *Ende der 20er-Jahre trägt dieser BMW 3/15 seinen Besitzer bis nach Pisa. Der 3/15 ist ein kleiner und sehr erfolgreicher Wagen unter dem Namen BMW und Dixi. Tatsächlich aber handelt es sich dabei um eine Kopie des englischen Austin Seven. Die abgebildete Version ist eine Cabrio-Limousine, bei der das typische BMW-Zeichen, der nierenförmige Kühlergrill, noch fehlt.*

60 oben *Der kleine 1928er Dixi 3/15 ist preisgünstig und in vielen Varianten und Karosserieformen zu haben. Darin liegt das Erfolgsgeheimnis des Mini-Cabriolets.*

60 unten *Dieser kleine Austin Seven wird als Lizenzausgabe in Deutschland hergestellt und unter dem Namen Dixi 3/15 verkauft. Der Name Dixi stammt ursprünglich von einem Modell der Fahrzeugfabrik Eisenach, die 1928 von BMW, einem Flugzeugmotoren-Hersteller, aufgekauft wird. BMW setzt es sich zum Ziel, ein kleines und kostengünstiges Automobil auf den Markt zu bringen, das keine großen Investitionen von BMW erfordert.*

61 oben *In dieser Anzeige von 1928 wirbt Opel für den „deutschen Qualitätswagen" und Qualität ist genau die Eigenschaft, mit der die von Adam Opel gegründete Firma in Verbindung gebracht werden will. Opel erlebt eine goldene Zeit dank kluger Investitionen in moderne Werkzeugmaschinen und guter Verkäufe im Ausland, die den Eingang ausländischer Devisen in Zeiten galoppierender Inflation gewährleisten.*

61 unten *Der Opel 4/12 PS Laubfrosch von 1924 wird in einer der modernsten Fabrikanlagen Deutschlands produziert. Den Spitznamen „Laubfrosch" erhält der kleine Zweisitzer für seine Lackierung, denn er ist nur in Grün erhältlich. Das Auto hat einen Vierzylindermotor mit 951 ccm Hubraum, der eine Höchstgeschwindigkeit von 76 km/h ermöglicht. Das Verdeck besteht aus gummiertem Leinengewebe; es werden Tausende dieser Autos verkauft.*

62 oben Die Seitenansicht dieses Fiat 501 von 1921 bietet ein gutes Beispiel für einen Mittelklasse-Torpedo.

62 unten und 62-63 Dieser Fiat 509 wird zwischen 1927 und 1929 produziert. Er wird als Coupé bezeichnet, tatsächlich handelt es sich aber um ein Cabriolet. Man beachte den ausklappbaren Notsitz vor dem Reserverad, der nicht viel Bequemlichkeit verspricht!

62-63 Mitte oben Ein Fiat 501 auf den Stufen des Reichstags in Berlin. Diese Aktion wird zu Werbezwecken gestartet, sie soll die Stabilität und Leistungsstärke des Autos demonstrieren.

handelt es sich um einen beliebten Viersitzer mit festen Mittelpfosten und fest eingesetzten Fenstern; das Cabriolet mit der Karosserie von Buhne glänzt mit Fenstern, die geöffnet werden können, einer schräg eingesetzten Windschutzscheibe und Begrenzungsleuchten.
Aufgrund einer sehr strengen Finanzpolitik, die insbesondere großmotorige Autos betrifft, ist die Situation in Italien nicht besser als in Deutschland. 1921 zahlt man für ein italienisches Auto mit 50 PS umgerechnet fünfmal so viel Steuern wie für ein entsprechendes Modell in Frankreich und

rund fünfzehnmal so viel Steuern wie für ein vergleichbares Modell in England! Von den extrem hohen Kosten für Benzin ganz zu schweigen. 1922 werden in Italien 16 000 Autos produziert, womit die Gesamtzahl auf 65 000 steigt. Und auch fünf Jahre später steht Italien erst an Platz 22 in der Ländertabelle, die die Autos pro Einwohner zählt.

In diesen Jahren kämpfen viele italienische Marken ums nackte Überleben, einige müssen aufgeben und andere werden von Fiat geschluckt, das in dieser Zeit 70–80 % des Marktes kontrolliert. Dabei können viele der Firmen erst auf eine kurze Geschichte zurückblicken, so zum Beispiel Om, Ansaldo, Spa, Scat Diatto, Itala oder Bianchi. Um die Position als Marktführer zu erhalten, muss aber auch Fiat auf schmückende Extras in der Ausstattung, kostspielige Neuerungen und stilistische Kapriolen verzichten. Auch hier setzt sich der Pragmatismus durch und es wirkt, genauso wie bei BMW.

Ein gutes Beispiel dafür ist der kleine Fiat 501 mit seinem 16-PS-Motor, von dem zwischen 1919 und 1926 45 000 Stück verkauft werden. Der 501 ist 3810 mm lang und hat

63 rechts *Diese Bildfolge demonstriert die Handhabung des Verdecks beim Fiat 501. Zuerst muss der komplette Verdeckrahmen aufgeklappt werden, dann kann er auf die Fensterkanten aufgelegt und befestigt werden.*

64 unten Der kleine Fiat Zero hat nur mäßigen Erfolg, es werden ca. 2000 Stück verkauft. Der abgebildete Torpedo ist der Standardaufbau, aber einige Karossiers sehen den Fiat Zero auch als zweisitzigen Roadster.

65 oben Ein Kinostar in einem Star des Automobildesigns: Greta Garbo in einem Lancia Lambda Torpedo. Der Lambda ist das erste Auto mit selbsttragender Karosserie und Einzelradaufhängung vorn. Zwischen 1922 und 1931 werden neun Reihen dieses Modells gebaut.

65 unten Ein Lambda Torpedo der Reihe IV. Tatsächlich gibt es nur geringe Unterschiede zwischen den verschiedenen Modellreihen, besonders bei den ersten. Lediglich bei der Reihe VI aus dem Jahr 1926 wird der Lambda mit neuem Motor angeboten.

64 oben Dieser seltene 1921er Super Fiat ist der einzige Fiat mit Zwölfzylindermotor. Es ist ein erstklassiger Torpedo, der für eine wohlhabende Kundschaft entworfen wurde, aber nur schlechte Verkaufszahlen erzielt (es werden lediglich 4 oder 5 Autos produziert). Diese Tatsache überzeugt Giovanni Agnelli davon, dass es besser ist kleine, kostengünstige Autos zu bauen – eine Einsicht, die Fiat große Erfolge bringt.

64 Mitte Ein Blick auf den Motor des Fiat Zero. Das Auto verdankt seinen technischen Namen, 12–15 HP, den Jahren seiner Produktion, 1912–15. Es ist ein kleiner, schlichter Torpedo mit Vierzylindermotor und 1846 ccm.

einen Radstand von 2591 mm. Er fährt 71 km/h als Spitzengeschwindigkeit und verbraucht auf 100 Kilometern knapp unter 13 Liter. Geschickterweise bietet Fiat den 501 als viersitzigen Torpedo mit Kofferraum und als zweisitzigen Sportwagen an. Zur Karosserie ist allerdings wenig zu bemerken, außer dass sie aus einem Satz Abdeckbleche besteht, die korrekt zusammengesetzt sind und jegliche Eleganz oder Schönheit missen lassen. Die Überzeugung von Fiat-Chef Agnelli bei der Produktion kleiner, wirtschaftlicher Modelle zu bleiben, bestätigt sich 1921, als Fiat von seinem einzigen großen Torpedo-Exportmodell, dem 520 Superfiat mit V-12-Motor, lediglich fünf Wagen verkauft.

Alfa Romeo konzentriert seine Bemühungen in dieser Zeit auf die Produktion des fabelhaften RL-Chassis, das von Merosi gestaltet wird. Abgesehen davon tut sich auch bei Lancia einiges. Ihr wichtigstes Modell ist der Lambda, der von 1922–1931 in neun Serien gebaut und ca. 10 000-mal verkauft wird. Der Lambda wartet mit vielen technischen Neuheiten auf, z. B. mit

66 oben *Der Peugeot Quadrilette hat vorne nur einen Sitz für den Fahrer, dahinter einen Rücksitz mit einer Tür, die nur dem Fahrgast Zugang gewährt! Er ist nur 2870 mm lang und hat einen kleinen Motor mit 667 ccm. 11 575 Autos dieses Modells werden verkauft.*

66 Mitte *Dies ist kein Karussell, sondern das Montageband des Peugeot 5 PS Cabriolet.*

66 unten *Das Titelblatt dieser Peugeot Revue (Hauszeitschrift) von 1924 ist dem 5 PS gewidmet.*

66-67 *Das Peugeot 5 PS Cabriolet von 1924 löst den Quadrilette ab und ist dabei ebenso erfolgreich. Die Firma setzt all ihr Vertrauen in diesen 5 PS 172 BC, dem ersten Peugeot, der in Großserienproduktion geht. Es ist das kleinste Modell der 17er-Reihe, kann aber bei der Tour de France große Zuverlässigkeit beweisen. Es werden 7085 dieser Autos gebaut.*

67 oben Dieses 1928er Peugeot Cabriolet 183 D soll den Wunsch nach einem Prestigeauto mit den Anforderungen der Großserienproduktion an ein wirtschaftliches Modell vereinen. Das Design der Karosserie zeigt Einflüsse der Entwicklungen aus Amerika, wo man sich zu der Zeit bereits in einer Umbruchphase befindet. Obwohl dieses Cabriolet nur klein ist, sind seine Formen elegant, ansprechend und wohlproportioniert. Es hat einen leistungsstarken Sechzylindermotor.

67 unten Das Peugeot Cabriolet 174 wird zwischen 1922 und 1928 gebaut, d. h. von Peugeot stammt das Chassis. Bei diesem Modell von 1927 wird der 174 mit kleiner Fahrgastzelle und konvex geformten Rädern angeboten. Er hat einen 3828-ccm-Motor, der eine Höchstgeschwindigkeit von 100 km/h erlaubt. Auf dem Kühlerdeckel hebt der Peugeot-Löwe fauchend seine Pranke.

Monocoque-Karosserie und Einzelradaufhängung vorne. Auch der Motor ist neu: ein V4 mit 2120 Kubikzentimetern, aus Aluminium in einem Stück gegossen und mit Dreiganggetriebe. Und von den klassischen Torpedos der Serie II über die zweisitzigen Sportvarianten der Serie VII mit der Karosserie von Casaro bis zu den niedlichen Mille Miglia Sportausführungen gibt es vom Lambda offene Modelle in Hülle und Fülle.
Unter den französischen Cabriolets fallen zwischen 1922 und

1926 besonders die Peugeots der 17er-Reihe auf. Das Chassis des 174 ist das erste einer erfolgreichen Reihe, auf dessen Basis viele Karosseriebauer ihre schöpferischen Fähigkeiten ausleben. Es werden die verschiedensten Aufbauten konstruiert, natürlich in limitierter Zahl, sodass sie schon deshalb heiß begehrt sind. Es folgt der Peugeot 176 und 1924 der kleine 172 BC mit 5 PS. Dieses Modell ist das erste Cabriolet, das die Firma in Massenproduktion herstellt und es schafft die Ablösung eines lange erfolgreichen Wagens, des Quadrilettes.
1926 ist der B 12 Commercial Torpedo von Citroën ebenfalls eine Neuheit. Komplett aus Stahl und als offenes Modell konstruiert, kann der Wagen innerhalb weniger Minuten in einen Lieferwagen verwandelt werden, dank seines unverdeckten Hecks und einer faltbaren Klappe. Außerdem ist er stark und kann eine Zuladung bis 500 Kilogramm vertragen. Von dieser Verwandlungsfähigkeit abgesehen, ist der Citroën B 12 ein echter Torpedo.

68 oben *Das Lächeln einer jungen Frau, die gerade entdeckt hat, wie wendig der 5 HP Citroën Typ C ist.*

68 Mitte *Auch Citroën bringt ein 5-PS-Modell auf den Markt. Es wird aufgrund seiner gelben Farbe auch „kleine Zitrone" genannt und ist besonders bei Frauen sehr beliebt, weil es leicht zu handhaben und trotzdem temperamentvoll ist. Man beachte das Bootsheck, das auch schon den Caddy Sport ziert.*

68 unten *Renault 10 PS von 1923. Große Bemühungen, dieses Auto attraktiv zu gestalten, sind nicht erkennbar – eher das Gegenteil.*

69 oben *Dieses kleine rote Auto ist ein Citroën 5 PS von 1923. Man kann es nicht mehr als Cabriolet bezeichnen, eher lässt es sich als Roadster oder sogar als kleiner Torpedo klassifizieren. Die Räder wirken an dem kleinen Auto etwas zu groß.*

69 unten *Ein Renault 45 PS aus der Vogelperspektive. Das Auto hat einen Sechszylinder-, nahezu 10-Liter-Motor. Bei der Karosserie handelt es sich um ein Dual-Cowl-Modell, bei dem die Fondpassagiere dank einer seitlich verstellbaren Windschutzscheibe vor dem Fahrtwind gut geschützt sind. Die von der hinteren Windschutzscheibe abprallenden Winde werden bei diesem Modell zum Schutz der Frontpassagiere durch einen besonders hochgezogenen Mittelsteg abgefangen.*

Das Auto in den USA der 20er-Jahre

70 oben *Ein spannender Moment: Ein Auto wird geboren – die Karosserie wird auf das Chassis gesetzt. Das Foto stammt aus den Ford-Montagehallen von 1923.*

70 Mitte *Dieses historische Foto zeigt den 15-millionsten Ford Modell T vor der Fabrik. Wie viele zeitgenössische Modelle, so ist auch dies ein offener Wagen.*

In den Jahren 1918–1926 nimmt die Motorisierung in Amerika ständig zu und wird dabei durch die Wirtschaftskrise 1921/22 nur teilweise verzögert. Fortschritt und Entwicklung in der Industrie stärken das positive Image und Selbstvertrauen in die amerikanische Wirtschaft, bis an jenem Schwarzen Freitag im Oktober 1929 der Schritt zuviel getan wird. Erstaunlicherweise hat der Börsensturz an der Wall Street eigenwillige Auswirkungen auf den Automobilmarkt: Er fördert die Produktion wunderschöner Automodelle. Doch dazu später. Schon ab 1927 unterscheiden sich die offenen Modelle stärker von denen, die in der Zeit nach dem 1. Weltkrieg bis 1926 angeboten werden.

Es sind eben die wilden Zwanziger, in denen der Wunsch nach Spaß und Genuss das amerikanische Konsumverhalten bestimmt. Dank der wachsenden Zahl befestigter Straßen und Autobahnen kann auch das Auto zur Lebensfreude beitragen. Der allgemeine Konsumrausch ermutigt den Durchschnitts-Amerikaner nicht nur zum Kauf seines ersten Autos, sondern lässt es ihm nach wenigen Monaten sogar schon alt erscheinen. Ein Gefühl, das vorprogrammiert ist, listig hervorgerufen und genährt von einem großen Marketing-Mann, Alfred P. Sloan, dem Präsident von General Motors. Was die Preise betrifft, so tut der Industriegigant Ford das seine dazu, den Markt zu stärken. Wiederholt senkt er den Preis seines Verkaufsrenners, des Modells T.

Eine Beschreibung des amerikanischen Automarktes kann vielleicht helfen, das Konsumverhalten zu verdeutlichen. Dabei darf man nicht vergessen: Neun von zehn Neuwagen sind immer noch offen! 1918 werden in Amerika ungefähr 943 000 Autos hergestellt. Ein Jahr später sind es bereits 1 650 000, doch auch damit können die Hersteller die Nachfrage nicht befriedigen. Streiks, Forderungen nach Lohnerhöhun-

70 unten *Dieses Convertible Coupé ist der Nachfolger des Modell T. Es handelt sich um das Modell A, hier als Roadster, das bei seiner Vorstellung 1928 mit Spannung erwartet wird: Bereits in den ersten 36 Stunden nach Auslieferung wird es von ca. 10 Millionen Menschen begutachtet.*

71 oben *Blick auf die Hauptstraße von Hardesan, Texas, an einem ganz normalen Tag in den „wilden Zwanzigern", in denen Konsumfreude und Spaß auf der Tagesordnung stehen. Fällt etwas auf? Richtig, die meisten der geparkten oder vorbeifahrenden Autos sind Fords Modell T.*

71 unten *Ein Ford Modell T als Tourer karossiert. Der Tourer-Aufbau ist wie ein kleiner Torpedo, aber ohne aufwendige Endausstattung oder einen besonders leistungsstarken Motor. Ungewöhnlicherweise ist dieser Tourer blau.*

gen und Mangel an Zulieferteilen behindern die Produktion, während verzweifelte Händler nach Nachschub schreien. Im Jahr 1920 steigt die Autoproduktion auf 1 900 000 (eine Zahl, die Länder wie Großbritannien, Frankreich oder Italien erst in den 90er-Jahren erreichen). Durch die Wirtschaftskrise 1920–21 wird die Produktion auf 1,5 Millionen Autos zurückgeschraubt. 1923, nach der Wirtschaftskrise, schnellen die Produktionszahlen auf 3,6 Millionen hoch und 1925 wird bereits das 25-millionste Auto gebaut. Typisch für einen ungesättigten Markt bleibt das Thema Auto ganz oben auf der Hitliste der Amerikaner, sodass 1929 die Rekordproduktion von 4,5 Millionen erreicht wird. Dann folgt die große Weltwirtschaftskrise und die Konsumfreude der Arbeiterklasse und unteren Mittelschicht wird plötzlich erstickt.
In den 20er-Jahren sorgen technische Neuerungen für riesige Fortschritte sowohl in der Quantität als auch in der Qualität der Autoproduktion. Die Wagen werden sicherer und sind leichter zu fahren. Zudem sind sie bequemer und leben länger. Statt Holz wird zunehmend mehr Stahl bei der Herstellung verwendet und erhöht damit die Sicherheit. Für alle vier Räder gibt es hydraulische Bremsen anstelle der mechanischen und die Räder selbst werden dicker, stabiler. Neu sind die unzerbrechlichen, schrägen Windschutzscheiben. Funktionell und praktisch auch das Synchrongetriebe, der Kupplungshebel am Lenkrad und die Erweiterung des Armaturenbretts um Tachometer und Tankanzeige. Die Hupe verschwindet unter der Motorhaube und am Kühlerdeckel ist ein Thermometer angebracht, das die Wassertemperatur misst. Ein Gewinn in punkto Bequemlichkeit ist die Einführung von Gummilagern, durch die Vibrationen reduziert werden. Dank eines unterflur geleiteten Luftstroms vom Motor können die Fahrgäste etwas gewärmt werden und Radios zählen mittlerweile zu den Standardaccessoires. Technische Verbesserungen bedeuten auch die Einführung der Wasserpumpe, Öl- und Wasserfilter und der Einsatz von Batteriezündung anstelle der Magnetzündung. Vergaser und Kompressionsverhältnisse werden ebenfalls überarbeitet.
Bedenkt man den brodelnden Automarkt und die rasanten technischen Fortschritte, so sind die Designs der Aufbauten vergleichsweise einfallslos. Dabei mangelt es

72-73 *Dieses Bild könnte aus Charlie Chaplins „Moderne Zeiten" stammen. Es zeigt ein Montageband von Buick, an dem Arbeiter einen Motorblock in ein Chassis einbauen.*

72 oben *Ein Blick auf den Sechzylinder-Reihenmotor eines 4 Liter Buick E/645 von 1918. Die Verteilerkappe sieht schon genauso aus wie bei unseren heutigen Autos.*

72 unten *Der offizielle Name dieses 1918er Buick E/645 lautet nach den Klassifizierungen dieser Zeit Tourer, doch er könnte genauso gut als einer der kleinen Torpedos durchgehen, die in Amerika bei den weniger wohlhabenden Leuten sehr beliebt sind. Dieser Karosserie-Typ ist in Deutschland als Phaeton bekannt.*

73 oben *Dies ist eines der billigsten Autos, die zu Beginn der 20er-Jahre erhältlich sind. Es ist der Chevrolet 4 90, der 1918 für 685 Dollar verkauft wird.*

73 Mitte *Mary Pickford hinter dem Steuer eines Maxwell, einer Marke, die es nicht lange gibt.*

73 unten *Cadillac nennt dieses Modell „Standard of the World" – nicht gerade ein bescheidener Name für diesen 1922er Typ 61. Bei ihm ist die Hupe unter der Motorhaube versteckt.*

nicht an großartigen Konstrukteuren (Harley Earl, Fabio Sergardi etc.) und wichtigen privaten Karosseriebauern (Derham und LeBaron). Vielleicht ist auch deshalb zwischen 1923 und 1925 der wunderschöne Isotta Fraschini Type 8 das meistgekaufte europäische Modell in den USA.
Es gibt in dieser Zeit weiterhin zwei Kategorien von offenen Wagen: den Tourer (vergleichbar mit dem europäischen Torpedo, aber kürzer und weniger elegant) und den Roadster mit kurzem Radstand, praktisch ein kleines zweisitziges Sportcabriolet. Die Tourenwagen sind die Stars am amerikanischen Automobilmarkt und verbuchen unter den offenen Modellen den größten Verkaufsanteil. Hier einige Beispiele: der Chevrolet 490 von 1918 und der Overland Light Four, der Buick H-45 aus dem Jahr 1919, der 44 589-mal verkauft wird, der 1921er Willys-Knight Modell 20 (vorläufig im Besitz von Walter Chrysler), der 1922er Cadillac Type 61, der dreisterweise mit dem Slogan „Standard of the World“ beworben wird, der Chrysler 6V von 1924 und der Chrysler Serie 60 Touring Phaeton aus dem Jahr 1927.
Unter den kleineren Roadsters finden sich der Dodge Modell 30 Roadster, der anstelle eines Heckfensters im Verdeck sechs rautenförmige Löcher hat und natürlich das allgegenwärtige Modell T Runabout in allen möglichen Formen und sehr preisgünstig, der 1923er Buick Roadster, der Oakland „True Blue“ (das erste Auto, bei dem ein höchst beständiger Lack verwendet wird) von 1924 und der Nash Light Six von 1927.
Eine Neuheit, die hohe Wellen schlagen wird, ist das spitz zulaufende Bootsheck, das 1927 am Essex Speedabout Sechszylinder erscheint.
Der neue Ford A im folgenden Jahr wird mit Spannung erwartet. Bereits in den ersten 36 Stunden nach Vorstellung des neuen Modells pilgern 10 Millionen Neugierige in die Schauräume der Ford-Händler. Zu den überlegeneren Roadster-Modellen zählen der 1922er Haynes Modell 55 (die Marke wird allerdings das Jahr 1925 nicht überleben), der Nash Lafayette Modell 134, der allseits gelobte Stutz Bearcat von 1923 und der 1925er Locomobil Modell 48.
Aber auch diese Modelle sind noch nicht die Krönung, denn auf die richtig tollen Autos, ob „Gran Turismo“ oder edle Convertibles muss man noch bis in die 30er-Jahre warten. Die ersten Anzeichen der zukünftigen Stilrichtungen werden ab 1927 bereits spürbar. Amerikanische wie europäische Hersteller arbeiten an einer aufregenden Vision: Sie wollen das eleganteste, feinste und erstrebenswerteste Auto der Welt designen und bauen.

74 oben *Hier werden Chrysler- und Dodge-Modelle nach Verlassen des Montagebands und vor Auslieferung an den Kunden getestet.*

74 Mitte *Walter P. Chrysler präsentiert das erste Auto, das seinen Namen trägt: den Chrysler Six von 1924.*

74 unten *Ein 1926er Roadster mit aufgeklapptem „Schwiegermuttersitz", der den Launen des Wetters ungeschützt ausgesetzt ist. Dieses strahlend gelbe Auto ist ein Chrysler G 70.*

75 oben *Wie auf dem Schild verkündet, ist dies der erste Dodge in Boston.*

75 unten *Ein elegantes Dodge Cabriolet aus dem Jahr 1915.*

Rennsport mit offenen Wagen

Auf der ganzen Welt zieht der Rennsport begeisterte Anhänger in seinen Bann, dennoch ist er nicht unumstritten. Während wichtige Befürworter, wie Henry Ford, Giuseppe Merosi (1. Konstrukteur bei Alfa Romeo) und August Horch (Gründer von Audi), vom Wert der Wettkämpfe überzeugt sind, halten Gegner, wie Gottlieb Daimler und Karl Benz, diesen Sport für sinnlos. Nach Benz' Ansicht sind die Rennen lediglich kurzweilige Ablenkung für Zeitverschwender und gelangweilte Söhnchen reicher Eltern. Er wehrt sich energisch aber vergebens gegen den Druck, der von der Firmenleitung ausgeübt wird. Was Daimler betrifft, so kann dieser sich, wie viele andere, kaum dem Einfluss und den Gewinn bringenden Aufträgen des reichen Diplomaten Jellinek entziehen. Und Jellinek bestellt leistungsstarke, wettkampftaugliche Motoren. Somit ist es in erster Linie der Diplomat, der Mercedes nach und nach den Wettkampfgeist einflößt. Erstaunlicherweise rümpft sogar ein Meisterfahrer wie Vincenzo Lancia bei dem Gedanken die Nase, dass seine Autos für den Rennsport herhalten sollen. Besonders, wenn für diesen Zweck die Basismodelle auch noch überarbeitet werden müssen. Aber die kommerzielle Bedeutung des Rennsports bestätigt sich schnell. Um ein Beispiel zu geben: Alfa Romeo verdankt dem Sport vielleicht sogar sein Überleben, denn so große Fahrer wie Ascari, Brilli Peri, Nuvolari, Campari und Sivocci hatten Erfolge mit den Modellen RL und 1750 in einer Zeit, als andere ruhmreiche Marken sang- und klanglos in der Versenkung verschwanden.

Nach einer schwierigen Anfangsphase beginnt sich der Rennsport zu spezialisieren. Die Straßenrennen werden immer beliebter und interessanter, die Zahl der Cross-Country-Schnelligkeitswettbewerbe (daraus werden die heutigen Rallyes) steigt. 1906 ist ein wichtiges Jahr für die Straßen- und Bahnrennen: Zum ersten Mal findet die Targa Florio auf Sizilien statt, das älteste Autorennen der Welt. Außerdem wird in diesem Jahr die erste Runde des Großen Preises von Frankreich gefahren, das Grand-Prix-Rennen, das nun jährlich

The Seattle Daily Times

SEATTLE, WASHINGTON, WEDNESDAY EVENING, JUNE 23, 1909. Price 1 Cent. News Stands and Trains, 5 Cents.

ISLATURE CONVENES IN SPECIAL SESSION

RD CAR NO. 2 WINS RACE

KES NEW YORK-TO-SEATTLE RUN IN 20 DAYS

Ford Car No. 2, Winner of New York-Seattle Race

RACE WON BY FORD CAR NO. 2

SHAWMUT PROBABLY SECOND IN CONTEST

DINING CARS GUARANTEE EGGS

LUMBER DUTY PLACED AT $1.50

PROGRAM AT EXPOSITION

PROGRAM FOR TONIGHT

PROGRAM FOR TOMORROW

COCKTAILS AND CIGARS INCIDENTALLY THROWN IN

stattfinden soll. Cagno gewinnt die Targa Florio in einem Itala und ein Renault trägt den Sieg beim Grand Prix davon. Im folgenden Jahr, als diese Veranstaltungen zum zweiten Mal stattfinden, siegt Fiat bei beiden Rennen. 1908 gewinnt ein Mercedes den Grand Prix mit neun Minuten Vorsprung vor dem zweitplatzierten Benz. 1910 eröffnet ein Buick Bugs mit mehr als 106 mph (170 km/h) die berühmteste Rennstrecke der Welt, die 500 Meilen von Indianapolis. Die abgerundete, aerodynamische Form des Autos weist bereits auf kommende Rennmodelle hin. 1912 erringt Ralph de Palma beim Vanderbilt Cup in New York den ersten von drei Siegen. Auf dem Kühlergrill eines Daimler Mercedes erscheint zum ersten Mal der Mercedesstern. Und in diesem Jahr gibt Alfa beim Schnelligkeitswettbewerb in Modena sein Renn-Debüt mit einem 12-PS-Auto, das das Rennen ohne einen einzigen Strafpunkt abschließt.

Auch Bergrennen werden immer beliebter. Klassische Strecke ist die aufregende Route am Monte Ventoux, nahe Marseilles. Noch heute benutzen Autokonstrukteure diese Strecke, um die Abstimmung des Fahrwerks und die Straßenlage bei Produktionswagen zu testen. 1905 gewinnt hier Cagno mit einem Fiat Rennmodell mit 100 PS und 16-Liter-Motor. Er fährt die 13-Meilen-Strecke in nur 19,5 Minuten. Auch die

76 oben *Dieses historische Foto zeigt den jubelnden Felice Nazzaro bei der Targa Florio von 1907 in einem Fiat 28/40 PS. Nazzaro hat die Startnummer 20B, während Vincenzo Lancia, der in einem ähnlichen Auto Zweiter wird, die Startnummer 20A hat.*

76 Mitte *Autorennen und Cross-Country-Wettbewerbe sorgen in der westlichen Welt für viel Aufregung. Hier die Titelseite der „Seattle Daily Times" vom 23. Juni 1909, auf der über den Sieg eines Ford bei Rennen auf der Strecke New York–Seattle berichtet wird. Die Teilnehmer waren 23 Tage unterwegs.*

76 unten *Einer der größten Rennfahrer aller Zeiten, Antonio Ascari, am Steuer eines Fiat S 57/14 B Corsa. Dank seines 135-PS-Motors kann dieses Grand-Prix-Auto 151 km/h erreichen. Es ist mit Servobremse und mechanischen Hartford-Stoßdämpfern ausgestattet. Zusammen mit so großartigen Rennfahrern wie Tazio Nuvolari, Rudolf Caracciola, Gastone Brilli Peri, Louis Chiron und Giuseppe Campari schafft es Ascari, den Rennsport nach dem 1. Weltkrieg wieder populär zu machen. Ascari stirbt am Steuer eines Alfa Romeo beim französischen Grand Prix von 1925.*

77 oben *Die Automobilhersteller lernen schnell ihre Rennerfolge in Verkaufserfolge umzuwandeln. Hier wirbt Bugatti, ein Produzent schneller Rennwagen aber auch phantastischer Straßenmodelle (die heute noch für ihre Qualität berühmt sind), mit den Siegen beim Bergrennen am Mont Ventoux (Frankreich) und bei anderen Rennveranstaltungen der Jahre 1911, 1912 und 1913.*

77 Mitte *Der Bugatti Typ 35 wird von vielen für das schönste Rennauto aller Zeiten gehalten.*

77 unten *Im Vordergrund Alessandro Cagno, der die erste Runde beim ältesten Autorennen der Welt, der Targa Florio auf Sizilien, in einem Itala gewinnt. Das Bild lässt etwas von dem Mut und der Waghalsigkeit, die diese frühen Rennfahrer treibt, spürbar werden. Viele von ihnen verlieren bei den Autorennen ihr Leben. Alessandro Cagno ist dabei eine Ausnahme, er wurde 78 Jahre alt.*

78 oben Doktor Stöss am Steuer eines Horch von 1906, mit dem er das Herkomer-Rennen gewinnt (ebenso im folgenden Jahr). Neben ihm sitzt August Horch, Gründer der Firma Horch und später Gründer von Audi. Dieses Modell ist eines der ersten mit Kardan- statt Kettenantrieb.

78 Mitte Tankstopp beim Grand Prix von 1907. Der Fahrer dieses Fiats ist Vincenzo Lancia; sein Teamkollege Felice Nazzaro gewinnt das Rennen mit einer Durchschnittsgeschwindigkeit von 114 km/h.

78 unten Momentaufnahme einer der außergewöhnlichsten Rennfahrten in der Automobilgeschichte jener Tage: Prinz Borghese, der Journalist Luigi Barzini und der Mechaniker Guizzardi durchqueren Berlin in ihrem Itala während des Rennens Paris–Peking. Dieses Team ist am Ende auch Gewinner der kraftraubenden Veranstaltung.

Alpen bieten sich für den Rennsport an: 1912 gewinnt August Horch den Alpine Cup in einem Audi C Type 14/35 PS, ein Sieg, den er auch im folgenden Jahr wiederholen kann.
Ein echter Vorläufer der modernen Rallyes ist das Herkomer-Rennen. Es wird von dem deutsch-englischen Maler Sir Hubert von Herkomer aus der Taufe gehoben und findet in den Jahren 1905–1907 statt. Die Strecke beginnt und endet in München und schließt dabei Baden-Baden, Stuttgart und Nürnberg ein. 1906 siegt der deutsche Rennfahrer Stöss in einem Horch 18/22 PS und im folgenden Jahr Erle in einem 50-PS-Benz. Komplizierter sind die Langstreckenrennen. Einige werden als Geländejagdrennen ausgetragen, andere sind – wie moderne Endurance-Rennen – als Runden auf einer bestimmten Bahn ausgelegt. Die Langstreckenrennen sollen vor allem Zuverlässigkeit und Überlegenheit der Autos unter Beweis stellen. Das erste Transkontinental-Rennen, von New York nach Portland, gewinnt 1905 ein Oldsmobile Curved Dash „Old Scout", der für die 4000-Meilen-Strecke (6436 km) 44 Tage braucht. Ein Jahr später fährt am Ormond Beach ein Ford Modell K die Strecke von 1135 Meilen (1826 km) mit einer Durchschnittsgeschwindigkeit von 76 km/h in 24 Stunden. Bemerkenswert im Jahr 1909 ist die Leistung von Mrs. John R. Ramsey, die als erste Frau hinter dem Steuer eines Maxwell die USA durchquert.
Um eine Vorstellung zu geben, in welchem Tempo sich die Motoren entwickeln, folgt hier eine, natürlich lückenhafte Auflistung großer Geschwindigkeits- und Beschleunigungsrekorde. Sie wurden alle mit offenen Wagen erzielt, allerdings mit Rennmodellen, häufig Einsitzern, Prototypen und speziellen Sonderanfertigen – also mit Autos, die nicht zur Riege der „Standard" Cabriolets und Sportwagen zählen.
1897: In den USA fährt Winton eine Meile in 1 Minute 48 Sekunden mit einer Durchschnittsgeschwindigkeit von 54 km/h.
1900: Ein 35-PS-Daimler setzt den Geschwindigkeitsrekord für einen Kilometer auf 87 km/h.
1903: Dan Wurgis fährt in einem Oldsmobile Flyer am Daytona Beach die Meile in 42 Sekunden, das entspricht einer Geschwindigkeit von 139 km/h.
1904: Henry Ford persönlich erreicht in einem Ford 999 einen Schnitt von 147 km/h.
1909: Fred Marriott setzt den neuen Rekord von 128,4 mph (207 km/h) in seinem Modell Stanley mit Dampfantrieb. Im selben Jahr durchbricht ein Benz mit 21,5-Liter-Motor (200 PS) zum ersten Mal in Europa die 125-mph-Grenze (201 km/h) und fährt 126,7 mph (204 km/h).
1911: Am Daytona Beach treibt Bob Burman, ein ehemaliger Rennfahrer für Buick, den Geschwindigkeitsrekord in einem Benz mit Spezialkarosserie auf 142 mph (229 km/h).
1919: Ralph de Palma fährt 149 mph (240 km/h) in einem Packard 905 und kurz darauf erreicht ein Rennmodell von Duesenberg am Daytona Beach 165 mph (266 km/h).

79 oben *Start bei der Targa Florio in Cerda, Sizilien, im Jahr 1908. Vincenzo Lancias Fiat 130 PS steht unmittelbar vor der Abfahrt. Sieger des Rennens ist Vittorio Trucco in einem Isotta Fraschini.*

79 unten *Start zu einem der aufregendsten und gefährlichsten Rennen der Welt: das Rennen von Indianapolis. Dieses Bild zeigt die Veranstaltung von 1909 (ab 1911 wird das Rennen über 500 Meilen gefahren). Die hellen Autos am Start sind Buick-, die dunklen Marmon-Rennwagen. Sieger dieses Rennens ist Bob Burman in dem Buick Nr. 34.*

80-81 *Dieser knallrote Fiat 501 SS ist eine Sportversion. Das Basismodell ist ein kleines, aber wichtiges Auto, das Fiat 45 000-mal verkaufen kann. Die Nachkriegsproduktion kann bei Fiat damit in hervorragender Weise aufgenommen werden. Die 1922er Sportversion, die hier abgebildet ist, hat einen Motor mit doppelter Nockenwelle. Es ist ein erfolgreiches Auto, das in seiner Klasse verschiedene Rennen gewinnt, u. a. auch die 13. Targa Florio.*

Neue Designs revolutionieren das Auto

USA: Geburtsort der Design-Studios

In den ersten Kapiteln wurden das Adjektiv „schön" und seine Synonyme nur sparsam verwendet. Es soll auch jetzt nicht diskutiert werden, ob der Begriff Schönheit eng mit Harmonie verbunden ist, ob man damit etwas Subjektives oder Objektives bezeichnet oder gar, ob Schönheit aus sich selbst erwächst oder der menschlichen Vernunft entspringt. Nein! Es ist jetzt einfach an der Zeit, den atemberaubenden Zauber der Formgebung und Linienführung bei den offenen Wagen der 30er-Jahre ungehemmt zu beschreiben.
Wieso hat sich diese gestalterische Entwicklung nicht schon in den 20er-Jahren vollzogen, schließlich waren das die Jahre der

82 oben *Dieses Auto gehörte Greta Garbo und es kann als Meilenstein in der Geschichte des Automobils betrachtet werden. Es handelt sich um den Duesenberg J, der vom Jetset besonders wegen seiner Eleganz, Einzigartigkeit und Leistung geschätzt wurde. Von dem Modell gibt es verschiedene Varianten mit Aufbauten der besten Karossiers. Man beachte bei diesem J die Kombination traditioneller Elemente, wie die Form des Kühlers und die großen, vom Motorraum getrennten Kotflügel, mit ersten stromlinienförmigen Innovationen, wie die Tropfenform der Kotflügel.*

intellektuellen und künstlerischen Leidenschaft. Wie kam es, dass zu dieser Zeit sogar Torpedos der Spitzenklasse eher darauf ausgelegt waren „Luxus“ statt „Schönheit“ zu demonstrieren? Es lag wohl daran, dass auf beiden Seiten des Atlantiks zunächst dem hohen Anspruch nach Motorisierung genüge getan werden musste. Das größte Engagement galt den technischen Entwicklungen. Mit großen Schritten wurden Zuverlässigkeit und Funktionalität der Automobile vorangetrieben. Auch die Senkung der Gestehungskosten konnte dazu beitragen, dass sich das Auto in der Öffentlichkeit immer weiter verbreitete. Schönes Design war bei den Modellen dieser Zeit ein eher seltenes Gut.

Paradox ist deshalb die Entwicklung unmittelbar nach dem Börsensturz an der Wall Street. Was jetzt an neuen Modellen auf dem Markt erscheint, wirkt dank fließender Formen und geschwungener Linienführung harmonisch schön. Es werden zwar weniger Autos verkauft, aber die Öffentlichkeit sehnt sich nach den erstklassigen Modellen, bei denen als Nebenprodukt aller Schönheit auch noch ein Hauch Luxus mitschwingt, der die unterschwellige Angst vor finanzieller Not vertreiben soll. Bevor sich die schlimme wirtschaftliche Lage auch auf Europa übertragen kann, nutzen die Autohersteller die Zeit, um einige Modelle zu entwerfen, die einzigartig

82 unten *Der 1930er Cadillac Fleetwood ist mit einem gewaltigen V16-Motor ausgerüstet. Eine etwas „ökonomischere“ Version mit V8-Motor folgt ein Jahr später.*

83 oben *Ein Beispiel für ein Convertible Coupé: der Pierce-Arrows Roadster von 1932.*

83 unten *Der Duesenberg J Convertible Coupé ist ein außergewöhnliches Auto. Einmalige Modellversionen, vorwiegend im Roadster-Design, gehörten Gary Cooper, Clark Gable und Mae West. Die beliebtesten Modelle stammten von den Karossiers Bohman & Schwartz.*

bleiben und mit einem Überfluss an Schönheit, gleichsam als Totems gegen Armut und Verzweiflung helfen sollen.
Die Kreationen tatsächlich „schöner" Autos sind kein Zufall. Sie sind eine Folge der „Design Studios", die als eigene Abteilungen bei den großen Autoherstellern gegründet werden und ebenso ein Resultat der wachsenden Zahl spezialisierter Karosseriebauer. Während die Designer für überraschende, phantasievolle und provokative Ideen sowie für die Verbreitung neuer, durchsetzungsfähiger Trends Verantwortung tragen, sind die Karosseriebauer für die Gestaltung „rollender Kunstwerke" nach dem klassischen Schönheitsbild zuständig. In diesem Kapitel wollen wir – so weit wie möglich – die Leistungen und Ergebnisse dieser neuen Denkansätze untersuchen.
Ausgangspunkt dieser Entwicklung ist in der westlichen Welt zunächst die Beauftragung spezialisierter Karosseriebauer mit Karosserieentwurf und -produktion durch die großen Automobilhersteller. Während sich allerdings die Aufträge der europäischen Karosseriefirmen eher auf den Bau von luxuriösen Limousinen und Tourenwagen beschränken, ist in den USA die gesamte Produktpalette gefragt. Deshalb entwickelt sich in Amerika bald die Idee des firmeninternen Design-Studios, das eine Firmenmarke oder einen grundsätzlichen Firmenstil aufbauen soll, mit dem sich die Kunden identifizieren können.
Das Konzept der firmeninternen Design-Abteilung wird gemeinhin Alfred P. Sloan jr., dem Chef von General Motors, zugeschrieben. Als einer der ersten erkennt er, dass sich das Augenmerk der Kunden mit der Zeit mehr auf die Karosserie als auf das Chassis richtet. Dies liegt auch an der wachsenden Zahl von Frauen, die sich für Autos interessieren, und dabei verstärkt auf ästhetische Details und Farben achten.

84 Dieses Bild zeigt die bezaubernde Linienführung des Duesenberg J Dual Cowl Phaeton aus dem Jahre 1934. Die Karosserie beweist die Reife des Torpedo-Designtyps, der aber zu diesem Zeitpunkt von seinem Untergang nicht mehr weit entfernt ist. Und das, obwohl beispielsweise dieses Modell in Bezug auf seine Leistung, Ausstattungsqualität, Armaturen und Materialien zur Marktspitze gehört. Der Duesenberg J Dual Cowl Phaeton ist eine sehr „herrschaftliche" Interpretation des klassischen Stils und weist keinerlei Stilelemente des modernen Designs auf. Nur die besten Cadillac- und Packard-Modelle (in den USA) und Rolls-Royce- oder Mercedes-Modelle (in Europa) können mit diesem fahrenden Kunstwerk verglichen werden.

85 oben Dank der riesigen Doppelscheinwerfer, den wellenförmigen Kotflügeln und dem großen Kühlergrill mit seiner Verkleidung aus dicken aufrechten Chromstäben wirkt die Vorderansicht des Duesenberg J Dual Cowl gewaltig. Das einzige Element, das normal dimensioniert erscheint, ist die Stoßstange. Sie besteht aus zwei verchromten Stangen, die in der Mitte zusammengefasst sind und dadurch wie ein Schnurrbart aussehen.

85 unten Diese Nahaufnahme des 1934er Duesenberg J-Kühlergrills lässt am rechten Bildrand die Abdeckung der Seitenöffnung erkennen, durch die das Auspuffrohr geführt wird. Im Vordergrund ist der Abschluss des Kotflügels zu sehen.

86 oben *Alfred P. Sloan jr., der Präsident von General Motors, gründet die Abteilung „Art & Colour", in der Dutzende Designer unter der Leitung von Harley J. Earl arbeiten.*

86 Mitte *1927er LaSalle Convertible Sedan nach einem Design von Harley J. Earl. Dieses Modell kennzeichnet einen stilistischen Wechsel. Beim LaSalle beginnt Earl Details der Karosserieform zu verändern, Kanten werden abgerundet, Kurven und Bögen abgeschwächt.*

86 unten *Das Convertible Coupé ist das letzte Modell der 1927er LaSalle-Reihe. Der Unterschied zwischen dem Coupé und dem Sedan liegt in der Anzahl der Türen, es sind zwei bzw. vier. Preislich ist der LaSalle zwischen Cadillac und Buick angesiedelt.*

Sloan gründet die „Art & Color"-Abteilung und übergibt das Kommando einem Designer mit großartigem Ruf, Harley J. Earl. Mithilfe von Howard O'Leary, seinem leitenden Direktor, versammelt Earl ein erstklassiges Team um sich, zu dem u. a. auch Vincent D. Kapture (er arbeitete zuvor bereits für Cadillac und Packard), Thomas L. Hibbard und Howard „Dutch" Darrin gehören. Es ist nicht möglich, die vollständige Liste aller Designer und Karosseriebauer des Teams aufzuführen, denn bis Januar 1928 hat Earl bereits 50 Spezialisten auf seiner Lohnliste stehen. Er schafft es, die kreativsten Ideen jedes einzelnen Mitarbeiters hervorzulocken und kann sich darauf beschränken ein Projekt nur grob zu skizzieren und dann in die Verantwortlichkeit kleinerer Teams weiterzugeben. Jedes Team arbeitet exklusiv für einen Teilbereich von General Motors, wodurch eine Trennung innerhalb der Abteilung entsteht, mit der Earl den Wettbewerb untereinander schürt. Earls Erstlingswerk ist der 1927er LaSalle. Es ist ein offenes Modell der mittleren Oberklasse, das in der GM-Preisliste zwischen luxuriösen Cadillacs und durchschnittlichen Buick-Modellen liegt. Verschiedene Charakteristika der 1920er Modelle sind beim LaSalle erhalten geblieben, doch insgesamt ist die Linien-

führung weicher und besonders im Mittelteil geschwungener. Man kann allgemein feststellen, dass sich ab 1927 zuerst der hintere Teil der Karosserien weiterentwickelt. Die Hecks vieler Roadster-Modelle werden gedehnt und aerodynamischer geformt, z. B. als Bootsheck oder abgeschrägtes Heck, während vorne weiterhin lange Motorhauben, große, runde Scheinwerfer, Kotflügel, Kühlergrill und sichtbare Auspuffrohre die Karosserien beherrschen. Die runden Scheinwerfer des LaSalle sind vor dem klassischen vertikalen Kühlergrill montiert, hinter dem sich ein 75 PS starker Achtzylindermotor verbirgt. Die Kotflügel sind dezent farblich abgesetzt vom Rest der Karosserie, zu der auch vergoldete Türgriffe und Zierelemente gehören. Der Dachrahmen fällt scharf zum Heck hin ab und obwohl das Verdeck weich ist, entsteht ein steifer, starrer Gesamteindruck. Die Windschutzscheibe kann nach vorne geneigt werden.

Das Auto wird in den USA als eines der ersten Convertibles betrachtet, denn dank seiner vertikal zu öffnenden Seitenfenster und den fehlenden Mittelpfosten ist es fast so etwas wie ein Standardmodell. Convertible Coupé, umwandelbares Coupé, ist die exakte Bezeichnung, denn das Modell hat zwei Türen. Später gibt Earl offen zu, dass er sich von einem der prächtigsten europäischen „Gran Turismo“-Modelle, dem Hispano-Suiza, hat inspirieren lassen. Ein anderer neuer Convertible ist der Cadillac V-16 von 1931.

Im Hause Ford ist die Situation ähnlich. Edsel Ford, der Sohn von Henry Ford, ver-

87 oben links *Diese LaSalle-Werbung beschreibt die komplette 1927er-Reihe, die aus sechs Modellen besteht.*

87 oben rechts *Ab den 20er-Jahren als „Guru“ des amerikanischen Automibildesigns bekannt: Harley J. Earl (hier in einem Prototyp des Y-Job). Der Grund für den Unterschied zwischen diesem Modell und den anderen auf dieser Doppelseite ist schnell erklärt – es wurde erst 1937 gebaut.*

87 unten *Die Ähnlichkeiten zwischen Flugzeug- und Automobildesign sollten noch viel deutlicher werden, als der Fotograf dieses historischen Bildes wohl jemals vermutet hätte. Charles Lindberghs Atlantiküberquerung (New York–Paris) in der hässlichen, aber ungemein starken „Spirit of St. Louis“, hatte auf beiden Seiten des Atlantiks starke Auswirkungen auf die Designentwicklungen.*

88 oben Dieser zweifarbige 1937er Buick Eight Drophead zeigt verschiedene völlig veränderte Designelemente. Obwohl Kotflügel und Trittbrett immer noch extra angesetzt sind, wirkt die Karosserie schlanker als das Vorgängermodell. Dies liegt vor allem an dem neuen, rahmenlosen Kühlergrill im „Fechtmasken-Stil". Man beachte auch die tropfenförmigen Kotflügel, die ein Zeichen für den Einfluss des aerodynamischen Stils sind.

88-89 und 89 Dieser Cadillac von 1931 ist ein typischer Dual Cowl Torpedo. Das elegante Modell hat sechs Rundinstrumente (2 große und 4 kleine). Zu beachten sind die Knüppelschaltung und die Seitenwindabweiser.

sucht, zwischen dem unerschütterlichen Traditionalismus des Firmengründers (Henry Fords berühmter Ausspruch: „Sie können Ihren Ford in jeder Farbe kaufen, solange es Schwarz ist", zeigt sein Interesse für ästhetische Fragen) und seinem eigenen Wissen um die Notwendigkeit zeitgemäßer Entwicklung zu vermitteln. Deshalb holt er Raymond Dietrich, einen hervorragenden Karosseriebauer, nach Detroit. Dietrich soll einen Vorschlag für moderne Karosserieentwürfe von Autos aus Produktionsreihen mit mehr als 300 Stück ausarbeiten, durch den Preise, Zeit- und Bauteilaufwand rationalisiert werden können.

An der Marke Lincoln, deren Präsident Edsel Ford seit 1922 ist, werden zunächst die Neuheiten ausgetestet, die später an der Hauptmarke Ford erscheinen sollen. Schon bald kann Edsel Ford seine Fähigkeiten als Stratege und Designer vorführen: Das Ford Modell A, das für das veraltete Modell T auf den Markt kommt, zeigt stilistisch einige Berührungspunkte mit den Lincoln-Modellen. Die Aufbauten werden von der Murray Body Corporation of America und der Briggs Manufacturing Company für Ford gefertigt.
Ab 1932 arbeitet der junge Architekt Bob Gregorie für Ford. Er und Edsel entwerfen

90 oben und Mitte *Auf dieser Chrysler-Werbung von 1931 sind einige der beliebtesten Karosseriedesigns jener Tage abgebildet: der Roadster, das Convertible Coupé (auch in der Mitte der Seite zu sehen) und die Limousine. Zu den technischen Neuheiten der 1931er Chrysler-Serie zählen das zusätzliche Angebot eines Achtzylindermotors, den Sechszylinder gab es bereits, und „Floating Power", die gummigedämpfte Lagerung des Motors.*

91 *Der 1940er Lincoln Continental hat einen sehr eigenwillig geformten Kühlergrill, der offensichtlich dem des 1934er Chrysler Airflow nachempfunden ist. Tatsächlich ist der Continental eine „Neuauflage" des berühmten Ford Zephyr, der von Bob Gregorie entworfen und von Edsel Ford engagiert unterstützt worden war. Der schmetterlingsförmige Kühlergrill hatte in der Entwurfphase bei Ford Anlass zu heißen Diskussionen gegeben. Das obere Bild zeigt Mickey Rooney, der die Schlüssel seines neuen Lincoln Continental in Empfang nimmt.*

eine Reihe von Designideen, die unverkennbar persönliche Note haben, und schlagen sie den Karosseriebauern vor. Der 1939er Lincoln Zephyr, der im Jahr 1933 zuerst von John Tjaarda, einem holländischen Designer bei der Briggs Company entworfen wird, ist ein Beispiel hierfür (oder auch der 1940er Ford De Luxe, ein preisgünstiges kompaktes Convertible). Die Geschichte des Zephyr beginnt 1933, als er bei der Briggs Company als Traumwagen im schwierigsten Jahr der Wirtschaftskrise entworfen wird. Frank Johnson, Chef der technischen Abteilung, liefert sich mit Gregorie ein erbittertes Gefecht über die Platzierung des Kühlerventilators. Während Gregorie diesen weiter unten angebracht haben möchte, ist Johnson strikt dagegen. Er befürchtet in den heißen Sommermonaten und in den heißen Staaten des Südwestens eine extreme Überhitzung des Motors. Daraufhin schlägt Gregorie vor, den kompletten Kühlergrill flacher zu formen. Edsel Ford gefällt diese Idee und es werden Tests im Windkanal durchgeführt. Der neue Kühlergrill bewährt sich auch in technischer Hinsicht und ist nun flach und breit statt hoch und schmal. Damit unterscheidet sich dieser Zephyr völlig von einem anderen Zephyr desselben Jahrgangs, der mit einer Karosserie von LeBaron ausgerüstet ist und eine Fechtmaske hat.

Auch der dritte große amerikanische Autohersteller, Chrysler, vollzieht eine ähnliche Entwicklung. Dort wird die eigene Design-Abteilung, ebenfalls mit dem Namen „Art and Color“, 1928 eingerichtet und die Leitung Herbert V. Henderson übergeben. Henderson kann für diese Aufgabe auf Erfahrungen aus den Bereichen Industriedesign und Innenarchitektur zurückgreifen. Er leitet ein kleines Team von fünf bis sechs Mitarbeitern, das für die gesamte Firmengruppe mit den verschiedenen Marken Imperial, Chrysler, DeSoto, Dodge und Plymouth verantwortlich ist. Walter Chrysler, der seine Neugier nicht ganz bezwingen kann, wirft dabei gern einen kurzen Blick

92 oben *1931er Duesenberg SSJ von oben betrachtet; auffällig sind die schlanke Form des Motorraums und die verhältnismäßig breiten Trittbretter, die es sogar an den Sportmodellen gab.*

92 unten *Stolz posiert Gary Cooper neben seinem Duesenberg J Tourster. Die Modellbezeichnung Tourster leitet sich aus der Kombination Tourer/Roadster ab; heute würde man so ein Modell GT (Gran Tourismo) taufen.*

92-93 *Dieser Duesenberg J wurde von dem kalifornischen Designer Murphy entworfen. Abgesehen von dem fehlenden Rücksitz scheint dieses Modell auch kein Verdeck zu haben. Tatsächlich aber verbirgt es sich unter einem Abdeckblech, weshalb das Modell „Speedster Disappearing Top" genannt wird.*

93 unten *Und noch ein Kinostar: Clark Gable neben seinem 1935er Duesenberg J. Nach den Tourster und Speedster folgen die wunderschönen, riesigen Convertible Coupés, karossiert von Bohman & Schwartz, die sich auf Luxuswagen spezialisieren. Es gibt nur wenige dieser einzigartigen Modelle und sie werden heute zu astronomischen Preisen gehandelt.*

auf die Skizzen seiner Designer.
Besondere Erwähnung verdient auch Errett Lobban Cord, der Besitzer von Auburn, Cord und Duesenberg. Seine Modelle wurden von den besten Stylisten und Designern jener Zeit entworfen und sollten deshalb mit großem Respekt betrachtet werden.
Als E. L. Cord 1926 Duesenberg übernimmt, bittet er Frank Duesenberg, den vorigen Besitzer, ihm ein Gran-Turismo-Modell zu entwerfen. 1928 erscheint daraufhin das Modell J. Es wird in den Jahren 1934 bis 1936 produziert, darunter einige Spezialanfertigungen (SJ, SSJ Speedster, SJ Speedster-Roadster) für berühmte Schauspieler wie Clark Gable, Gary Cooper und Mae West oder Persönlichkeiten wie Prinz Nicholas von Rumänien, der damit sogar zweimal, aber erfolglos, in Le Mans startet.
Wie ein traditioneller Roadster, so hat das Modell J ein spitz zulaufendes Heck. Das Modell SJ ist teilweise beeinflusst durch den Top-Designer Gordon Buehrig, der bei den Entwürfen mitgewirkt hat. Es hat ein sehr geschwungenes Mittelteil, das durch eine rotbraune Zierlinie betont wird, und ein wunderschön geformtes Heck. Dieses Wagenmodell bildet zusammen mit dem 1931er Alfa Romeo 6C 1750 S Flying Star (Karosserie-Design von Touring) und dem 1939er Mercedes 540 K ein einzigartiges Trio, das in Bezug auf seine Schönheit nur noch mit den besten individuell aufgemachten Modellen verglichen werden kann, bei denen keine Kosten gescheut wurden. Der Duesenberg SJ hat den leistungsstärksten Motor der Welt, einen 6876-ccm-Lycoming-Achtzylinder-Reihenmotor

mit Kompressor, der 320 PS Leistung produziert und ein Auto leicht über die 125-mph-Grenze bringt (Lycoming baut auch heute noch Flugzeugmotoren). Der Motor des Modells J hat hingegen keinen Kompressor und bringt es nur auf 250 PS!
1929 erregt ein anderes Cord-Modell, der L 29, Aufmerksamkeit, bei dem besonders die Vorderpartie betont wird. Das Design wird 1931 von Chrysler übernommen. Ursprünglich stammt es aus der Feder von Al Leamy, dem Leiter des Auburn Designer-Teams.
In den 30er-Jahren werden besonders Ausstattung und Form der Autos hervorgehoben, zumindest bei den Modellen der Spitzenklasse, zu denen natürlich auch Conver-

94 oben *Von 1929 an ist der Cord L-29 in seinen verschiedenen Erscheinungsformen sehr erfolgreich. Dieses Foto stammt aus einer Werbebroschüre, in der zu Recht behauptet wird, dass die Cord-Automobile einen einmaligen Platz in der Autoindustrie einnehmen. Auburn, Cord und Duesenberg – alle drei sind Teil einer Firmengruppe, die von Errett Lobban Cord gegründet und geführt wird. Brillante Designer entwerfen und produzieren innovative und avantgardistische Modelle für Cord, bis die Firma 1937 leider ihre Tore schließen muss. Der Cord L-29 ist bei den Karossiers sehr beliebt, besonders als Convertible Coupé, wie hier abgebildet.*

94 unten *Diese beiden Auburn Speedster aus dem Jahr 1935 sind das Ergebnis einer Kooperation von Gordon Buehrig und August Horch, die eine neue Version des 1930er Auburn mit Kompressormotor entwickeln wollten, allerdings zu einem günstigeren Preis. Die Auburn Speedster haben eine solide und doch stromlinienförmige Karosserie mit eingelassenem Kühlergrill. Die extragroßen Kotflügel sind so breit, dass sie oberflächlich plan erscheinen – ein strömungsgünstiges Verhalten muss dadurch jedoch bezweifelt werden.*

95 oben links *Errett Lobban Cord, Gründer der Cord Firmengruppe.*

95 oben rechts *Ein gutes Beispiel für die Bootsheckform, die große, leistungsstarke Autos leichter und „windschlüpfiger“ erscheinen lässt – der Auburn 851 Speedster von 1935.*

95 unten *Cord L-29 Convertible Coupé, karossiert von Sakhnoffsky.*

96 oben und Mitte *Packard ist wohl einer der konservativsten Automobilhersteller in den 30er-Jahren. Hier das Modell 236 Touring R aus dem Jahr 1925. Darunter ein Blick in den Motorraum mit den gut sichtbaren Zündkerzen. Die Zündfolge ist auf dem Motorblock des Achtzylinder-Reihenmotors angegeben.*

96 unten *Der 1930er Packard 7-34 als großer Roadster konkurriert mit dem Cadillac V16 und dem Duesenberg J. Alle drei sind wunderschöne und leistungsstarke Modelle mit ähnlicher Linienführung und Bootsheck.*

tibles und Roadsters zählen. Folglich werden in den Fabriken Mitarbeiter aus neuen Bereichen eingestellt: Maler, Künstler, Architekten, Designer, Illustratoren und Handwerker, die mit Holz oder Eisen arbeiten. Sie alle bilden einen starken Gegensatz zu den Arbeitern, die in ihren blauen Overalls an den Fließbändern stehen, und man kann sich leicht ausmalen, mit welcher Skepsis sie beäugt werden. Wie kann man ein Auto konstruieren, ohne die mechanischen Bauteile zu kennen? Auf dieser Frage beruht der Widerwille einiger konservativer Firmen (z. B. Packard), die von den Ideen der Designer höchstens für Dekoration und weniger wichtige Ausstattungselemente Gebrauch machen. Aber gerade Packard macht in Bezug auf seinen Stil eine völlige Kehrtwende und bringt nach dem eher schwerfälligen 1929er Torpedo-Modell 645 De Luxe Eight im Jahr 1940 das superelegante und fließend geformte Modell Super Eight-One-Eighty Victoria nach dem Design von Howard „Dutch“ Darrin. General Motors, Ford und Chrysler revolutionieren auch weiterhin die Gestalt des Autos. Designelemente aus der Luftfahrt und frische Ideen aus modernen Grafik-Design-Büros nehmen immer mehr Einfluss auf den Karosseriebau.

97 *Oben eine weitere Luxusausführung des Convertible Coupé – der 1933er Packard V12, entworfen von Dietrich. Darunter der Supereight aus dem folgenden Jahr mit seinen stark betonten und abgerundeten Kotflügeln, unter denen die Reifen fast verschwinden.*

Originalität, Aerodynamik und gutes Aussehen

Die Weltwirtschaftskrise der 30er-Jahre, die auf den Börsensturz an der Wall Street folgt, erschüttert nicht „nur“ die Weltwirtschaft, sondern auch die Gelassenheit der Amerikaner. Sie ist eine Lektion in Bescheidenheit, die sich die Konsumgesellschaft selbst auferlegt hat. Armut klopft an die Türen vieler amerikanischer Familien. Die Maschinenbauindustrie, die noch kurz zuvor ihre Produktion immer weiter aufgerüstet hat, fährt diese nun drastisch zurück. 1932 wird Franklin Delano Roosevelt zum

Präsidenten der USA gewählt. Er leitet Maßnahmen in die Wege, die die betäubte amerikanische Wirtschaft wieder wachrütteln sollen. Sein Reformprogramm „New Deal“ besteht zum großen Teil aus den Zutaten Hoffnung und Vertrauen.
In dieser Zeit regen die intensiven Aktivitäten Intellektueller die kulturelle Debatte besonders in den Bereichen gegenständliche Kunst, Architektur, Städteplanung und Design an. Die geistigen Energien bündeln sich dabei häufig in sehr gegensätzlichen Denkrichtungen. Sie fördern eigenwillige Trends, die teilweise bis an die Grenzen des Sündhaften gehen (was, wie behauptet wird, eine nahe Verwandtschaft des Schönen ist) oder als bösartige Provokation erscheinen.
Das Auto bietet einen relativ fruchtbaren Boden für die Anwendung neuer Stilrichtungen, allerdings setzen die Kriterien Funktionalität und Gebrauchstauglichkeit den ausgefallensten Ideen objektive Grenzen. Die Designer sind gezwungen sich selbst einzuschränken, wenn sie wollen, dass ihre Entwürfe Wirklichkeit werden, denn die Funktion kommt vor dem Aussehen. Das Auto vereinigt Kunst und Technik, Form und Funktion. 1928 publiziert der Architekt Le Corbusier einen Aufsatz

98 oben und Mitte Zwei interessante Werbebotschaften: Die obere Grafik veranschaulicht den Stand der Technik bei zwei aufstrebenden Transportmitteln, dem Auto und dem Flugzeug (das Auto ist in diesem Fall ein Studebaker). Das Bild darunter ist einer Werbebroschüre des deutschen Autoherstellers Adler entnommen. Während sich die amerikanische Werbung auf die technischen Errungenschaften des Maschinenzeitalters konzentriert, thematisiert die europäische Werbung Freiheit durch ein elegantes, sportliches Auto und eine schöne, lächelnde Frau mit Rennbrille.

98 unten Packard Sport Roadster, 1928

99 oben Dieses Werbefoto wurde 1925 auf Malta zur Einführung des Fiat 509 aufgenommen.

über die Kriterien, auf die sich der Entwurf einer bequemen Fahrgastzelle stützen sollte.

In den 30er-Jahren ist das öffentliche Interesse an allen technischen Entwicklungen sowohl in den USA als auch in Europa groß. Der Futurismus, 1909 von Marinetti begründet, preist Geschwindigkeit und das Auto als idealen Boten für Freiheit und Unabhängigkeit (Gedanken, die auch heute noch teilweise berechtigt sind, bedenkt man die Fortschritte in den Bereichen Transport und Kommunikation, die den Traum von der Welt als Dorf haben Wirklichkeit werden lassen). Doch schon bald müssen die vier Räder einem fast unschlagbaren Konkurrenten weichen: dem Flugzeug.

Das Ereignis, das den Anstoß für den „Flugwahn" gibt, wird von den Zeitungen

99 unten Der Mercedes 500 von 1933 ist ein sonderbares Experiment. Das Thema Stromlinienförmigkeit prägt die komplette Karosserie. Schade, dass sich die Designer ausschließlich an bereits anerkannte Stilelemente jener Zeit gehalten haben, z. B. bei den vorderen Kotflügeln, die die Räder fast vollständig einschließen – bei einem Versuchsmodell hätten die Designer durchaus mehr Ehrgeiz entwickeln können.

100-101 *Hier eine Zusammenstellung von Modellen innovativer Designer der 30er-Jahre, die von den anerkannten Formen abweichen. In der Mitte der Auburn Custom Twelve Speedster von 1932. Bemerkenswert ist hier die raffinierte Form der Kotflügel, die durch den langen Radstand und den extrem langen Karosserievorbau noch stromlinienförmiger wirken. Auffällig auch die tiefe, nach hinten geneigte Windschutzscheibe. Oben rechts der 852 Supercharged Convertible Phaeton, Baujahr 1936. Zwischen diesen beiden Auburns scheint eine Design-Revolution stattgefunden zu haben: Der 852 ist zwar nicht so attraktiv wie das 1932er-Modell, dafür aber kleiner und kompakter. Er lässt schon erahnen, wie sich die Formen in den 40er-Jahren entwickeln werden. Links unten im Bild ein Modell derselben Firmengruppe, der 1936er Cord 810 nach dem Design von Gordon Buehrig. Es wurde auch scherzhaft das Auto mit dem „Sargdeckel" genannt; beachtlich sind die Frontscheinwerfer, die in den Kotflügeln versenkt werden können.*

jener Tage vielleicht auch etwas aufgebauscht, schließlich ist man immer auf der Suche nach neuen Helden: Im Mai 1927 fliegt Charles Lindbergh mit der „Spirit of St. Louis“ in einem Non-Stop-Flug von New York nach Paris. Auf der ganzen Welt folgen weitere Flugrekorde und Luftraumüberquerungen. Die Mode und neue Stilrichtungen werden von der Suche nach Stromlinienförmigkeit und aerodynamischen Formen geprägt. Sofort wird auch versucht die schlanke, fließende, glatte Gestalt eines Flugzeugs auf Autos zu übertragen. Und was würde sich besser dazu eignen als Rennwagen und Convertibles? Es entstehen wunderschöne Modelle.

Um in groben Zügen zwischen Ästhetik und Funktion unterscheiden zu können, ist es an dieser Stelle nötig, kurz auf die Grundgedanken der Strömungslehre einzugehen: Am günstigsten ist ein Flügelprofil, das auf der dem Luftstrom zugewandten Seite eine Halbkugelform besitzt. Es sollte bikonvex geformt sein – genauer, im Mittelteil nach oben und unten konvex und zum hinteren Ende sich zuspitzend. Mit anderen Worten: wie ein Wassertropfen.

In seinem Aufsatz „Towards a New Architecture“ beschwört Le Corbusier die Anwendung aerodynamischer Linien. Er empfiehlt, alle der Karosserie aufgesetzten Teile, wie überdimensionierte Scheinwerfer, kompliziert ausgearbeitete Kotflügel oder seitlich angebrachte Reserveräder, zu entfernen. Die Luft sollte über die äußere Kontur des Autos streichen können, ohne einen Widerstand zu finden. Aber all diese Dinge zu verändern, erscheint den meisten Menschen unpraktisch, ja undenkbar. Die Traditionalisten liegen mit ihren Vorstellungen auch nicht völlig falsch. Natürlich, eine lange, glatte Karosserie ohne Hindernisse verbessert die Windschlüpfigkeit und dadurch auch die Leistung und den Benzinverbrauch. Aber für die Autos der 30er-Jahre, die nicht für hohe Geschwindigkeiten ausgelegt sind, ist dies unerheblich. Deshalb fühlen sich die Designer jener Zeit auch nicht durch funktionelle Aspekte veranlasst, die abgerundeten, geschwungenen Formen aufzugreifen, sondern aus ästhetischen Gründen. Die Untersuchung stromlinienförmiger Karosserieprofile geht rasant voran. Wer sich dazu keine teuren Testmöglichkeiten wie den Windkanal leisten kann, sammelt seine Erfahrungen bei Rennen. Der Begriff „aeronautisch", der in diesem Buch häufiger auftaucht, bezieht sich auf Formen, die durch die Leidenschaft fürs Fliegen und die Aerodynamik angeregt wurden. Sie wurden von Konstrukteuren zur tatsächlichen Verbesserung der Windschlüpfigkeit und Leistung entwickelt. Man könnte also versuchen eine Unterscheidung zwischen ästhetischer und funktioneller Stromlinienförmigkeit zu treffen, doch das ist schwierig, denn bei vielen Modellen verschwimmen die Unterschiede. Das Lancia Astura Cabriolet aus dem Jahr 1931 ist ein gutes Beispiel für ausgewogene Stromlinienförmigkeit, die dem Auto ein wunderschönes und modernes Aussehen beschert. Dank seiner Länge von 4470 mm können die abgeschrägt auslaufenden Kotflügel problemlos in die Karosserie integriert werden. Obwohl das Modell klassisch elegant ist und auch weiterhin eine große Frontpartie besitzt, wirkt es neu, schlank und in gewisser Weise dynamisch. Die Elite der italienischen Karosseriedesigner, mit Pinin Farina an der Spitze, arbeitet an den Entwürfen für Topmodelle wie dem Lancia Astura. Sie nähern sich dabei den neuen Formen mit vorsichtigem Interesse. Der Lincoln Aero Phaeton von 1931 mit einer Karosserie von LeBaron zeigt, dass die Fahrgastzelle sogar zur Nachbildung eines Piloten-Cockpits werden kann. Bei diesem Dual-Cowl-Modell sind die hinteren Sitze nicht, wie in der Produktionsserie von 1929, durch eine zweite Windschutzscheibe von den vorderen Sitzen getrennt, sondern mittels eines kleinen Spoilers und – als i-Tüpfelchen – der Imitation eines Ruders. Natürlich befindet sich auf dem Kühlerdeckel auch ein kleiner Flugzeugrumpf.

Der 1932er Chrysler Imperial CH wird als Speedster bezeichnet und das mit gutem Grund. Man könnte vieles über das Auto schreiben, aber in erster Linie vereinigt es in sich die charakteristischen Züge eines Gran Tourismo, der vielleicht wichtigsten Fahrzeugklasse der 30er-Jahre. Die Scheinwerfer bilden einen krassen Widerspruch zu Le Corbusiers Empfehlung, sie sind größer als je zuvor. Auch die Kotflügel sind ausladend und rund, doch dahinter ist der Imperial Speedster glatt und schlank. Die Heckpartie und die hinteren Kotflügel unterscheiden sich deutlich in ihrer Größe von der Vorderpartie, doch in Kombination besitzt diese Anordnung perfekte Harmonie.

103 oben *Hinter diesen strengen Formen und stattlichen Abmessungen verbirgt sich der 1938er Packard Super 8 Dual Cowl. Auf dem Bild kommen die Seitenfenster und das Zusammenspiel der Linien und Schwünge gut zur Geltung, der einzige Fehler beim Super 8 ist wohl die übertriebene Länge des Radstands.*

103 unten *Das Chassis dieses offenen Modells musste erst den Ozean überqueren, um gebaut zu werden. Es ist der 1939er Buick Special Albemarle mit einer Karosserie des englischen Handwerksmeisters Carlton.*

102 oben *Eines von vielen Pinin-Farina-Modellen des Lancia Astura. Vincenzo Lancia, ehemaliger Rennfahrer für Fiat, ist bekannt für die Liebe zum Detail bei seinen Autos und für seine stilistischen Eingebungen. Ein genauer Blick auf dieses Farina-Design zeigt, dass es wohl Ende der 40er-Jahre entstanden ist. Ein Hinweis darauf sind die schrägen Lüftungsschlitze an der seitlichen Motorhaube.*

102-103 *Preisgünstiger ist das Auto darunter, die 1934er-Version des LaSalle Roadster, eines der beiden Roadster-Modelle, die von dem LaSalle Mitte der 30er-Jahre erhältlich sind.*

102 unten *Jack Dempsey, Box-Weltmeister im Schwergewicht, hinter dem Steuer des Chrysler Imperial Custom Roadster.*

104 oben *In diesen kleinen Frazer Nash Tourer von 1927 können sich drei Personen quetschen. Auffällig ist die Zweifarbigkeit, durch die der Motorraum hervorgehoben wird.*

104 Mitte *Ein Stück Vergangenheit: Dieser Isotta Fraschini zählt zusammen mit Bugatti und Hispano Suiza zu den Symbolen für Motorisierung in der Belle Époque.*

Der Italiener Graf Mario Revelli von Beaumont zählt ebenfalls zu den Verfechtern der neuen, fließenden Formgebung. In der Reihe der Karosseriebauer, die üblicherweise Handwerker mit eigener Werkstatt sind, bildet der Aristokrat eine kleine Sensation. Tatsächlich aber liebt er nichts mehr, als einmalige Modelle für gute Freunde zu entwerfen und sie mit Hilfe der Profis Giacinto Ghia und Vittorio Viotti zu verwirklichen. Revelli schwärmt für alles Technische, insbesondere auch für Motorräder (1925 wird er Weltmeister auf einer selbst kreierten Maschine). Er ist befreundet mit Vincenzo Lancia und Battista Pinin Farina. Neben anderen Modellen entwirft Revelli z. B. eine phantastische Version des Isotta Fraschini (für den Herzog von Bergamo), den Fiat 525 (für die Prinzessin von Pistoia-Aremberg), den Lancia Aprilia Viotti (für Vittorio Mussolini) und den Lancia Lambda VIII Sport, den Itala 65 Torpedo und den zweifarbigen Chrysler 75 Coupé de Ville. Außerdem wirkt Revelli am Entwurf des Serienmodells Fiat 1500 von 1936 mit. Parallelen zur Erforschung der Aerodynamik werden auch an dem 1941er Convertible deutlich, den die Lincoln-Designer herausbringen. Es ist der gewaltige Continental, der eine Art Forschungs- und Versuchsmodell darstellt, an dem aeronautische Elemente und runde Formen, wie sie für Convertibles der 40er- und 50er-Jahre typisch sein werden, bereits zu finden sind. Stromlinienförmigkeit, Zukunftsvision und neue Trends: In den 30er-Jahren wird die äußere Gestalt der Luxuskarossen zum Schmelztiegel aus Art Déco, dem Wunsch zu fliegen, großartigen Neuheiten und Wagemut. Was für ein Gewirr aus Ideen, Stilen und Formen! In diesen Jahren ist immer von allem ein bisschen dabei und

dies macht es unmöglich, eindeutig zu klassifizieren. Das Auto, praktischer und vor allem weiter verbreitet als das Flugzeug, eignet sich hervorragend für die experimentellen Kapriolen junger Designer und Avantgardisten, die sich vom Bauhaus und der Kühnheit des Art Déco inspirieren lassen.
Einer der großartigsten Designer, der Franzose Raymond Loewy, wandert in den 20er-Jahren in die USA aus. Er gilt als Erschaffer des Esso- und des Shell-Markenzeichens. Von ihm stammt auch die Coca-Cola-Flasche. Zum Thema Auto schüttelt er zwei schnelle Entwürfe aus dem Ärmel: der eine wird zum Hupmobil, der andere zum Studebaker. Einer davon, vielleicht ein 1947er Studebaker Champion, wurde für einen kleinen Jungen im italienischen Tarvisio zur Vision. Er war vom Anblick des Autos so beeindruckt, dass er sein Leben dem Autodesign widmete. Die Rede ist von Bruno Sacco, der schließlich Chef des Mercedes Design-Teams wurde.
Die neue Designer-Generation kümmert sich auch um andere Gebrauchsgegenstände, vorausgesetzt sie machen das Leben leichter, fröhlicher oder ein wenig extravagant; an diesen Gegenständen zeigt sich auch der wieder gefundene materielle Optimismus. In den USA hungert man förmlich nach diesem Lebensgefühl, weshalb die neuen Ideen mit offenen Armen empfangen werden. In Europa hingegen wird es durch die sich zuspitzende diktatorische politische Situation für kreative Geister immer schwieriger, die ausgetretenen Pfade zu verlassen. So kommt es, dass viele der amerikanischen Design-Projekte von europäischen Architekten, Ingenieuren und Stylisten entworfen werden, die aus ihren Heimatländern ausgewandert oder gar geflohen sind. Wie Loewy tragen viele andere Europäer dazu bei, amerikanische Konsumgüter z. B. Kleiderschränke,

104-105 und 105 oben Dieser Frazer Nash TT, Baujahr 1933, ist ein typisch europäischer Roadster mit nach oben gewölbtem Heck (in den USA ist die Bootsheckform der letzte Schrei). Der Karosserievorbau wirkt aggressiv, sieht aber gut aus – mit etwas Phantasie könnte man darin auch ein Motorrad erkennen, das kurz davor steht, sich aufzubäumen.

104 Mitte *Das Modell ist ein Entwurf des italienischen Karossiers Castagna, der für seine Versionen der Alfa Romeo GT's und der Isotta Fraschini Typ 8A, dem europäischen Bestseller in Amerika Ende der 20er-Jahre, bekannt ist.*

Fahrräder, Brillen, Häuser, Brücken, Autos... neu zu gestalten.
Der Cord 810 von 1936 ist eine echte Sensation, ein Klassiker des neuen Stils. Das geniale Design stammt von Gordon Buehrig und dem Team der Auburn Motor Company. Am auffälligsten ist wohl die Fahrzeugfront, die den Skulpturen auf der Osterinsel beängstigend ähnlich sieht. Der Motorraum, ein großer, glatter Vorbau, bei dem der übliche Kühlergrill durch auffällige waagerechte Chromträger ersetzt ist, wird von so manch böser Zunge „Sarg" getauft. Die Scheinwerfer sind in Ausbuchtungen der Kotflügel versenkt, während die Auspuffrohre, häufig eher Dekoelemente, zu biegsamen Rohren werden (obwohl speziell diese Idee nicht neu ist). Das Modell ist ungewöhnlich für seine Zeit und für das, was folgen soll, doch es zeigt, wie sich die Arbeitsweise aufgeschlossener Karosseriebauer mit den Jahren gewandelt hat und herangereift ist. Studebaker bringt im Jahr 1935 drei Modelle heraus, deren

106-107 *Das ist die offene Version eines wichtigen, ja revolutionären Autos der 30er-Jahre, der Cord 810, Baujahr 1936. Sein Designer, Gordon Buehrig, zählt zu den berühmtesten dieser Zeit. Mit dem Modell überrascht Buehrig die Welt und rüttelt gleichzeitig an einigen allgemein anerkannten Vorstellungen des Automobildesigns. So verändert er z. B. die Scheinwerfer, von jeher ein wichtiges, außen auf die Karosserie gesetztes Gestaltungselement, und versteckt sie in den Kotflügeln. Eine Idee, die auch das Konzept der Stromlinienförmigkeit unterstützt und bei den Sportwagen der 60er- und 70er-Jahre wieder neu eingeführt wird. Besonders auffällig ist auch der Fahrzeugvorbau, der in seiner Frontansicht das Thema „Ähnlichkeit mit Mensch oder Tier" bereits anklingen lässt. In den 40er- und 50er-Jahren sehen die Frontansichten einiger Convertible-Designs besonders Gesichtern ähnlich.*

107 unten *Eine der zahlreichen Varianten des Cord L-29. Dieses Modell ist ein eleganter, zweisitziger und zweifarbiger Roadster. Bei VIPs und Kinostars ist das Auto aber auch als Dual Cowl oder Phaeton sehr erfolgreich.*

Namen so beunruhigend sind wie ihre Formen: den Dictator Six, den Commander Eight und den President Eight. Es ist interessant zu beobachten, wie hier, aber auch bei anderen Modellen, besonders unter den viertürigen Convertibles anstelle der phantasievoll geschwungenen Formen ein leicht starres, steifes Erscheinungsbild verwirklicht wird. Es ist das Gegenteil von dem, was sich die Vertreter des Futurismus erhofft hatten. Die Autos der 30er-Jahre sind noch vorwiegend von Kühlergrill und riesigen, nicht integrierten Kotflügeln geprägt.

Auch in Europa finden stromlinienförmige Modelle und Art-Déco-Design begeisterte Anhänger. So gibt es Voisins, Bugattis (von beiden, Ettore und Jean Bugatti) und den seltenen, aber noblen Delage, der mit einer Lalique-Figur auf dem Kühler protzt. (Lalique ist ein berühmter Künstler, bekannt für seine Kristallglasfiguren, aber auch verantwortlich für den Entwurf des großen Bronzetellers, der dem Gewinner der Targa Flo-

rio auf Sizilien überreicht wurde.)
Bevor wir zu dem Modell kommen, das mehr als alle anderen die Synthese des Art-Déco-Designs in der Welt der Automobile symbolisiert, der Bugatti Typ 57, hier eine kurze Auflistung einiger offener Wagen, die möglicherweise, in Kreuzung mit dem Bugatti Coupé Typ 50 (1932 entworfen von Jean Bugatti), schließlich zum Typ 57 geführt haben.
1934 taucht in Frankreich das eigenwillige Peugeot Cabriolet 301 Eclipse auf; die astronomische Typenbezeichnung „Eclipse" wird auch 1937 beim Modell 402 beibehalten. Eine der besonderen Gemeinsamkeiten dieser beiden Peugeots ist ein Patent des Zahnarztes Georges Paulin, der seine Freizeit damit verbringt, in der Werkstatt seines Freundes Marcel Pourtout mit Automobilverdecken zu experimentieren. Paulin erfindet ein Metalldach, das elektrisch im Kofferraum des Autos versenkt werden kann. Und diese Konstruktion wird bei den Peugeot-Eclipse-Modellen serienmäßig eingesetzt (das Retractable Hardtop lässt sich übrigens B. B. Ellerback in den USA bereits 1930 patentieren).
Die Karosserie des 301 zeigt die bis dahin beste Verschmelzung der verschiedenen Eigenschaften der neuen Trends. Die geschwungene Form zeigt sich ganz klar an den Kotflügeln und entlang des Wagenmittelteils, beides spiegelt auch deutlich die zeitgemäße Faszination für das aeronautische Design wider. Der Kühler ist nicht flach wie bei den strengen, luxuriösen Rolls-Royces, Hispano-Suizas und Mercedes, sondern – ähnlich dem Auburn A 100 – konkav, schmal und hoch geformt. Das geschlossen verkleidete Reserverad ist ein weiteres aeronautisches Detail. Die Türen sind breit und an den Rändern leicht nach außen bzw. unten abgerundet.
Das Modell 402 ist noch interessanter. Nach fünf Jahren des Experimentierens gelingt es Paulin den Verdeckmechanismus so weit zu verbessern, dass er nicht nur verlässlich arbeitet, sondern auch harmonischer zur

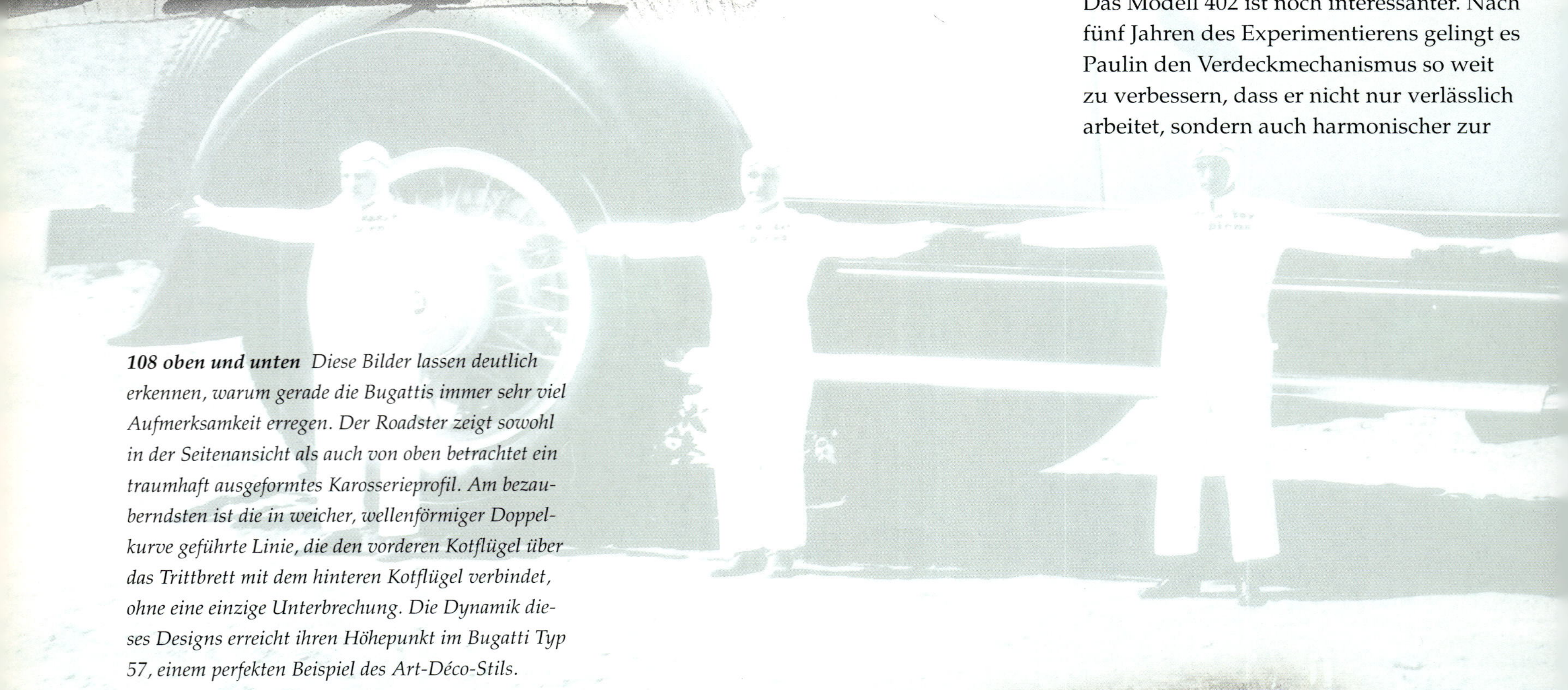

108 oben und unten *Diese Bilder lassen deutlich erkennen, warum gerade die Bugattis immer sehr viel Aufmerksamkeit erregen. Der Roadster zeigt sowohl in der Seitenansicht als auch von oben betrachtet ein traumhaft ausgeformtes Karosserieprofil. Am bezauberndsten ist die in weicher, wellenförmiger Doppelkurve geführte Linie, die den vorderen Kotflügel über das Trittbrett mit dem hinteren Kotflügel verbindet, ohne eine einzige Unterbrechung. Die Dynamik dieses Designs erreicht ihren Höhepunkt im Bugatti Typ 57, einem perfekten Beispiel des Art-Déco-Stils.*

108-109 *Der Studebaker President Eight wird mit einer originellen Werbung eingeführt. Die Personen auf dem Bild geben eine Vorstellung von der Größe des hölzernen Modells, mit dem dieser wichtige Wagen vorgestellt wird. Zusammen mit dem Commander Six und dem Dictator bildet der President Eight ein Studebaker-Trio zu Beginn der 30er-Jahre.*

109 oben und unten *Der kleine Roadster Typ 55 hat alle stilistischen Merkmale eines Bugatti. Unten: ein Typ 50 mit der dreisitzigen Karosserie eines Convertible Coupé. Der Kompressormotor kann bis zu 4,9 Liter groß sein.*

109 Mitte *Eine andere wichtige Marke der frühen Jahre des Automobilbaus: Studebaker, hier das Modell President Roadster von 1932.*

Karosserie passt. Was 1932 als Versuch begann, ist nun Wirklichkeit – vorausgesetzt, der Fahrer scheut sich nicht, das Dach manuell zu öffnen und zu schließen, denn es gibt noch keine Batterie, die leistungsstark genug ist, die Elektrik zu speisen! Mit aufgesetztem Hardtop ist das Verhältnis Vorbau und Heckpartie perfekt ausgewogen, denn beim 402 ist die Fahrzeugfront nun etwas kürzer und das Heck etwas länger. Die Räder verschwinden fast vollständig unter der Karosserie, wobei die Hinterräder noch durch Seitenverkleidungen verdeckt werden. Der Kühlergrill ist nach hinten geneigt – bereits ein Vorgeschmack auf spätere Entwicklungen – und die Türen begradigt.

Weitere wichtige Bezugspunkte in der europäischen Stilgeschichte der 30er-Jahre sind die BMW Roadster 315/1 und 319/1 aus den Jahren 1935/36, die auch erfolgreich bei Rennen eingesetzt werden. Beide Modelle haben Sechszylindermotoren mit 1490 bzw. 1911 ccm, die 40 und 55 PS Leistung bringen; die Höchstgeschwindigkeit liegt bei 130 km/h.

1937 erscheint der Bugatti Typ 57. Das Modell ist kompakt und durchgehend rund designed. Durch die zweifarbige Lackierung wird der Eindruck, dass dieser kleine Sportwagen eine einzige Kombination aus Kurven und Ellipsen ist, noch verstärkt. Typisch sind die vorne vorstehenden Kotflügel. Ihre enorm lange Ausdehnung in Richtung Wagenmittelteil macht den Einsatz eines Trittbretts unmöglich. Die Faszination an Typ 57 beschränkt sich nicht nur auf die 30er-Jahre: 1980 produziert der Franzose De La Chappelle Kopien des Modells unter dem Namen L'Atalante und verkauft sie an Fans. Außerdem sollten Designformen wie die des Typ 57 auch nach dem 2. Weltkrieg zahlreich wiederkehren und bis in die 60er-Jahre beliebt bleiben.

110 oben und unten *Das Design des 1934er Peugeot Cabriolet 301 Eclipse stammt von Georges Paulin, einem Zahnarzt, der in seiner Freizeit mit einem elektrischen Hardtop experimentiert, das im Kofferraum verschwindet. Lange bleiben seine Bemühungen erfolglos, weil es noch keine passende Batterie gibt, die stark genug ist, die Konstruktion mit Strom zu versorgen. 1937 kann Paulin seinen Traum am Modell Peugeot 402 Eclipse (unten) zumindest annähernd verwirklichen – das Dach wird allerdings immer noch manuell versenkt.*

110-111 *Dieser 1938er Peugeot ist eine leichte Abwandlung des Serienmodells. Ausgefallen ist der nach außen gewölbte Kühler mit den engen aufrechten Streben des Kühlergrills. Bei einigen Herstellern dieser Zeit sind die Scheinwerfer in den Kühlergrill integriert, bei Peugeot jedoch sitzen sie zwischen Motorhaube und Kotflügel.*

111 oben *Heckansicht eines großen Cabriolets von 1934: der Hispano Suiza Typ 68 mit V12-Motor.*

Die Genies unter den europäischen Karossiers

Nach dem groben Überblick über das Aufkommen der Design-Studios und die ersten begeisterten Versuche des modernen Industriedesigns sollten wir unsere Aufmerksamkeit den Meister-Karossiers zuwenden, die sich in ganz Europa mit der Aufgabe befassen, Serienmodelle umzubauen, neu auszustatten und zu verbessern. Ihr Hauptanliegen ist es, einmalige Sondermodelle zu schaffen und damit die Launen reicher, gelangweilter Kunden zu befriedigen, die sich mit den auffälligen und einzigartigen Statussymbolen schmücken wollen. Die Kosten spielen dabei keine Rolle. Offene Gran-Tourismo-Modelle und Cabriolets sind für diese Zwecke bestens geeignet und einige Autohersteller in Frankreich, Deutschland, Italien und manchmal auch in den USA beliefern ihre anspruchsvollen Kunden nur mit Fahrgestell, Motor, Schaltgetriebe usw. und überlassen das Design des einzigartigen Aufbaus von vornherein den Karosseriebauern. Grundsätzlich wollen wir die Arbeit aus den Werkstätten der privaten Karossiers der 20er- und 30er-Jahre nicht schlecht machen, besonders, da es sich um eine Zeit großer Kreativität handelt. Tatsächlich sollten jedoch die überschwänglichen Beschreibungen, die Lobgesänge auf ungewöhnliche Schönheit und Einmaligkeit auch den wirklich außergewöhnlichen Modellen vorbehalten bleiben, von denen es durchaus einige gibt! Um als Designer in die Geschichte einzugehen, reicht es nicht, luxuriöse, auffällige, aufgeblasene Modelle zu kreieren. Nein! Die Genialität liegt in der Fähigkeit Schönheit und Funktionalität, Kunst und Rationalität zu vereinen, innovative Formen zu verwenden und trotzdem die Anforderungen an Sicherheit und gutes Handling nicht aus den Augen zu verlieren. Die Versuchung, gedankenlos jede Modeerscheinung aufzugreifen und die Autos wie Wohnzimmer aus-

112 oben *Alfa Romeo RL Super Sport, karossiert von Castagna. Dieses Modell löste den Sport ab und war das sechste in der Reihe der RL, die 1922 zum ersten Mal produziert wurden.*

112 unten *Alfa Romeo 6C 1750 mit einer Karosserie von Vittorio Jano. Der 6C 1750 war in allen Bereichen sehr erfolgreich und es wurden viele Varianten von den besten europäischen Karossiers produziert.*

113 oben *Unter der Motorhaube dieses 1930er Alfa Romeo Gran Sport versteckt sich ein 1750 ccm Sechszylinder-Reihenmotor. Seine Leistung schwankt zwischen 85 und 102 PS und die Höchstgeschwindigkeit liegt bei 146–171 km/h, je nachdem, ob das Verdeck hochgeklappt ist, oder nicht.*

113 Mitte und unten *Seitenprofil und Vorderansicht des 1932 Alfa Romeo 8C 2300 LM von Touring.*

114 und 115 unten *Alfa Romeo 6C 1750 Gran Tourismo mit einer Karosserie von Castagna. Die Aufnahme von oben (links) zeigt deutlich die Dual-Cowl-Konstruktion der Karosserie mit geteiltem Cockpit und zweiter, beweglicher Windschutzscheibe. Man beachte auch, wie die Türen zu öffnen sind: die Vordertüren werden von vorne geöffnet, die hinteren von hinten, so ergibt sich die Möglichkeit der gemeinsamen Aufhängung. Sehr schön sind die Formen der Pedale und des Schaltknüppels.*

115 oben *Dieser Alfa Romeo 8C 2300 stammt aus dem Jahr 1933. Es ist eine GT-Version von hohem Prestige, die von 1931 bis 1933 gebaut wird. Dem Trend der Zeit folgend, ist dieses Modell größer als der 6C 1750. Die Firma baut insgesamt nur acht unterschiedliche Chassis-Typen, doch die verschiedenen Karosserieaufbauten dazu sind fast nicht zu zählen.*

zustaffieren, ist so groß, dass auch Karossiers der Spitzenklasse ihr zum Opfer fallen. Doch das soll nicht heißen, dass die Arbeiten der Meister-Karossiers jener widersprüchlichen Jahre, in denen weit verbreitete Armut gleich neben unermesslichem Reichtum lebt, unbedeutend sind. Im Gegenteil, diese Arbeiten zählen zu den aufregendsten Automobilmodellen der Welt. Es ist kaum auszudenken, was diese Karossiers mit heutigen Materialien und Technologien hätten erreichen können. Nicht speziell künstlerische oder ästhetische Aspekte sind hier entscheidend – obwohl sie natürlich auch einen wichtigen Stellenwert haben – sondern das Können der Karossiers, das handwerkliche Geschick, mit dem sie Metallbleche in fließende, homogene und exakt abgemessene Formen verwandeln. Und die Fähigkeit, knifflige technische Probleme zu lösen, um damit den Komfort zu steigern. Eines der größten Probleme dieser Art ist die Verbindung von Chassis und Wagenaufbau. Es ist ein System erforderlich, das der Karosserie größtmöglichen Spielraum und Flexibilität garantiert, damit Erschütterungen durch Straßenunebenheiten ausgeglichen werden können.

Eine dazu häufig eingesetzte Konstruktion stammt von dem Franzosen Charles T. Weymann. Er benutzt einen auf Gummilagern montierten Holzaufbau, der mit speziellem Kunstleder ausgekleidet wird; diese Konstruktion wird von den italienischen Karosseriebauern Touring häufig kopiert.

Andere Konstruktionen, die erfolgreich gebaut werden, sind der französische Clairalpax (von Viotti eingesetzt), der deutsche Kellener, der italienische Plumelastica (von Eusebio Garavini verwendet, der einige Zeit Teilhaber bei Hersteller Diatto war) und der Triplex von Ghia, der an seiner Verkleidung aus Krokodilleder-Imitation zu erkennen ist.

Die wachsende Zahl der Design-Studios, die immer größeren Ansprüche an die Technik der Karosserie (besonders auf die Verringerung des Luftwiderstandsbeiwerts) und die sich stetig verschärfenden Sicherheitsvorgaben lassen den gestalterischen Freiraum der Karossiers nach und nach zusammenschrumpfen. Einige von

ihnen verdanken der Spezialisierung auf offene Wagenmodelle ihr Vermögen (oder ihr Überleben) und andere schaffen es, sich durch geschickte Ausnutzung der Marktsituation in Industriebetriebe zu verwandeln. Doch die Mehrzahl der privaten Karossiers muss aus Mangel an Ideen, Genialität oder Kapital aufgeben.
Um die Chronologie einzuhalten, werden wir in diesem Kapitel nicht auf spätere Karosseriebauer wie Michelotti, Vignale oder den großartigen Giorgetto Giugiaro eingehen. Aus Platzmangel müssen wir auch die Werkstätten der eher mittelgroßen Sterne am Firmament der Karossiers jener Jahre überspringen – wir hoffen dabei auf das Verständnis des Lesers.
Viele der Karossiers der 30er-Jahre hatten ursprünglich als Kutschenbauer begonnen, so z. B. Giovanni Bertone, Carlo Castagna, Cesare Sala und Alessio, Assmann, Belloni, Fontana, Studebaker, Young und Vereinigte Werkstätten. Bertone ist auch heute noch eines der welt-

116 oben *Das Seitenprofil dieses kleinen Fiat 1500 lässt gut erkennen, wie der aeronautische Stil in der zweiten Hälfte der 30er-Jahre im Automobildesign umgesetzt wird. Diese 1937er-Variante von Viotti hat stromlinienförmige Kotflügel und eine flach abgeschrägte Heckpartie. Passend dazu sind auch der Karosserievorbau und die Windschutzscheibe stärker geneigt, um den cw-Wert gering zu halten.*

116 Mitte *1934er Renault Straight 8; man beachte die wohlgeformten Windschutzscheiben mit ihren Ausstellfenstern.*

116 unten *Der Name dieses 1933er Fiat – Ardita – war offensichtlich eine Achtungsbezeugung für die faschistische Regierung in Italien; die nüchterne Bezeichnung des Modells ist 518. Die abgebildete Version ist ein Dual Cowl Phaeton, von Pinin Farina nach amerikanischer Mode karossiert.*

116-117 *Dieser 1938er Fiat 1500 mit Sechszylindermotor ist ein Design von Balbo im aeronautischen Stil. Auffällig sind die überbetonten, extrem abgerundeten Kotflügel.*

117 *Der hintere Teil der Karosserie des Fiat 1500 von Balbo zeigt ein wunderbares Roadsterheck mit leichtem Touch zur Bootsheckform.*

bekannten Design-Zentren, trotz des Todes von Nuccio Bertone, der zwar niemals ein Designer, dafür aber ein genialer Talentsucher war. 1912 baut Giovanni Bertone, der Vater von Nuccio, noch Kutschenaufbauten, ab 1921 geht er dazu über, für Lancia Karosserien zusammenzusetzen. Es ist eine langweilige Arbeit, mit der sich Bertone fast zu lange beschäftigt. Erst Mitte der 30er-Jahre verwandelt er seine Werkstatt in einen Karosseriebau für Spezialanfertigungen. Wie auch seine Fachkollegen Castagna, Pinin Farina, Touring und Viotti arbeitet er meistens am Alfa Romeo 6C 2300 und 2500.
Castagna ist ebenfalls ein gefeierter Name in der Geschichte des Karosseriebaus, besonders im Hinblick auf seine Arbeiten mit Alfa. Spezielle Erwähnung verdient hier der 6C 1500, der als Cabriolet wie auch als Roadster durchaus mit den Arbeiten von Pinin Farina, Touring und Zagato verglichen werden darf. Castagna leistet sich einen großen, allerdings entschuldbaren Fehler: 1937 produziert er das 6C 2300B Pescara Cabriolet, das eine schamlose Kopie des 1936er Cord 810 von Gordon Buehrig ist. Castagna schließt seine Werkstatt 1954.
Sala schließt seine Werkstatt bereits 1933, doch sein Isotta Fraschini 8A Super Sport Torpedo von 1927 ist unvergesslich. Normalerweise konzentriert sich Cesare Sala auf große, luxuriöse Modelle, doch diesmal wendet er seine Aufmerksamkeit einem Sportwagen zu. Keine leichte Aufgabe, denn das Ausgangsmodell wiegt bereits drei Tonnen. Schließlich entsteht ein Torpedo ohne Verdeck. Die Fahrgastzelle ist geteilt, sodass der Einbau zweier schmaler, versteckter Türen notwendig ist. Die Türrahmen und das Fahrerabteil bestehen aus Holz, der leistungsstarke Achtzylindermotor kann das Auto angeblich an die 100-mph-Grenze (161 km/h) bringen.
Es wurde ja bereits von Karossiers berichtet, die sich auf Cabriolets und Sportwagen spezialisiert haben. Viele von ihnen sind auch heute noch im Geschäft und halten an der traditionellen Handarbeit fest, so z. B. der Schweizer Worblaufen. Andere dagegen, wie der Italiener Montescani und der Deutsche Reutter, sind bereits von der Bildfläche verschwunden. Die Firmen des Deutschen Karmann, des Amerikaners LeBaron und des Franzosen Chapron gibt es schon in den 30er-Jahren und sie sind seitdem für ihre Sportmodelle berühmt geworden.
Schon in den 20er-Jahren produziert Wilhelm Karmann Karosserien ganz aus Stahl. Zu seinen Projekten zählt auch der 1939er Ford Eifel, der von der europäischen Tochtergesellschaft von Ford hergestellt wird, und der Adler Trumpf Junior, ein vom aeronautischen Stil geprägtes Modell. Später wird die Firma auch das Käfer-Cabrio und das Golf-Cabrio entwerfen sowie weitere Modelle, die sich häufig durch zwei buckelartige Wölbungen in der Karosserie auszeichnen. Von allen Karosseriebauern ist es wohl eindeutig Karmann, der die Bestseller-Modelle produziert.
Ebenso wichtig ist auch der Amerikaner LeBaron, dessen Studio zur Briggs Industry gehört, die zu dieser Zeit u. a. Chrysler und Ford mit Karosserien beliefert. 1932 baut die Firma den Chrysler CH Imperial, ein Dual Cowl Phaeton, dessen Karosserievorbau identisch ist mit dem der Speedster-Version, deren stromlinienförmige Erscheinung wir an anderer Stelle bereits beschrieben haben. Vergleichbar mit Modellvarianten von Derham und Murphy, so ist auch der CH Imperial ausgesprochen luxuriös gestaltet und für eine elitäre Kundschaft bestimmt. Besonders in Erinnerung ist LeBaron auch heute noch für das beliebte kleine Chrysler LeBaron Convertible, das in den 80er-Jahren verkauft wurde.
Der hartnäckige, aber schlagfertige Chapron ist in erster Linie für seine Cabriolet-Version des Citroën DS bekannt geworden. Weitere bemerkenswerte Entwürfe seines Hauses sind der 1938er Talbot-Lago und der 1947er Delahaye 135M, der, obwohl nach dem Krieg gebaut, im Stil der Vorkriegsmodelle erscheint.
Erwähnt werden muss hier auch Touring,

eine der wenigen Firmen, die nicht die Namen ihrer Gründer, Felice Bianchi Anderloni und Gaetano Ponzoni, trägt. Touring produziert Karosserien von 1926–66 und stellt ab 1930 Stahlkarosserien für Alfa Romeo, BMW, Lancia und Talbot her. Unter den vielen ausgezeichneten Modellen von Touring verdient ihre Version des Alfa Romeo 6C 1750 besondere Aufmerksamkeit. Touring tauft das Modell „Flying Star“ wegen seiner kometenförmigen Verzierungen an den Seiten des Motorraums. Das Fehlen der Verbindung zwischen den vorderen und hinteren Kotflügeln, die bei anderen Modellen dieser Zeit durch das Trittbrett geschaffen wird, zählt zu den Besonderheiten des Designs. Das Heck des Wagens ist verhältnismäßig schmal und wirkt durch die beiden Reserveräder zusätzlich gedrungen. Die fahrradähnlichen Speichen und verchromten Radkappen verleihen dem Modell das Flair eines Rennwagens und betonen gleichzeitig seine dynamische und elegante Linienführung.

An einem weiteren Alfa Romeo, dem seltenen und teuren 1938er 8C 2900B Spider, wiederholt Touring die Brillanz des Flying Star. Obwohl der Spider sieben Jahre später gebaut wird, behält Touring die gleichen Front/Heck-Proportionen wie beim 6C 1750 bei, allerdings sind die Karosseriebögen stärker der aeronautischen Mode angepasst. Der Kühlergrill ähnelt erneut einer Fechtmaske, während die Scheinwerfer der Modellvariante von Pinin Farina gleichen, jedoch geringfügig höher eingepasst sind. Außerdem hat Farinas Alfa konzentrische Radkappen, die wohl moderner sind, aber weniger sportlich wirken als die fahrradähnlichen Speichen des Tourings.

Eine weitere erfolgreiche Firma gehört dem jungen Unternehmer und Mechaniker Giacinto Ghia. Die Ghia-Firmengeschichte ist so eng mit der Entwicklungsgeschichte des Automobils verbunden, dass sich mit Geschichten zu diesem Thema eine ganze Fernsehserie produzieren ließe. Ghia arbeitet mit und für Alfa, Lancia, Fiat, Chrysler (zusammen mit den beiden berühmten Stylisten Virgil Exner sen. und jr.), Karmann, Duesenberg, Bugatti und De Tomaso. Zu denen, die für Ghia arbeiten, zählen u. a. Rovelli, Boano sen. und jr., Frua, Michelotti, Savonuzzi, Sartorelli, Coggiola, Tjaarda, Sapino, Giugiaro, ... – kurz, vorwiegend Karosseriebauer, die einmal in die Geschichte eingehen sollten. In den 30er-Jahren baut Ghia den Itala 65 und den 1933er Fiat Balilla Sport. In den 70er-Jahren wird die Firma Ghia schließlich von Ford aufgekauft, für die sie von nun an Prototypen und Spezialanfertigungen zu Ford Serienwagen entwirft.

Ein anderer berühmter Name ist Ugo Zagato. Er gründet seine Werkstatt 1919 und wird zum offiziellen Karossier von Alfa Romeo, besonders für die Sportmodelle. 1927 produziert Zagato den Spider Super Sport auf der Basis des Alfa Romeo RL-Chassis’, einem Fahrgestell, das so außergewöhnlich ist wie das des 6C 1750. Während sich Montescani auf dem RL-Chassis ein Dual-Cowl-Modell vorstellt, sieht Zagato den RL als Roadster mit hochgezogener Heckpartie. Und vergleicht man Zagatos Sportversion mit Montescanis edlem Dual-Cowl, Castagnas prächtigem Aufbau und Weymanns Landaulet, so kann man einen Eindruck von der Gestaltungsfreiheit bekommen, die den Karosseriebauern durch die Chassis der 20er- und 30er-Jahre gewährt wird.

Hervorzuheben sind aus dieser Zeit auch die Arbeiten der Firma Autenrieth, Darmstadt, die zahlreiche offene Karosserien entwirft. In Zusammenarbeit mit Baur, Stuttgart, produzieren sie die Modelle 320, 326 und 327 auf Basis von BMW-Chassis. Die 1898 gegründete Firma Erdmann & Rossi baut eine Version des Audi 225, die sehr an den Art-Déco-Stil des Bugatti Atalante erinnert; außerdem produzieren sie ein hochgezogenes Roadster-Modell auf der Grundlage des BMW-Chasis 326. Alle Erdmann & Rossi-Produkte sind leicht extravagant, aber gerade ihre Einzigartigkeit wird von den Bugatti-, Cadillac-, Horch-, Mercedes Benz-, Packard- und Rolls-Royce-Kunden sehr geschätzt.

118 oben *Das charakteristische Zeichen von Battista Farina, das blaue „f" auf weißem Grund, ist auch heute noch das Markenzeichen aller Pininfarina Designs.*

118-119 *Ein Beispiel für Pinin Farinas exzellente Fähigkeit, plastische Formen und aeronautischen Stil zu vereinen, ist dieser 1937er Alfa Romeo 2900B Convertible. Dieses wohl ausgewogene, vielseitige Auto ist bei den Karossiers sehr beliebt, weil es wahlweise mit kurzem oder langem Radstand zu haben ist. Bei dieser Version verschmelzen die Wölbungen der hinteren Kotflügel mit der gleichförmigen, flachen Heckpartie.*

118-119 unten *Front und Heck des 1935er Lancia Astura Roadster Pininfarina. Bemerkenswert sind hier die seitlichen Chromverzierungen in Form eines Kometen (auch beim Touring verwendet) und die geteilte Windschutzscheibe. Die Türen sind vorne zu öffnen.*

Aus Platzmangel müssen wir hier auf weitere ausführliche Beschreibungen verzichten, es folgen jedoch die Namen einiger berühmter Karossiers und die Marken, mit denen sie am meisten verbunden sind: Mulliner mit Bentley, Boneschi mit Alfa Romeo, Guilloré mit Delage, Pourtout und Pennock mit Delahaye, Figoni und Falaschi mit Talbot, Viotti mit Lancia, Kellener mit Hispano-Suiza, Letourneur und Marchand mit Delage.

Einen Namen allerdings, den berühmtesten aller Karosseriebauer, haben wir bisher noch nicht besprochen: Pininfarina – die Designer-Dynastie, die mehr als jede andere ihre Spuren im Automobildesign hinterlassen hat. Am Anfang steht Battista Farina, „Pinin" (piemontesischer Dialekt für „Kleiner") gerufen, der mit 12 Jahren bei seinem Bruder Giovanni, ebenfalls ein Karosseriebauer, zu arbeiten beginnt. Giovanni baut feine Autos, bis er 1953 gezwungen ist seine Firma, Stabilimento Farina, zu schließen. In der Zwischenzeit steht Pinin Farina seit 1930 beruflich auf eigenen Beinen und erzielt in einem Geschäftsbereich, der schon viele legendäre Namen kennt, immer größere Erfolge. 1961 wird vom Büro des italienischen Präsidenten verfügt, dass „Pinin" Farina offiziell zu dem gesetzlich anerkannten Nachnamen „Pininfarina" zusammengefügt werden darf, der für Battistas direkten Nachfolger, Sergio, gelten soll. Anfänglich weiß Sergio nicht, wie designed wird, aber gerade dies trägt dazu bei, dass der Wert seiner Entwürfe steigt. Durch Enzo Ferrari, der große Stücke auf Sergio Pininfarina hält, gelangt dieser schließlich auf einen echten Erfolgskurs. Für Ferrari kreiert Pininfarina wahre Meisterwerke, sowohl Sportmodelle als auch kleine Limousinen.

Zu den Modellen Pinin Farinas zählt der verdecklose 1931er Cadillac Sport Zweisitzer im Bateau-Stil mit abgeschrägtem Heck. Die überraschende Form der hinteren Kotflügel, die vorne abgerundet sind, soll die Heckpartie optisch verlängern. Auch die vorderen Kotflügel sind sehr kurz gehalten, wodurch der Eindruck entsteht, dass das Reserverad frei in der Luft hängt. Die Tür-

leiste ziert ein eindrucksvoll gravierter Metallstreifen. Im Jahr darauf erscheint der Fiat 518 A Ardita, der Pinins Interesse für die Stromlinienförmigkeit oder zumindest für geschwungene Formen – die so manchen Historiker an weibliche Rundungen erinnern – dokumentiert. 1932 kommt auch der leistungsstarke Mercedes 500 SS auf den Markt, bei dem deutliche Bezüge zur „Mutter" aller Convertible Coupés, dem 1927er LaSalle, erkennbar sind. Es folgen zahlreiche Versionen des Lancia Astura und des Alfa Romeo 8C 2300, die sich vor allem durch ein klassisches und plastisches Design auszeichnen. In den folgenden Jahren wird die Stromlinienförmigkeit bei den Astura-Modellen immer stärker ausgeprägt, die hinteren Radkästen erhalten eine zusätzliche Abdeckung wie sie bei den französischen Cabriolets üblich ist. Die Arbeit bei Pininfarina geht seit Firmengründung ununterbrochen voran.

Blicken wir abschließend noch einmal in die USA und bewundern wir die Arbeit von Bohman & Schwartz, von denen das Design des 1940er Cadillac Serie Sixty-Two stammt. Eine Chromlinie, die an den Türen leicht abfällt und vor den hinteren Kotflügeln endet, verläuft außen entlang der Karosserie. Es entsteht der Effekt einer spiegelnden Oberfläche, der noch bei vielen anderen Modellen auftauchen soll und zu einer Art Markenzeichen für diese Epoche wird. Der Karosserievorbau ist nicht, wie bei anderen Wagen zu dieser Zeit üblich, hochgezogen, sondern fließend geformt mit einem schmalen Kühlergrill, der hinter einer üppigen Abdeckung aus waagerechten Chromstreben verschwindet. Das Modell hat einen traditionellen V8-Motor mit 5668 ccm und 135 PS.

120 oben *Bei diesem luxuriösen Cabriolet handelt es sich um einen Bentley, Baujahr 1934, mit einer Karosserie von Vanden Plas. Trotz Sechszylinder und 3,7-Liter-Motor erreicht das Auto nur eine Spitzengeschwindigkeit von 146 km/h.*

120 unten *Mercedes Benz 500K, Karosserie: Windover. Traditionell benutzt Mercedes Abkürzungen bei der Namensgebung seiner Modelle – manchmal zur Verwirrung der Kunden. Während in den 30er-Jahren der Buchstabe „K" für „Kurz" steht und sich auf den Radstand eines Modells bezieht, bedeutet das „K" kurz darauf „Kompressor" (so übrigens auch bei diesem Modell).*

120-121 und 121 *Ein Cadillac von Bohmann & Schwartz auf Basis eines Chassis der Serie Sixty-Two von 1940. Abgesehen von der hohen Qualität der Materialien und Verarbeitungsweise erregt besonders die dreifarbige Reifenpartie (schwarze Reifenlauffläche, weiße Wand und rote Schultern) Aufmerksamkeit, nicht zu vergessen auch die verchromten Radkappen. Grundsätzlich wird beim Cadillac sehr viel Chrom verwendet.*

Rennsport und „funktionelle" Stromlinienförmigkeit

122 oben *Obwohl sie sich lange weigern bei Rennen teilzunehmen und Rekordfahrzeuge zu bauen, müssen Daimler und Benz schließlich doch den Forderungen der Kunden und des Managements nachgeben. Das Ergebnis sind Prototypen wie der Tropfenwagen (im Bild), mit dem Untersuchungen zur Aerodynamik unternommen werden, Rekordfahrzeuge wie der Blitzen-Benz und Serienmodelle wie der Daimler 16/45 PS Knight und der Benz 6/18 PS.*

122 Mitte *Dieses Foto verewigt den „hektischen" Tankstopp eines DKW P600 Sport von 1930.*

Nachdem die Wichtigkeit von Design- und Stilfragen bereits ausführlich erläutert wurde, sollten auch andere Aspekte der Automobilentwicklung beachtet werden, nämlich solche, die in direktem Zusammenhang mit technischen Fortschritten stehen. Dabei geht es hier in der Hauptsache um die Verbesserung der mechanischen Leistungsfähigkeit, die im Leistungsgewicht gemessen wird (also dem Gewicht, das mit 1 PS bewegt werden muss) und um ein optimales Karosseriedesign, das den Luftwiderstandsbeiwert verringert und dadurch die Fahrleistung steigert, den Treibstoffverbrauch senkt, Geräusche und Schwingungen reduziert und somit auch den Fahrkomfort erhöht.
Wollen wir also die Entwicklung des Automobils unter technologischen Gesichtspunkten betrachten. Dabei darf man allerdings nicht vergessen, dass ästhetische Aspekte, besonders bei den Roadsters und Convertibles, auch eine „funktionelle" Rolle spielen, denn sie sind für den Verkaufserfolg entscheidend!
Anders ausgedrückt: Eine kleine Limousine kann es sich vielleicht noch erlauben, ihre ästhetisch schöne Schale zu opfern, wenn sie dafür mit einer tollen Leistung auftrumpfen kann. Beim offenen Wagen sieht die Sache anders aus, er muss zuerst ästhetischen Ansprüchen genügen, um seinen Mangel an Komfort wettzumachen. Und man darf auch nicht übersehen, dass ein offenes Wagenmodell – sei es mit geöffnetem oder geschlossenem Verdeck – niemals einen gleichwertigen oder gar niedrigeren cw-Wert (Luftwiderstandbeiwert) erreichen kann als ein vergleichbares Modell mit festem Dach.
In den 20er- und 30er-Jahren sind die offenen Wagen immer noch die Hauptakteure im Rennsport. Deshalb ist es logisch, dass sie die Basis für strömungstechnische Versuche bilden. In den ersten Windkanälen und mit Unterstützung der Rennsportergebnisse wird emsig geforscht. Am Schluss sind die Rennbahnen, die auch ein Hauch politischer Bedeutung (in Europa sogar zunehmend stärker) umgibt, der Prüfstand für technische Innovationen.
Hier sollte jedoch bewusst zwischen den fahrenden Testvehikeln und jenen stilistischen Auswüchsen unterschieden werden, die vor allem von der Begeisterung für das Fliegen herrühren und als „falsche aeronautische" Elemente auch im Rennsport – allerdings eher bei Straßenrennen als auf der Rennbahn – zu finden sind.
Die Straßenrennwagen sind zu dieser Zeit häufig enorm groß, schwer und mit ihren starren Aufbauten extrem schwierig zu fahren. Ihre konischen Karosserieprofile und schlanken Formen sind wohl ein Augenschmaus, ansonsten aber nutzlos. Ein Beispiel dafür ist der allgemein bewunderte Delage D8 S, mit dem Renée Friedrich, die Tochter des gleichnamigen Bugatti-Fahrers, an Straßenrennen teilnimmt. 1932 verliert die junge hübsche Fahrerin bei einem Frau-

122-123 *Untypisch für Rennautos: Dieser 1930er Mercedes-Rennwagen hat Kotflügel.*

123 *Front und Heck des Prototypen eines Benz-Tropfenwagen. Er eignet sich fast nur als Einsitzer; eigenwillig auch der zentrale große Scheinwerfer und die sichtbare Radaufhängung.*

124 oben *Dieses eigenartige Auto ist bekannt als „Petite Rosalie". Es ist ein 1933er-Rennmodell von Citroën, das im März 1933 den Langstreckenrekord auf der Monthléry-Rennstrecke bricht: 188 000 Meilen (302 492 km) mit einer Durchschnittsgeschwindigkeit von 93 km/h. Insgesamt erzielt es 106 Weltrekorde und 193 internationale Rekorde.*

124 unten und 124-125 *Die Aerodinamica-Version des Alfa Romeo Typ B, besser bekannt als P3. 1934 wird das Modell von der Ferrari-Rennsport-Abteilung, die auch den Alfa-Rennsport betreut, überarbeitet. Neben dem auffälligen Heckaufbau sind auch die Karosseriebleche hinter den Reifen bemerkenswert, die Luftströme so ableiten, dass keine Turbulenzen bzw. Widerstände entstehen.*

125 oben *Werbung mit den Leistungen des Citroën Petite Rosalie: 300 000 km in 134 Tagen!*

125 unten *Aufstellung zum Fototermin beim französischen Grand Prix am 28. Juni 1936 in Monthléry: In den drei einsitzigen Bugattis sitzen Robert Benoist (Nr. 82), Wimille (Nr. 84) und Veyron (Nr. 86).*

enrennen auf der Strecke Paris–St. Raphael die Kontrolle über ihren vierrädrigen Dinosaurier, rast gegen einen Baum und ist sofort tot.
Die Untersuchung technischer Problemstellungen wird natürlich von den Herstellern am meisten vorangetrieben, die auch am Rennsport intensiv beteiligt sind, so z. B. Alfa Romeo, Autounion (1932 durch Fusion von Audi, DKW, Horch und Wanderer gegründet, die Firmen werden heute noch durch die vier Ringe im Audi-Firmenemblem symbolisiert) und allen voran Daimler Benz.

Schon 1914 stellt Daimler die Konstruktion des 28/95 vor, mit dem er den Bootsheck-Formen, wie sie z. B. am 1923er Citroën Caddy Sport zu sehen sind, um zehn Jahre vorgreift. Der 28/95 ist vollständig mit Mahagoni-Streifen ausgekleidet, das Heck ist kegelförmig wie die Spitze einer Rakete und die Radkappen sind konvex und voll abdeckend.
Ähnlich sind auch die Modelle von Benz. Der 1921er 10/30 beispielsweise ist so futuristisch und hässlich wie es sich die jungen Rennsportanhänger nur wünschen können. Als Nachkomme des Blitzen Benz, dem Rekordbrecher des zweiten Jahrzehnts dieses Jahrhunderts, bereitet der 10/30 den Weg für den Tropfenwagen. Der wiederum ist sozusagen ein Muss in der Entwicklungsgeschichte des Karosseriedesigns, obwohl er nie verkauft wird. Ab 1923 werden verschiedene Varianten des Tropfenwagens gebaut. Ursprünglich handelt es sich um einen einsitzigen Torpedo, der 100 mph (161 km/h) fahren kann, sein Sechszylindermotor bringt 80, in kurzen „Ausbrüchen“ auch 90 PS Leistung. Es folgt eine zweisitzige Version des Tropfenwagens, bei dem die Kotflügel in Leitflügel verwandelt werden, was eher komisch aussieht. Der „Tropfel“, wie er liebevoll genannt wird, kann bei verschiedenen Rennen ganz gute Erfolge erzielen.
Im Zusammenhang mit Renndesign und -geschichte sollten auch der 1933er Citroën „Petite Rosalie“, der 1934er Alfa Romeo Typ B Aerodinamica und der 1937er Fiat 508 C MM erwähnt werden; die Liste ließe sich jedoch beliebig verlängern.
Chryslers energische Versuche, die Stromlinienform auf seine Karosserien zu übertragen, haben zwar keine Auswirkungen auf den Rennsport, beeinflussen dafür aber die Straßenmodelle über Jahre. Der 1935er Airflow ist zu futuristisch für seine Zeit, gleiches gilt für seine Convertible-Version, den

126 oben *Diese Bilder dokumentieren entweder ungeheuren Mut oder ungeheure Torheit – das hängt ganz von der persönlichen Sichtweise ab. Sie stammen von einer Veranstaltung aus dem Jahr 1937, bei der Auto Union und Mercedes Hitler ihre technische Überlegenheit vorführen wollen. Und was sollte sich besser eignen zur Demonstration von Macht und Unbesiegbarkeit als Geschwindigkeitsrekorde vor den Augen der verbündeten Italiener und der europäischen Feinde? Bernd Rosemeyer erreicht bei dieser Gelegenheit in dem Aerodinamica von Auto Union 409 km/h. Oben sehen wir ihn in der Schikane der Avus-Rennstrecke in Berlin, die später durch den Bau der Mauer in zwei Hälften geteilt wird. 1938 bricht Caracciola den Rekord und erreicht 432,7 km/h. Als wenige Stunden später der berühmte Rennfahrer Rosemeyer versucht, diesen neuen Rekord zu brechen, hebt er mit seinem Auto förmlich ab und schleudert in einen angrenzenden Wald, wo er stirbt. Was die Form der Autos betrifft, so sind die Erkenntnisse über Stromlinienförmigkeit und niedrige cw-Werte bei den Rennmaschinen von 1937 bereits klar umgesetzt.*

126 unten *Dieses gewaltige französische Modell erscheint Ende der 30er-Jahre zum ersten Mal. Es ist ein Delahaye 135-Chassis mit einer Karosserie von Falaschi & Figoni. Trotz seiner gefälligen Erscheinung zählt diese Version zu den eher nüchternen, schlichten Designs.*

127 *Revolutionär, aber nicht erfolgreich: der 1940er Chrysler Newport. Chrysler präsentiert den Wagen als Auto der Zukunft, ein Design, das sich vollständig der Stromlinienförmigkeit verschrieben hat. Konsequent werden alle abstehenden Teile von der Karosserie entfernt. Leider kommt Chryslers mutiges Design in der Öffentlichkeit nicht an.*

C7 Airstream Six, und das, obwohl der Produktion eine sechsjährige Versuchs- und Testphase vorausging. Mit den 1941er- Convertibles Newport und Thunderbolt trifft Chrysler schließlich ins Schwarze.
Nach unserer Meinung hat sich Ralph Roberts, der Designer des Newport-Convertibles, seinen Platz in der Geschichte mit diesem Modell durchaus verdient. Die Formgebung des Newport ist unbestreitbar aerodynamisch. Alle Teile sind hier so in die Karosserie integriert, dass ihr Gesamtprofil auf den ersten Blick einem Boot ähnlich sieht. Die Grundform ist rechteckig und der Mittelteil des Karosserievorbaus gleicht den Radiolautsprechern jener Tage.
Natürlich ist der Chrysler Newport sehr auffällig, vielleicht sogar etwas übertrieben. Dennoch, nicht ein einziges Detail dieses Designs wirkt unproportional in dem harmonischen und gefühlsbetonten Gesamtkonzept. Bei dem Dual-Cowl-Modell sind die vorderen und hinteren Sitze nicht nur durch eine Metallkonstruktion, sondern auch durch eine elegante Windschutzscheibe getrennt. Die Türen werden von innen geöffnet und sind äußerlich fast nicht zu erkennen, weil sie keine aufgesetzten Türgriffe haben. Das Heck des Fahrzeugs ist ein gutes Beispiel für die Karosserieformen der Convertibles folgender Jahre. Es scheint unglaublich, wie schnell und radikal sich das Automobildesign verändern und zukunftsweisend entwickeln kann.
Auch in der Werbung für den Thunderbolt (Design: Alex Tremulis) verweist Chrysler auf kommende Trends und bezeichnet das Modell als „Auto der Zukunft". Seine äußere Form scheint vom Wind geglättet, die Aluminiumkarosserie ist bis ins letzte Detail gleichförmig und ohne abrupte Kanten. Das elektrisch gesteuerte Hardtop thront auf der Karosserie wie ein Gefechtsturm.
Zum Abschluss des Kapitels über die Entwicklung des stromlinienförmigen Designs bei offenen Wagen hier noch der Hinweis auf zwei vollständig aerodynamisch konstruierte „Rekordbrecher": Da ist zum einen der 616-PS-Mercedes, mit dem Bernd Rosemeyer im Oktober 1937 den 228-mph-Geschwindigkeitsrekord (367 km/h) brechen kann. Und zweitens der Auto Union Aerodynamica, mit dem es Caracciola ein Jahr später gelingt, seinen Vorjahresrekord zu brechen und unglaubliche 432,7 km/h zu fahren. Als Bernd Rosemeyer kurz darauf Caracciolas Rekord zu überbieten versucht, verunglückt er tödlich.
Doch diese Rennautos sind für die Geschichte unserer offenen Wagen nicht wirklich entscheidend, denn sie wurden von vornherein als rekordbrechende Raketen konstruiert. Interessant bleibt aber doch die Frage, wie es sich wohl anfühlt, wenn man bei 439 km/h die Nase in den Wind hält?!

Gran Tourismo –

Von der Straße auf die Rennbahn und wieder zurück

Im vorangegangenen Kapitel wurde deutlich, wodurch sich das Erscheinungsbild bei offenen Wagen in den 30er-Jahren verändert hat: in erster Linie durch das Aufkommen neuer Designs – sozusagen als Selbstzweck, aus Freude an der Entwicklung neuer Stilrichtungen – oder zumindest durch das Interesse an der Formgebung. Aber das ist nur die halbe Wahrheit, es gibt noch einen entscheidenderen Punkt, der den Charakter, das Erscheinungsbild und den sozialen Stellenwert der offenen Wagenmodelle beeinflusst: Es ist ihr Prozentanteil an der Gesamtzahl der verkauften Autos.

In den 20er-Jahren sind 90 Prozent der Autos auf den Straßen offene Modelle, was vor allem an ihrer einfacheren Konstruktion und den geringeren Produktionskosten liegt. Schon zehn Jahre später beträgt der Anteil nur mehr 10 Prozent und sinkt bis zum Ende des Jahrhunderts stetig weiter, sodass er heute zwischen 1–5 % liegt. Diese Umkehrung hat die offenen Modelle in Luxusgüter verwandelt, die sich mehr durch ihre Seltenheit und Ungewöhnlichkeit auszeichnen als durch ihr Design.

Bis zum Ende der 30er-Jahre hat das Auto die Herzen der Menschen erobert. Obwohl es immer noch nicht weit verbreitet ist, hat es bereits den Charakter eines Statussymbols erreicht. In den USA gibt es schätzungsweise 25 Millionen Autos, in Großbritannien und Frankreich jeweils 2 Millionen, in Deutschland 1,3 Millionen und in Italien nur 291 000 Autos. Diese Zahlen bedeuten also eine Verbreitungsdichte von ungefähr 115 Autos pro 1000 Einwohner in den USA, 45/1000 in Großbritannien, 44/1000 in Frankreich, 18/1000 in Deutschland und 7/1000 in Italien. Die großen Automobilhersteller sitzen zu dieser Zeit in den verschiedenen Ländern bereits fest im Sattel. So haben 1929 in Amerika General Motors, Ford und Chrysler 90 % des Neuwagenmarktes fest im Griff, in Frankreich sind es Citroën, Renault und Peugeot, die 68 % Verkaufsanteil für sich verbuchen können, in Großbritannien, wo Bentley bereits von Rolls Royce geschluckt wurde, nehmen Austin, Singer und Morris 76 % in Beschlag, in Deutschland führt Opel mit seinen Verkaufszahlen und in Italien kann Fiat mit 75 % die meisten Neuwagen verkaufen.

Trotz der veränderten Marktpositionierung der offenen Wagenmodelle in Bezug auf Absatzmenge und Preis haben sich die traditionellen Klassifizierungen der Wagentypen nicht grundlegend geändert. Wurde vorher hauptsächlich zwischen sportlichen Modellen (Runabout, Speedster, Roadster) und luxuriösen Modellen (Tourer, Phaeton, Torpedo) unterschieden, so gibt es jetzt drei Kategorien. Dabei sind allerdings Mischformen und Spezialanfertigungen noch nicht erfasst.

Die Weiterentwicklung der Runabout und Roadster führt zum Gran Tourismo (GT), einer Kombination aus englischen offenen Sportmodellen und europäischen Sportwagen. Es besteht auch eine Verbindung zwischen den Gran Tourismo-Modellen und den amerikanischen Convertibles der 60er-Jahre, obwohl letztere wiederum zum großen Teil von den Convertible Coupés der 30er-, 40er- und 50er-Jahre beeinflusst sind. Und die bilden in der Klassifizierung Ende der 30er-Jahre die zweite Kategorie, doch dazu später mehr. Die dritte Kategorie sind die Convertible Sedans, die sich von den Convertible Coupés vor allem dadurch unterscheiden, dass sie vier Türen haben statt zwei. Von den drei aufgeführten Kategorien sind die letzten beiden, Convertible Coupé und Sedan, in Amerika

128 oben Dieses Bild demonstriert bestens die Klarheit, die hinter der Philosophie des Bugatti-Designs steckt. Das Cabriolet macht deutlich, dass Bugatti ein Automobilhersteller ohnegleichen ist, im Design einzelner Details sogar noch besser als Rolls Royce. Aus dieser Perspektive wirken die Kotflügel, die die Doppelscheinwerfer und die Zweitonhupe umschließen, wie zwei riesige eingerollte Blätter. Die Fahrgastzelle erscheint dagegen klein, undeutlich und weit entfernt.

128 unten Das Rennen ist gerade beendet und der Gewinner, Meo Costantini, wird gefeiert. Es ist die Rennstrecke Monthléry, wo der französische Grand Prix ausgetragen wird, und bei dem Auto handelt es sich um einen Bugatti T39 1,5 mit Torpedo bzw. Touringaufbau.

129 oben Adolf Hitler in einem der schönsten und prächtigsten Cabriolets der 30er-Jahre, dem Mercedes 770 K. Die Diktatoren dieser Zeit stellen sich gerne in edlen Cabriolets zur Schau, die sich besonders für Paraden eignen.

129 unten Dieses kleine Auto im Rennkleid ist ein Fiat 508 Balilla. Er wird von 1933–37 gebaut und erscheint in den verschiedensten Versionen, u. a. auch als Renn- und Straßen-Roadster, Torpedo und sogar mit geschlossenem Aufbau. Dies ist der berühmte Balilla Sport Coppa d'Oro, der an seinen speziellen Kotflügeln erkannt werden kann: Sie gehen hinter dem Vorderreifen in Trittbretter über.

130 oben *Renault Vivasport mit Sechszylindermotor hat zu Beginn der 30er-Jahre einige Erfolge. Er zählt zu den frühen Gran-Tourismo-Modellen, den Nachfolgern der Runabouts und Roadster. In den 30er-Jahren sind die GT's in Europa sehr beliebt.*

130 Mitte *Der 1931er Lincoln Modell K ist als Sport Phaeton und als Roadster erhältlich. Ersterer entwickelte sich aus dem Torpedo und bildet die Verbindung zwischen dem Torpedo und den später folgenden viertürigen Convertibles. Letzterer ist das Pendant zu den in Europa aufkommenden Gran-Tourismo-Modellen und den amerikanischen Convertible Coupés – allerdings mit etwas weniger Leistung als die GT's.*

vorherrschend, während die GT's dank ihrer kleineren Ausmaße und der häufigen Teilnahme bei Rennveranstaltungen besonders in Europa zu finden sind.
Die europäischen Grand-Tourismo-Modelle sind ein gutes Beispiel für den Erfahrungsaustausch zwischen Renn- und Serienmodellen. Äußerlich sehen sie sich häufig sehr ähnlich, meist handelt es sich um Zweitürer, aber auch Viertürer sind nicht ungewöhnlich. Während die Straßenmodelle meist Viersitzer sind, gibt es die Rennwagen nur als Zweisitzer. Der obere Türabschluss ist waagerecht und gerade, das Trittbrett ist Standard. Die Kotflügel sind breit geformt und sehr auffällig, häufig ist ein metallener Querträger zwischen ihnen montiert, auf dem links und rechts, jeweils zwischen Kühler und Kotflügel, die Scheinwerfer befestigt sind. Der Kühlergrill ist entweder flach oder im Bullnose-Design gehalten und hat meist eine Verkleidung aus vertikalen Chromstreben oder Metallnetz. Mit aufgespanntem Verdeck wirkt das Fahrzeug weniger interessant und ähnelt eher einem alten Torpedo. Die Bezeichnung Gran Tourismo steht für ein leistungsstarkes, teures und manchmal auch speziell überarbeitetes Auto mit sparsamer, um nicht zu sagen spartanischer, unbequemer Innenausstattung, dafür aber mit sportlichem Temperament. In den 40er-Jahren erlebt dieses etwas Furcht erregende Modell eine positive Verwandlung: durch den Trend zur Stromlinienform werden die Scheinwerfer förmlich von den Kotflügeln aufgesogen, die Kotflügel selbst werden immer häufiger als Einheit mit der übrigen Karosserie gearbeitet und der Kühler bekommt eine schmalere Form, wird geneigt und niedriger eingebaut.
Zu Beginn der 30er-Jahre sind die verschiedenen Elemente der Autokarosserie sehr klar, streng und überdimensioniert geformt, so zum Beispiel auch im Hause Daimler Benz. Vielleicht hängt dies mit dem beruflichen Hintergrund der jeweils Verantwortlichen zusammen, denn zu dieser Zeit bestimmen noch die Techniker und Mechaniker das Design eines Modells. Die Entwürfe der Architekten und anderer „Fachfremder" werden lieber nicht umgesetzt (ganz im Gegenteil zur Entwicklung in Amerika). Nur zur Erinnerung: In den

130 unten *Der Horch 853 wird 1937 bis 1940 angeboten. Autounion, die Firmengruppe, die dieses Auto auf den Markt bringt, nennt das zweitürige Modell Cabriolet Sport und will es damit deutlich vom 855 Spider abheben, der eine aggressivere Linienführung aufweist.*

130–131 oben und 131 unten *Hier eine andere Roadster-Karosserie auf dem Chassis eines 1938er Peugeot. Die Seitenansicht des Autos zeigt den deutlichen Einfluss englischer Trends, wie die tief angelegte Sitzposition des Fahrers und der nach unten geneigte Mittelteil der Karosserie.*

131 oben *Von diesem französischen Gran Tourismo, dem Citroën 15 Cabriolet, werden insgesamt nur zwei Exemplare gebaut, wovon eines für die Familie Michelin bestimmt ist.*

132 oben *Blick auf die Frontansicht des 1930er Mercedes Benz 38/250 SS. Die Bezeichnung „SS“ soll besonders die Leistungsstärke und Sportlichkeit des Modells betonen, allerdings nimmt bereits die ganze Reihe der S-, SS- und SSK-Modelle zu Beginn der 30er-Jahre einen beeindruckenden und wichtigen Platz in Bezug auf Motortechnik, Rennerfolge und Design ein.*

frühen 20er-Jahren ist der Mechaniker Paul Daimler der führende Kopf in der Konstruktionsabteilung von Daimler Benz und seine Nachfolge (1923-1928) tritt Ferdinand Porsche, ebenfalls von Haus aus Mechaniker, an (letzterer entwirft übrigens später den außerordentlich erfolgreichen Volkswagen Käfer und den Porsche 365).
Ein Beispiel für ein typisches Gran-Turismo-Spitzenmodell ist der Daimler Benz SSK, der sich zum richtigen Verkaufsschlager entwickelt und sehr erfolgreiche Rennen fährt. Der SSK ist eines der ausgesprochen leistungsstarken Sportmodelle, die Daimler Benz in der zweiten Hälfte der 20er-Jahre produziert. 1924 baut Daimler Benz zunächst die 600-K-Reihe mit Sechszylinder-Reihenmotor und 6240 ccm Hubraum, der mit Kompressor 140 PS (ohne 100 PS) auf die Straße bringt. Dieses Modell ist besonders bei „Individualisten" beliebt, die damit als Privatfahrer bei Rennen starten. 1926 folgt die S-Reihe von Daimler Benz, die noch leistungsstärker ist und sportlicher aussieht. Der Mercedes 680 S beispielsweise hat einen 6720-ccm-Motor, der 180 PS Leistung bringt und eine Höchstgeschwindigkeit von 179 km/h erreicht. Der „SS" ist die Sportversion des „S", bei dem das Trittbrett durch eine tropfenförmige Trittplatte ersetzt ist. Zwei große Scheinwerfer befinden sich neben dem Kühler und zwei weitere, kleinere, links und rechts der Windschutzscheibe. Der 1928er „SSK" ist eine Synthese der beiden zuvor beschriebenen Modelle. Er ist insgesamt leichter und noch besser ausgearbeitet. Bei der Sportversion des SSK sind die drei großen Auspuffrohre unter der Motorhaube versteckt. Das Heck ist stark abgeflacht und kann dadurch als Ablage für das Reserverad dienen. Der Hubraum wird auf 7065 ccm erweitert, sodass der SSK auch in der Klasse der 7-Liter-Motoren starten kann. Er hat 225 PS und fährt eine Höchstgeschwindigkeit von 192 km/h. Doch das ist immer noch nicht das stärkste Modell der Reihe. Daimler Benz baut schließlich den „SSKL" mit 300 PS, der eine Geschwindigkeit von 237 km/h erreichen kann. Der Kompressormotor dieses Modells wird von Ferdinand Porsche entworfen und es ist das leistungsstärkste Auto, das Porsche in seiner Zeit bei Daimler Benz baut. Die Modelle der K-, S- und SSK-Reihe sind bei vielen Langstrecken-

132 unten *Der legendäre Mercedes SSK in einer Rennkurve, am Steuer: der berühmte und furchtlose Rudolf Caracciola*

133 oben *Dieses ungewöhnliche Bild zeigt die um 457 mm verkürzte Version eines SSK-Chassis, das durch diese Veränderung leichter zu steuern ist.*

132–133 *Ein Anblick, der die Pracht der zwischen 1926 und 1935 gebauten Mercedes-Modelle verdeutlicht, hier: der 680 SS. Er wird gebaut, als Ferdinand Porsche Technischer Direktor bei Daimler Benz ist. Man kann sich leicht vorstellen, welche Anziehungskraft das leistungsstarke Auto auf die fahrenden „Gentlemen" jener Tage ausübt. Es ist schwierig die Angebotspalette der Motoren und Auto-Versionen hier kurz zu beschreiben, nur so viel sei gesagt: Zwischen 1926 und 1930 werden die Straßenmodelle des S und SS mit 6,8-, 7,0- und 7,1-Liter-Motoren ausgerüstet, während die Sportversionen des S, SS und SSK von 1927–34 (übrigens auch der SSKL) mit 6,8-, 7,0- und 7,2-Liter-Motoren gebaut werden. Alle Motoren sind mit Kompressor ausgestattet und ihre Leistung liegt zwischen 180 und 300 PS.*

134 oben *Die phantastische Linienführung des Alfa Romeo 6C 1750 Super Sport. Während die S-, SS- und SSK-Modelle von Mercedes die bedeutendsten großvolumigen GT's darstellen, sind die verschiedenen Versionen des 6C 1500 und 1750 zu Beginn der 30er-Jahre die Garanten für das Überleben von Alfa Romeo. Es wird allgemein angenommen, dass gerade die Rennerfolge von Nuvolari und Campari zum hohen Prestige der Mailänder Firma beitragen.*

und Bergrennen siegreich, zu den gefeiertsten Erfolgen gehört Rudolf Caracciolas Sieg bei der Mille Miglia im Jahr 1931.

Die Reihe der Sechzylindermotoren von Alfa Romeo können vielleicht als Parallelentwicklung zur Mercedes S-Reihe betrachtet werden. Ausgangspunkt der Alfa-Reihe ist der etwas raue Motor des RL, der bereits 1922 für einen Torpedo gebaut wird. Bis 1927 folgen sechs weitere Reihen mit schier unzähligen Modellvarianten. Die Sportversionen sind auf den Rennbahnen sehr erfolgreich und selbst der italienische Führer Benito Mussolini findet es schick in einem RL SS durch die Gegend zu fahren. Das Juwel in Alfa Romeos Schmuckkästchen ist der 6C, zunächst der 1500 und später der 1750. Vielleicht verdankt Alfa Romeo diesem Auto und seinen Erfolgen das Überleben der Firma in einer Zeit, in der die Hersteller großer, luxuriöser Sportwagen in ernstliche wirtschaftliche Schwierigkeiten geraten. Der erste 6C wird 1927 nach einem Entwurf des genialen Vittorio Jano gebaut. Sein Motor hat 1487 ccm und wird deshalb 1500 genannt. Das Auto ist sehr spartanisch im Vergleich zum Mercedes S, aber es ist vielseitig und zuverlässig. 1929 kommen die ersten 6C 1750 auf den Markt, sie sind wunderschön, wohl ausgewogen und beeindruckend. Von ihnen gibt es sechs Modellreihen und verschiedenste Varianten (der Touring Flying Star wurde ja schon vorgestellt). Mit den Rennwagen des 6C 1750 sind besonders die Fahrer Nuvolari, Campari und Benoist erfolgreich, zu ihren größten Triumphen zählen zwei Siege bei der Mille Miglia, zwei Siege bei den 24-Stunden-Rennen von Spa und eine gewonnene Tourist Trophy. Aus dem 6C entwickelt sich 1931 schließlich der 8C (8 Zylinder) 2300 als Straßenmodell und der 8C 2300 Le Mans, der 2300 Monza und der 2600 Monza. Die Karosserien dieser Modelle sind von klassischen Formen geprägt, bei denen die Kotflügel und der Kühlergrill (hier einem griechischen Tempel nachempfunden) das Bild beherrschen.

Ähnlich geformt und sportlich erfolgreich, allerdings auf einem niedrigeren Niveau,

134 Mitte *Zagatos Interpretation des Alfa Romeo 6C 1750 Sport Chassis. Insgesamt ist die obere Linie der Karosserie gerade gehalten, ohne Berücksichtigung des in dieser Zeit üblichen aeronautischen Stils. Die geschwungene Form der vorderen Kotflügel führt bis zum Trittbrett, das wiederum von den hinteren Kotflügeln aufgegriffen wird. Die Frontpartie wird von dem Kühlergrill beherrscht, die Scheinwerfer – manchmal sogar drei in einer Reihe – werden von einem Querträger gehalten, der zwischen den beiden vorderen Kotflügeln montiert ist.*

134 unten *Aus dem Motor des Alfa Romeo 6C 1750 wird der 8C 2300 entwickelt, von dem es zwei Versionen gibt: erstens den Le Mans (abgebildet) und zweitens den Monza. Diese Autos zählen zu den erfolgreichsten Gran-Tourismo-Rennwagen der Vorkriegszeit.*

135 oben *Alfa Romeo 6C 1750 Tourer von 1932. Der Name deutet bereits an, dass der Motor dieses Modells etwas schwächer ist als bei den Sport- und Super-Sport-Modellen.*

135 unten links *Benito Mussolini zählt zu den Bewunderern des Alfa Romeo-Sechszylinders. Das Foto stammt aus dem Jahr 1934.*

135 unten rechts *Das Heck des 1932er Alfa Romeo Tourer*

136 oben *Das Modell 328 von BMW wird in ganz Europa mit Interesse verfolgt. 1936 taucht es zum ersten Mal bei Rennveranstaltungen auf und wird so bekannt, dass BMW sich entschließt, es im folgenden Jahr auf den Markt zu bringen. Der BMW 328 wird von 1936 bis 1940 gebaut.*

136 unten *Der BMW 328 Mille Miglia kurz vor einem Rennstart. Dieses phantastische Auto beherrscht in der zweiten Hälfte der 30er-Jahre die 2-Liter-Klasse bei allen Rennen. Zu den wichtigsten Siegen zählen die Mille Miglia in den Jahren 1938 und 1940, die erste gewinnt das Modell mit einer Durchschnittsgeschwindigkeit von 121 km/h und die zweite mit 167 km/h.*

137 *Front und Heck des BMW 328 Mille Miglia Touring. Obwohl es sich um ein Rennauto handelt, ist es trotzdem bemerkenswert, dass Kotflügel und Motorraum schließlich eine kompakte Karosserie-Einheit bilden, in die auch die Scheinwerfer eingelassen sind. Der Abstand zwischen den Reifen und der Karosserie hat sich sichtbar verringert.*

ist der DKW Sport, der 1930 auf der Monthléry Rennbahn, wo der französische Grand Prix stattfindet, zwölf aufeinanderfolgende Klassenrekorde einfahren kann. Von 1931 bis 1934 produziert Horch den Sport 670, ein elegantes Modell. Betrachtet man sein Karosseriedesign, so möchte man es auf Anhieb für ein Convertible Coupé halten, doch sein Zwölfzylindermotor sorgt für außergewöhnliche Leistungsfähigkeit und sportliches Temperament.
Es gibt viele offene Rennwagen, z. B. den 1929er Stutz Modell M, den 1929er Chrysler 75 und den 1930er Cadillac 8 aus den USA oder den Jaguar SS2 Tourer, Baujahr 1934, aus Großbritannien, um nur einige zu nennen. Doch an dieser Stelle ist es sinnvoll zeitlich weiter in die Zukunft zu schauen, um die letzten Entwicklungen bei den europäischen Automobilen zu beobachten, bevor der Zweite Weltkrieg alle Spuren und Ansätze von Gefallen an neuem Design zunichte macht.
Ein deutscher Klassiker aus dem Jahr 1935 ist der BMW 315/1 mit 1,5-Liter-Motor, den es auch als 2-Liter-Version unter der Bezeichnung 319/1 gibt. Dieser hat sich aus dem 315 entwickelt, ist jedoch kleiner und feiner abgestimmt. Die Scheinwerfer und Kotflügel sind immer noch vom Rest der Karosserie getrennt, doch es ist eine leichte Bewegung in Richtung Stromlinienförmigkeit bereits spürbar. So zum Beispiel am abgeflachten Heck, das auch das Reserverad versteckt. Ähnlich wie bei vielen französischen Cabriolets sind die Hinterräder zur Hälfte verdeckt. Der Kühlergrill besteht aus den charakteristischen BMW-Nieren, wobei diese allerdings in den ersten Jahren eher zwei langen Bohnen gleichen.
Der 315/1 ist das Versuchsobjekt, das schließlich zum erfolgreichen BMW 328 führt. Dieses Auto wird von 1936 an zunächst als Sportmodell, später auch als Straßenmodell produziert. Obwohl es relativ unbequem ist und nur wenig Kofferraum bietet, findet das Modell breite Anerkennung. Der BMW 328 ist komplett mit Leder ausgekleidet, sehr schön ausgearbeitet und hat ein nützliches Handschuhfach. Die äußere Gestalt des Autos ist eher modern, die Scheinwerfer sind in die kompakte Karosserie integriert, bei der sich die vorderen Kotflügel und der Kühler schon langsam zu einer Einheit entwickeln. Die BMW-Nieren sind lang und schmal und zwei quer über die Motorhaube gespannte Gurte sollen das Klappern der Motorhaube verhindern. Die Türen sind winzig, fast nutzlos, die Hinterreifen verschwinden in den großen, tiefgezogenen Radkästen. Der 2 Liter große Sechszylindermotor produziert 80 PS und lässt eine Höchstgeschwindigkeit von 151 km/h zu.

__138 oben links__ Dieses Auto ist ein Stück Geschichte und das nicht, weil Rock Hudson hinter dem Steuer sitzt oder weil es bei den Dreharbeiten zum Film „The Earth ist Mine" eingesetzt wird. Dieser wunderschöne Horch Achtzylinder, eines der edelsten Roadster-Modelle in den 30er-Jahren, hat einmal Adolf Hitlers Geliebten, Eva Braun gehört.

__138 oben rechts__ Einer der Höhepunkte in der Geschichte der offenen Wagenmodelle ist dieser Mercedes 540 K, der Nachfolger des 500 K, der zum ersten Mal im Jahr 1936 gebaut wird. Der 540 K unterscheidet sich vom 500 K durch sein längeres und flacheres Heck. Das Modell hat einen Achtzylinder-Reihenmotor mit Kompressor, 5401 ccm Hubraum und leistet 180 PS.

Im Dritten Reich will Hitler zu den klassischen, herrschaftlichen und ausladenden Formen zurückkehren und Daimler Benz präsentiert zwei passende Modelle: den 500 K Spezial Roadster von 1934 und den 540 K von 1936. Beide Modelle haben einen Achtzylindermotor mit Kompressor, aber sie unterscheiden sich in der Länge. Während der 500er-Roadster einen Radstand von 2946 mm und eine Gesamtlänge von 5156 mm hat, sind es beim 540er 3251 mm Radstand und eine Gesamtlänge von 5207 mm. Die kürzere Länge des 500er-Roadster beeinflusst das Design des Seitenprofils dieses Autos und lässt es im Vergleich zu seinem Bruder etwas gedrungener wirken. Der 540 K, eines der schönsten Autos, die je gebaut wurden, hat ein extralanges Heck, das durch seine Chromverzierungen besonders leicht wirkt. Alle Details an dem Auto vermitteln den Eindruck von Bewegung, so auch die nach innen geneigte Windschutzscheibe und die Seitenfenster, die ebenfalls mit Chromrahmen versehen sind.

Und was tut sich zwischenzeitlich auf der anderen Seite des großen Teiches? Dort sind die offenen Wagenmodelle in ihrer Linienführung etwas ruhiger geworden und immer seltener sieht man echte Convertibles und Roadster. Das amerikanische Automobildesign ist in gewisser Weise fortgeschrittener, die Formen sind gleichmäßiger und einheitlicher geworden, vielleicht sogar auf Kosten sportlicher Stilelemente. Aus dem Rahmen fällt in dieser Entwicklung allerdings der wunderschöne Duesenberg SJ Roadster, der mit dem Mercedes 540 K Ähnlichkeiten hat und besonders von den VIP's und den Wohlhabenden dieser Zeit sehr geschätzt wird.

__138–139 und 139__ Ein einzigartiges Gran-Tourismo-Modell, der Mercedes 500 K. Er zählt zu den letzten gefertigten Autos des Modells von 1936. Die Bilder zeigen deutlich, was die Bezeichnung „Gran Tourismo" in diesem Buch bedeuten soll, in dem wir über die Grenzen der allgemein definierten Begriffe „Roadster", „Sportwagen" und „Convertible" hinausgehen wollen. Gran-Tourismo-Modelle sind elegant, luxuriös und bringen trotzdem die Leistung und Geschwindigkeit eines Roadsters. Es scheint fast so, als wollen die Hersteller beweisen, dass die Würde eines Convertible genauso gut in seinem sportlichen Temperament Ausdruck finden kann.

Convertible Coupés

Üblicherweise werden die offenen Wagenmodelle in Amerika (ebenso wie die europäischen Modelle, die von den amerikanischen geprägt sind) ab dem Jahr 1927 als „Convertibles“ bezeichnet. Wir wollen dieser Gepflogenheit jedoch nur unter Vorbehalt folgen.
Die Convertibles können als Autos beschrieben werden, deren Faltverdeck an mehreren Stellen fest mit der Karosserie verbunden ist. Ihre Seitenfenster lassen sich öffnen und schließen und sie haben im Bereich des Wagenmittelteils im Allgemeinen keine Stützpfosten oder vergleichbare Konstruktionen mehr, natürlich abgesehen von der Windschutzscheibe. Die verbreitetste Variante des Convertibles ist der Zweitürer, „Convertible Coupé“ genannt, während der Viertürer als „Convertible Sedan“ bezeichnet wird. Beide Varianten bieten 4-5 Personen Platz. Ohne neue semantische Regeln aufstellen zu wollen, ist es dennoch sinnvoll, die Terminologie um einige Begriffe zu erweitern: Das europäische Äquivalent zum amerikanischen Convertible ist das „Cabriolet“, vor allem, wenn es sich um ein offenes Wagenmodell handelt, dem ein geschlossenes Automodell zu Grunde liegt. Es gibt natürlich eine Ausnahme: In Großbritannien werden solche Modelle „Drophead Coupés“ genannt, während dort der Begriff „Cabriolet“ den Viertürern vorbehalten bleibt.
Das Cabriolet hat geschwungene Formen und ein eindrucksvolles, schnittiges Profil. Ist die Fahrgastzelle verdeckt, so wirkt sie wie ein Turm mitten auf die Karosserie gesetzt. Die offenen Wagenmodelle in Europa entwickeln mit der Zeit das würdige Image der Eliteautos, was nicht nur an ihrer überlegenen Leistung und der eleganten Ausstattung liegt, sondern auch an der wachsenden Zahl von Limousinen mit geschlossener Karosserie, die nach und nach den Platz als „Auto der Massen“ übernehmen. Obwohl es in den 30er- und 40er Jahren keinen Mangel an neuen

140 oben *Eine deutsches Cabriolet – der 1932er Horch 670 V12. Für Horch, das Mitglied der Firmengruppe Auto Union wird, ist dieser Wagen eher untypisch, da sich die Firma zu dieser Zeit auf Achtzylindermotoren spezialisiert.*

140 unten *Der 1936er Bentley 4 1/4 Liter. In Großbritannien wird dieses Modell als „Drophead Coupé" bezeichnet, anstatt als „Convertible Coupé", wie in Amerika üblich. Der Name „Cabriolet" wird in Großbritannien für offene Viertürer verwendet.*

141 oben *Dieser elegante BMW ist eigentlich ein typischer „Convertible Sedan", obwohl auf dem europäischen Festland die Bezeichnung „Cabriolet" üblich ist. Die Form der Seitenfenster betont zusätzlich die Konfiguration der Türen: Die Vordertüren sind von vorne zu öffnen und die Hintertüren von hinten.*

141 unten *Dieser 1932er Peugeot 301 ist eine der fast unzähligen Varianten, die französische Karossiers von diesem Modell anfertigen. Auffällig ist der ungewöhnliche, leicht nach innen gewölbte Fahrzeugvorbau, der mit einem schildförmigen Kühlergrill abschließt. Trittbretter, die normalerweise die Türleiste betonen, fehlen. Wie bei den französischen Autos üblich, sind die Ausmaße der Karosserie und die Motorgröße gemäßigt.*

Design-Ideen gibt, bevorzugen die europäischen Kunden die traditionellen Karosserieformen, bei denen alle Bauteile noch voneinander getrennt sind. Es gibt nur winzige formale Veränderungen, durch die sich die Marken unterscheiden, meist sind sie ästhetischer Natur und nicht konstruktionsbedingt. Durch den mächtigen Einfluss der nationalsozialistischen und faschistischen Auffassung von Architektur und Kunst bleiben die Anspielungen auf das Maschinenzeitalter, Art Déco und Stromlinienförmigkeit nur zarte Versuche.
Le Corbusiers Empfehlung, alle abstehenden Elemente (Kühlergrill, Scheinwerfer, Rücklichter, Kotflügel, Stoßstangen, Aus-

puffrohre, Trittbretter, Ersatzreifen ...) in die Karosserie zu integrieren, wird nicht beachtet. Die Formen der europäischen Cabriolets unterscheiden sich wohl von den Gran-Tourismo-Modellen, sie bleiben aber dennoch eng mit dem neoklassizistischen Stil verbunden. Modelle wie das 1934er Mercedes 500 K Cabriolet B und das 1940er Lancia Aprilia Cabriolet Aerodinamica Pininfarina sind zwar objektiv betrachtet viel schöner als ihre amerikanischen Gegenstücke, haben aber außer den bereits erprobten und anerkannten Konstruktionen und Stilelementen wenig Neues zu bieten.

In Amerika sieht die Entwicklung schon ganz anders aus. Die stilistischen Überbleibsel aus dem Zeitalter der Kutschenfahrzeuge sind zwar immer noch zu sehen, doch die offenen Wagenmodelle nehmen mittlerweile Formen und Züge an, die eher für moderne Konstruktionen typisch sind. Von 1930 an werden die Aufbauten, die immer noch an Kutschen erinnern, endgültig zurückgelassen und das Auto entwickelt seinen eigenen Charakter. Dies ist besonders deutlich an den offenen Wagenmodellen zu beobachten, die einen funktionellen Kompromiss zwischen künstlerischem Ausdruck und Industriedesign aufzeigen.

Auf einen Schlag wird offensichtlich ... das Auto ist anders. Doch wann genau geht die Ähnlichkeit zur Kutsche verloren? Wann nimmt es die kompakte Form an, die es auch heute noch hat? Diese Fragen kann man nur schwer mit genauen Daten beantworten, da man sich dabei entweder auf die Produktion der Prototypen oder der Serienmodelle festlegen müsste. Ungefähr 1934 beginnt der Kühlergrill im Fechtmasken-Stil den vertikalen Kühlergrill abzulösen, so z. B. beim Buick Serie 60 oder beim Ford De Luxe. Schon diese eine Veränderung befreit die Frontpartie vieler Modelle von ihrer unbeweglichen, gewaltigen und häufig auch unpassenden Form. Doch damit die Entwicklung noch offensichtlicher wird, müssen die Kotflügel dem modernen Design geopfert werden. Dieser Prozess beginnt mit der Einführung stromlinienförmiger Kotflügelkonturen – sogar an den Seiten – bei Modellen wie dem LaSalle, Pontiac und Cadillac von 1935. Sogar die Form der Scheinwerfer unterstützt das schnittigere und glattere Erscheinungsbild der Karosserien ebenso wie die Stromlinienförmigkeit des Hecks. Auch die Gesamtlänge der Autos nimmt zu. Die Höhe der Karosserien wird verringert und der Luftwiderstandsbeiwert gewinnt stetig an Bedeutung, so z. B. beim 1937er LaSalle.

Der 1938er Ford Zephir, der schon zuvor erwähnt wurde, weist sensationelle stilistische Neuheiten auf und kann deshalb wohl als das Modell betrachtet werden, das die Geburt des „neuen Autos" (ob geschlossen oder offen) verkündet. Beim Zephir sind die Scheinwerfer in die Stoßstange integriert und befinden sich dadurch nun am vorderen Ende der Karosserie. Der Abstand zwischen Stoßstange und Motorraum wird zum schmalen Spalt, der später ganz verschwindet. Der Kühler ist tiefer heruntergesetzt und die Motorhaube mit einem Kometen verziert. Am Heck sind die Radkästen sehr unauffällig, weil sie kaum noch aus der Karosserie hervortreten. Das Trittbrett, ein klassisches Element der früheren Karosserien, ist immer noch vorhanden,

142 oben *Dieses Bild zeigt den Einfluss moderner Trends, die den Fahrzeugvorbau flacher werden lassen. Es handelt sich um den Packard Darrin Coupé, wobei Darrin der Name des Designers ist. Das Modell wird 1940 zum ersten Mal gebaut, trotzdem sind die Kotflügel immer noch teilweise von der Motorkarosserie getrennt und der säulenartige Kühlergrill ähnelt denen von Rolls Royce und Mercedes. Man darf nicht vergessen, dass Packard zu den konservativsten amerikanischen Automobilproduzenten zählt.*

142 unten *Ein Buick Convertible Zweitürer. Man beachte die gerade Motorhaube und die sich verjüngende, abgerundete Form des Vorbaus. Bei den Autos der 40er- und 50er-Jahre lassen sich die Fahrzeugvorbauten nicht selten mit menschlichen oder tierischen Formen assoziieren. Dies ist ein Special Albemarle von 1938 mit einer Karosserie von Carlton.*

143 oben *Dieses Convertible Coupé gehört zur Chrysler-Gruppe, es ist der 1940er DeSoto Custom S7. Der tief angesetzte Kühlergrill erinnert an den des Ford Zephyr. Die ausgeprägte abgerundete Motorhaube könnte für eine Nase gehalten werden, während der Kühlergrill einem Mund ähnelt; die Scheinwerfer sind von der Mitte mehr zur Seite gewandert, sodass der Gesamteindruck eines menschlichen Gesichts entsteht.*

143 unten *1938er Oldsmobile mit gewölbten Kühlergrill*

144–145 *Dieser 1939er Cadillac zeigt die typischen Merkmale eines Convertible Coupés sowie einige Überarbeitungen, die an Designelementen der offenen Wagenmodelle ab Mitte der 30er-Jahre vorgenommen werden. Die Kotflügel umschließen die Räder mehr als zuvor und sind nicht mehr so extrem ausgeformt, außerdem bilden sie mit der Seiten- und Frontkarosserie eine Einheit. Der Kühlergrill im Fechtmasken-Stil ersetzt den vertikalen Grill. Das Scheinwerfergehäuse ist nach hinten stromlinienförmig ausgeformt und unterstreicht dadurch die leichtere Linienführung der Karosserie. Das Reserverad ist vollständig verkleidet und befindet sich zwischen vorderem Kotflügel und Tür – fast wirkt es mit seinem Gehäuse wie ein dritter Kotflügel.*

HOURS
Cadillac

146 oben *Dieser große Cadillac Serie 62 kann stolz auf eine Reihe klassischer, luxuriöser Convertibles mit hohem Prestigewert als Nachfolger blicken, zu denen auch der Eldorado zählt. Der Karosserievorbau mit seinen dicken, gekreuzten Chromstreben vor dem Kühlergrill und die hochgewölbte Motorhaube, ebenfalls mit Chromverzierung, sind charakteristisch und der aeronautische Stil ist immer noch beliebt.*

146 unten *Der 1952er Muntz Superjet Convertible R hat keine Teile, die außen von der Hauptkarosserie abstehen. Sein Vorbild ist der Chrysler Thunderbolt von 1941, ein Convertible, das als „Auto der Zukunft" vorgestellt wurde, aber leider nur kurz auf dem Markt war.*

146–147 *Gary Cooper im Tennisdress neben seinem Buick Convertible Cabriolet.*

aber auch das muss später weichen.
Andere Modelle aus dieser Zeit und von diesem Hersteller sind der Ford De Luxe und der Mercury. Beide haben einen Achtzylindermotor, wobei allerdings der Mercury 10 PS mehr Leistung anbieten kann als der De Luxe (95 PS gegenüber 85 PS). Weitere Beispiele sind auch die Sedan- und Coupé-Versionen des Plymouth Convertible.
Ab 1940 sind Automodelle mit niedriger angelegtem Motorraum und im Vergleich zur Fahrzeugmitte geringfügig niedrigeren Seitenteilen keine Seltenheiten mehr. Die Design-Studios führen und die Hersteller folgen. Der Trend geht in Richtung endgültige Loslösung vom Design der Kutschenwagen.
Und was kommt dabei heraus? Modernität, ja. Stromlinienförmigkeit, auch. Aber das Ergebnis ist enttäuschend. Die anfänglich temperamentvolle Entwicklung wird zwischenzeitlich schwerfällig und träge.
Es scheint schon fast unglaublich, aber wieder ist es der Ford Zephir, der einen Schritt nach vorne macht. Bei der Version von 1940 wird das Trittbrett entfernt und durch eine leichte rippenartige Trittfläche ersetzt, die nur wenig an das Originalteil erinnert. Die Wirtschaftskrise ist mittlerweile fast ganz überstanden (1933 war das schlimmste Jahr), doch es ziehen bereits neue dunkle Wolken am Horizont auf. Die Bomben, die in Europa explodieren, sind in Amerika immer lauter zu hören und es bleibt nur mehr eine kurze Zeit, bis sich die Schwerindustrie auf die Produktion von Waffen, Flugzeugen und Munition einstellt. Im Moment jedoch ist der Krieg noch weit weg und das Leben in Amerika geht seinen gewohnten Gang.
Es werden neue Autos gebaut, beispielsweise der Buick Roadmaster von 1942 mit seinen eleganten Chromverzierungen an den Seiten, die irgendwie auch mit den Stoßstangen verbunden sind. Das Design

der vorderen Radkästen ist sehr schön, denn es verläuft eine Art elegante Falte von den Scheinwerfern bis zu den Rändern der hinteren Kotflügel. Obwohl die Produktion durch den Krieg unterbrochen wird, kehrt der Roadmaster nach dem Krieg mit seinem 165-PS-Motor zurück. In der Zwischenzeit scheint Mercury, eine junge Marke, wieder einen Schritt zurück zu machen: Sie führt erneut das Trittbrett ein und leider auch eine scheußliche, sehr breite Fahrzeugfront, die mit überflüssigen und schweren Chromverkleidungen bedeckt ist (sie hebt sich dadurch besonders deutlich von den neuen Chrysler-Modellen Newport und Thunderbolt ab). Mercury produziert seinen New Yorker auch im folgenden Jahr. Das Modell ist immer noch schwer mit Chrom überladen, aber zumindest die Linienführung der Karosserie ist etwas weicher geworden.
Der Krieg unterbricht die Entwicklungen auf dem Automobilsektor bis 1946. Dann machen sich die Hersteller an die Arbeit, um etwas neues, frisches auf den Markt zu bringen, das die Öffentlichkeit die schrecklichen Erlebnisse der jüngsten Vergangenheit vergessen lassen soll. Die Karosserieformen werden zunehmend schräger und langsam kommen flache, ebene Abdeckbleche wieder in Mode; dies wiederum führt zu den enormen Ausdehnungen, sowohl in der Länge als auch in der Breite, die an den Convertibles der 50er- und 60er-Jahre beobachtet werden können. Modelle wie die Fords von 1947, der Mercury Sportsman, der Cadillac Serie 62, der Studebaker Commander Regal De Luxe und der 1948er Pontiac Torpedo Six zeigen bereits an, in welche Richtung der Trend geht. 1949 erscheint der Buick mit Automatikgetriebe mit seinen vier kleinen, eigenartigen Bullaugen an der Seite auf dem Markt.

147 oben *Der Kühlergrill dieses Cadillac Serie 62 wirkt leichter als bei den Vorgängermodellen.*

147 unten *Das Muster ist dem Lufteinlass der zeitgenössischen Düsenjet-Maschinen nachempfunden – der wenig erfolgreiche stilistische Versuch stammt ursprünglich von Pinin Farina. Dieses berühmte Auto ist ein 1947er Studebaker Regal De Luxe nach einem Design von Raymond Loewy, dem Erfinder der Coca-Cola-Flasche.*

149 *Dies ist die erfolgreiche Chrysler Version des Convertible Sedans. Das Karosseriedesign dieses Sechszylinder Royal lässt erkennen, dass er etwas später gebaut wurde als die anderen Modelle auf dieser Doppelseite – es stammt von 1937.*

148 oben *Dieser Mercedes setzt den Maßstab für die Convertible Sedans. Es ist der Typ 770 Cabriolet F, ein Modell aus der Serie „Großer Mercedes". Er ist vor allem in den USA beliebt, seltener sieht man ihn auch in Europa.*

148 Mitte *Dies ist das amerikanische Pendant zum Mercedes, der Cadillac. Diese Version des viertürigen Convertibles hat einen großen Fahrzeugvorbau und ein neoklassizistisches Kühlergrill-Design. Das Modell ist als „All Weather" bekannt und wird 1931 zum ersten Mal gebaut.*

148 unten *Die Karosserie dieses 1933er Rolls Royce Torpedo Tourer blendet förmlich die Augen. Es handelt sich um eine Spezialanfertigung für den Radscha Sahib von Hathawar.*

Convertible Sedans

Bevor in den 50er-Jahren die gewaltigen und glänzenden offenen Modelle mit ihren Heckflossen auftauchen, bringen die amerikanischen Automobilhersteller nicht nur die zweitürigen Convertibles, sondern ebenso die viertürigen Convertible Sedans auf den Markt (manchmal werden sie auch Convertible Phaeton genannt). Aber die Convertible Sedans verkaufen sich nur mäßig, was zum einen an dem schrumpfenden Marktanteil offener Wagenmodelle liegt und zum anderen an ihrem hässlichen Aussehen. Deshalb wollen wir ihnen hier auch nur wenig Platz einräumen, gerade so viel, um ihre enge Verbindung zu den Convertible Coupés aufzuzeigen und zu verdeutlichen, dass sie im besten Falle „mittelmäßig" sind.

Die Convertible Sedans haben keine besonderen stilistischen Merkmale außer den unterschiedlichen Anordnungen der Türen. Es gibt drei Varianten: die traditionelle, bei der die vorderen und hinteren Türen normal geöffnet werden, d. h. die Türscharniere jeweils vorne sitzen; die gegengleiche Variante, bei der die Vordertüren normal und die hinteren Türen von vorne geöffnet werden, d. h. ihre Scharniere hinten haben. Schließlich gibt es noch die Schmetterlingsvariante, bei der die hinteren Türen normal geöffnet werden, aber die Vordertüren ihre Türscharniere hinten haben und von vorne zu öffnen sind. Bei den gegengleich zu öffnenden Türen ist das Ein- und Aussteigen natürlich bequem möglich, während bei der Schmetterlingsvariante sich die Prozedur eher unbequem und schwierig gestaltet.

Der Ford Flathead V8, der DeSoto Convertible Sedan und der Cadillac Serie 70 von 1936, der 1939er Packard 120 oder der Cadillac Serie 62, der Oldsmobile Custom Cruiser 8, der 1941er Buick Roadmaster oder der Frazer Manhattan von 1949 sind Beispiele für die traditionelle Türanordnung. Die gegengleiche Türanordnung findet sich beispielsweise beim Pontiac Deluxe Eight von 1937 und bei den Cadillacs Serie 75 und 90 von 1938 und 1939. Die Modelle Cadillac All Weather Phaeton von 1931, Packard Modell '32 von 1932, Cadillac V8 und Buick Serie 60 von 1934 hingegen weisen die Schmetterlingsvariante bei ihrer Türkonzeption auf. Es fällt auf, dass besonders zu Beginn der 30er-Jahre die ungewöhnliche Schmetterlingsvariante vorherrscht, weil die Autokarosserien zu dieser Zeit immer noch eine Verbindung zu den Kutschenaufbauten haben. Die Türkonzeption, die wir heute als normal bezeichnen, entwickelt sich in den 40er-Jahren zur Standardkonfiguration.

Bei aller Mittelmäßigkeit muss doch beachtet werden, dass die viertürigen Convertibles eine wichtige Rolle in der Geschichte spielen. Sie sind die idealen Fahrzeuge für Paraden und alle Präsidenten der USA, von Roosevelt bis Truman, nutzen sie für ihre öffentlichen Auftritte. Auch bei den europäischen Diktatoren Hitler und Mussolini und vielen Monarchen auf der ganzen Welt sind die offenen Limousinen sehr beliebt. Parallel zu der Entwicklung in Amerika erscheinen auch in Europa viertürige Cabriolets. Mercedes und Rolls Royces sind die klassischen Beispiele offener Luxusmodelle dieser Zeit.

Viel mehr gibt es nicht zu sagen über die viertürigen Convertibles und etwaige Neuheiten in der Designentwicklung. Trotz ihres Mangels an Veränderung haben sie immerhin die Zeit von den wunderschönen Torpedos bis zu den strahlenden Convertibles der 50er- und 60er-Jahre überbrückt.

Die klassischen englischen Roadster

Bisher scheinen die kreativen Design-Entwicklungen in der Geschichte des Automobils ihren Ursprung in Amerika, Frankreich, Deutschland und Italien zu haben. Es wäre sinnlos und vermessen, wollte man die Beiträge der verschiedenen Länder in irgendeiner Weise bewerten. Aber was ist mit Großbritannien? Es ist an dieser Entwickung nicht unbeteiligt – im Gegenteil. Großbritannien kann von sich behaupten, das Herkunftsland eines kleinen sportlichen Roadsters zu sein, der einzigartigerweise seit gut 60 Jahren fast unverändert klar, dass die klassischen englischen Sportwagen von den Erfahrungen beeinflusst sind, die in Europa und Amerika mit den Runabouts, Roadster und GT-Rennwagen gemacht werden.

Wirklich besonders ist in Großbritannien jedoch der „kulturelle Mix", der den vielen unterschiedlichen Ideen zum Thema offener Sportwagen einen guten Nährboden gibt und sie gedeihen lässt. Die große Liebe zur Natur und zur Freizeitbeschäftigung in der Natur, die unwiderstehliche Anziehungskraft einzigartiger, exklusi-

geblieben ist. Unglücklicherweise übertreiben die Briten aber dann doch, wenn sie die kleinen Sportzweisitzer der 60er-Jahre als direkte Nachkommen der klassischen Modelle der 30er-Jahre bezeichnen.

Eine Meinung, die wir so nicht teilen können, denn wie bei jedem anderen Wagentyp auch, beruht selbst bei den Sportwagen die Weiterentwicklung auf konstanten Entwicklungsschritten über die geographischen Grenzen hinaus. Außerdem ist auch ver und handgefertigter Produkte und ein Hauch von Exhibitionismus kombiniert mit Ironie führt schließlich zum Kult der kleinen, bezaubernden MG's, Morgans, Triumphs, Jaguars, Bentleys, Aston Martins, Lagondas, Alvis, Lotus und allen anderen ähnlichen Modellen der Vergangenheit und Gegenwart.

Auf die amerikanischen Piloten, die während des 2. Weltkrieges in Großbritannien stationiert sind, hat der englische Stil einen unfehlbaren Einfluss. Es besteht kein Zweifel, dass diese Männer in ihrer Freizeit das dringende Bedürfnis nach Spaß und Ablenkung haben. Und was hilft da mehr als ein offener MG? Viele der jungen Piloten nehmen bei ihrer Rückkehr in die USA ihre Autos mit und tragen so dazu bei, die ansteckende Leidenschaft weiterzuverbreiten. Eine Leidenschaft, die nicht nur dem bezaubernden Design der Autos gilt, sondern vor allem auch dem Spaß am Fahren.

Die niedrige und weit nach hinten verlagerte Sitzposition der Roadster vermittelt ein tolles Fahrgefühl.
Wer in einem englischen Roadster sitzt mit offenem Verdeck, der sitzt ganz dicht über dem Boden und alles drumherum erscheint unmittelbar: das Rattern des Motors und die vorbeiziehende Landschaft. Die stark geneigte Windschutzscheibe vermittelt obendrein den Eindruck, als führe man ein Motorrad. Deshalb ist es auch kein Wun-

150 oben *Rolls Royce bestimmt in den 30er-Jahren entscheidend die Stilentwicklung im englischen Automobildesign. Dieser Springfield Roadster wird bereits 1925 entworfen und zeigt die ersten Anzeichen des „klassischen" Stils, der sich zukünftig durchsetzen soll.*

150 unten *Eine Werbung für den MG Midget, der vielleicht nicht das schönste, sicherlich aber eines der beliebtesten englischen Autos ist. Der Werbeslogan wirbt mit dem sportlichen Temperament des Modells: Als erstes Auto mit 750-ccm-Motor fährt es schneller als 160 km/h.*

150–151 *Das Heck des 1939er Alvis mit einer Karosserie von Vanden Plas. Das Modell ähnelt den Roadstern des europäischen Festlands und kann besonders mit dem 1936er Mercedes 540 K verglichen werden. Auffällig sind auch die tropfenförmigen vorderen Kotflügel, die sonst für französische Cabriolets typisch sind.*

151 oben *MG Modell VA von 1937. Die Firma Morris Garages (MG) gehört zu den treuesten Verfechtern des klassischen Stils und bringt zahlreiche dieser traditionellen großen und schweren Convertibles auf den Markt.*

152 oben *Der MG 15/100 MK III Tigress hat die typische Karosserie eines kleinen GT-Rennwagens mit Bootsheck. Die Kotflügel scheinen von einem Motorrad zu stammen.*

152 Mitte *Arbeiter am Produktionsband des MG 18/80 in der Abingdoner Fabrik 1930. Morris Garages ist erst ein Jahr zuvor nach Abingdon umgezogen.*

152 unten und 153 unten Rechteckig wirkt der MG 18/100 MK III Tigress mit den vorstehenden Scheinwerfern. Auffällig sind der u-förmige Türausschnitt und das Lenkrad mit seinen vier Lenkradspeichen. Die Mess-Skalen der Armaturen sind gut sichtbar auf weißem Untergrund – das Modell ist ein reinrassiger Sportwagen. Bemerkenswert ist auch der konvexe, rechteckige Außenspiegel.

der, dass es den Fahrern solche Freude bereitet, über die halbverwaisten Landstraßen zu sausen. Unter diesen Bedingungen sind die klassischen englischen Sportwagen unwiderstehlich und nicht zu übertreffen. Genau diese Fahrfreude und Erfahrung wird aufgegriffen und – nicht nur in Großbritannien – bei der weiteren Entwicklung der Sportwagen berücksichtigt.

Die Geschichte der englischen Sportwagen beginnt vorwiegend in den Werkstätten und Garagen auf dem Lande und in den Vorstädten. Zwei perfekte Beispiele für die Entwicklung dieses Autotyps sind MG und Morgan. Natürlich gibt es auch weitere Hersteller mit vergleichbarer Geschichte, aber diese beiden sind besonders wichtig. MG entsteht, als sich 1922 Cecil Kimber daran macht, einen Rennwagen auf der Basis eines Morris Cowley zu bauen. Sein Erfolg ermutigt ihn, die Firma MG zu gründen, deren Kürzel für Morris Garages steht. Besitzer ist William Morris – Lord Nuffield – der für Verkaufsstellen und andere Hilfsleistungen sorgt. 1929 wird der MG Midget gebaut, der auf dem Morris Minor mit 847-ccm-Motor beruht. Dieses Modell ist noch kein typisch englischer offener Sportwagen, aber er bildet die Grundlage für den Midget J2. Und dieser wiederum wird als Ursprung aller MG-Modelle betrachtet, die bis in die 60er-Jahre gebaut werden – ein Urbild englischer Sportwagen sozusagen. Das Modell wird 1932 mit dem original Midget-Motor vorgestellt, allerdings wird die Leistung dann auf 36 PS angehoben, sodass der J2 nun eine Höchstgeschwindigkeit von 111 km/h fährt.

Die äußere Erscheinung des Midgets zeichnet sich vor allem dadurch aus, dass ihm jegliche Verschönerung fehlt. Die Kotflügel sind wunderbar primitiv, sie können förmlich von Motorrädern entnommen sein. Die Sitzposition des Fahrers ist weit nach hinten gerutscht, um für den überproportional langen Motorraum, in dem ein kleiner Vierzylindermotor sitzt, Platz zu schaffen. Die Gesamtlänge des Modells ist mit 2134 mm extrem kurz, die Breite beträgt etwas mehr als 914 mm. Die Türen haben den schon charakteristischen schrägen Winkel an der oberen Abschlussleiste, der bereits in ähnlicher Form am F1 Magna des Vorjahres zu beobachten ist. Die Karosseriebleche sind eher primitiv gearbeitet mit seitlichen

152–153 Eine Reihe von MG's verlassen das Werksgelände in Abingdon, wo die Firma von 1929 bis 1980 ihre Produktionsstätte hat.

153 oben rechts Man beachte die brillenförmigen Scheiben, die bei diesem MG J2 von 1932 als Windschutzscheiben fungieren. Dieser Roadster ist ein wichtiges Modell, das einen entscheidenden Beitrag zur Gründung des „klassisch englischen Stils" leistet. Außergewöhnlich ist auch die unregelmäßige Form im Bereich des Wagenmittelteils, bei der die hintere Schräge der Türen der Neigung des Radkastens folgt.

154 oben *Der MG TF, ein Bestseller, der 1953 auf den Markt kommt. Obwohl das Auto 20 Jahre nach den ersten Modellen von Morris Garages herauskommt, weist es immer noch alle typischen Merkmale des englischen Roadsters auf und betont sie sogar noch, so z. B. die besondere Kotflügel-Trittbrett-Kombination.*

154 Mitte *Eine Gruppe von MG J2-Modellen bei der Durchquerung einer Furt während eines Ausflugs auf dem Lande.*

154 unten und 155 *Heckansichten des MG PA und des MG ND. Man beachte die außergewöhnliche Form des Armaturenbretts bei beiden Modellen. Wie andere kleine Roadster auch, so hat der MG PA einen kleinen Vierzylindermotor mit 847 ccm und 36 PS Leistung. Das Modell NG basiert auf einem Chassis des Typs „N" und ist auch als „Magnette" bekannt.*

Schlitzen für die Motorlüftung. Der Kühler wird von einem rechteckigen Grill im Bullnose-Design abgedeckt und die Scheinwerfer sind links und rechts des Grills auf einer Querstange montiert. Der schlichte Kühlergrill des J2 wirkt schon fast wie eine ironische Spitze auf die imposanten Kühlergrills im Design griechischer Tempel, die man an den zeitgenössischen Gran-Tourismo-Modellen und Torpedos findet.
Die Weiterentwicklung dieses frühen Sportwagens kann man an den folgenden ähnlichen, allerdings etwas besser ausgearbeiteten Modellen beobachten: am Sechszylinder Magna L-Typ und am PA von 1934, am '35 PB, der sehr erfolgreich und sehr repräsentativ für diesen englischen Wagentyp ist, am 1936er TA, am 1939er TB und am 1945er TC, dem ersten Nachkriegsmodell. Den Abschluss dieser bezaubernden Reihe bildet der gefällige TF 1250, der zwischen 1953 und 1954 verkauft wird. In 22 Jahren hat sich an dem Modell fast nichts verändert; die Länge ist um 229 mm angewachsen und trägt zu einer etwas besseren Form bei. Die Höchstgeschwindigkeit ist nur um 19 km/h gestiegen und die Motorleistung wurde von 36 auf 58 PS angehoben, sodass das Modell nun einen 1250-ccm-Motor hat (daher die Modellbezeichnung). Schließlich ist die Motorhaube noch – dem Zeitgeschmack folgend – mit zwei langen Chromstreifen verziert. Das ist alles.
Doch dann verändern die offenen MG's ihre Form drastisch: Bei den Modellen MG A und MG B wird das Design den typi-

156 oben Der 1948er Morgan 4/4 – tatsächlich ist es sehr schwierig von einem Foto auf das genaue Produktionsjahr eines Morgan zu schließen, weil die Firma von allen englischen Roadster-Produzenten am treuesten an den traditionellen Stilelementen, die bereits in den 20er-Jahren aufkamen, festhält.

156 Mitte Der elegante und elitäre 1953er Lagonda von Aston Martin. Der klassische Stil ist hier abgelöst von den moderneren Designeinflüssen der Italiener und Franzosen.

156 unten Einer der gefeiertsten Schauspieler jener Tage: Clark Gable in einem wunderschönen Jaguar XK 120

157 oben Von diesem phantastischen Auto werden insgesamt nur 15 Exemplare gebaut – es ist das erste Modell der Aston Martin DB Reihe von 1948. Interessant ist hier besonders die stilistische Kombination von Elementen der traditionellen englischen GT's mit Merkmalen, die für die Sportwagen der 50er-Jahre typisch sind.

schen Sportwagen der 60er-Jahre angepasst. Beide Modelle haben große Verkaufserfolge.
Die Firma Morgan wird von H. F. M. Morgan gegründet, der 1909 zunächst damit beginnt, dreirädrige Fahrzeuge zusammenzubauen. Das erste Fahrzeug mit vier Rädern produziert die Firma im Jahr 1936. Es handelt sich um einen Aufbau aus wasserfestem Eschenholz-Rahmen, an dem seitliche Stahlstreben befestigt sind. Eine Konstruktion, an der sich bis heute kaum etwas verändert hat. Das Modell heißt 4/4 (vier Räder/vier Zylinder) und wird auch heute noch gebaut. 1950 kommt das Modell Plus 4 und 1968 das Modell Plus 8 hinzu. Die Karosserie wurde damals und wird auch heute noch von Hand gefertigt, das bedeutet natürlich die langsame Produktion limitierter Stückzahlen. Und darin liegt auch der große Unterschied zwischen Morgan und den anderen englischen Sportwagen-Herstellern, die sich zumindest zu halb-industriellen Betrieben entwickelt haben und sich dadurch mit ihren Designs dem Markt besser anpassen können.
Die Firma Morgan hingegen bleibt der Form, Konstruktion und Fahrtechnik der

157 unten Die gewaltige Fahrzeugfront des Jaguar SS 100 als gelungene Roadster-Version, die allerdings die üblichen Größen- und Leistungsmerkmale der sonst kleinen altmodischen Modelle sowie die damit eng verbundenen neoklassizistischen Stilelemente (wie z. B. an den zeitgenössischen Mercedes-Modellen sichtbar) völlig unbeachtet lässt. Dieser Jaguar ist Baujahr 1936.

klassischen englischen Sportwagen immer treu. Darin liegt auch ihr Erfolg, gerade in Zeiten, in denen der Wunsch offen zu fahren, ohne als Angeber abgestempelt zu werden, besonders stark ist. In den 70er-Jahren, als die kritischen Stimmen der jüngeren Generation besonders laut zu hören sind, ergeht es Herstellern prestigeträchtiger Autos wie Morgan sehr schlecht. Doch in den 90er-Jahren können sie ihr großes Comeback feiern, weil die Roadster im alten Stil und in moderner Aufmachung wieder in Mode kommen.

Spricht man über die englischen Roadster, so ist es fast unmöglich Triumph nicht zu erwähnen. Sie bauen 1937 das Vitesse Convertible und später die TR-Reihe mit dem Modell TR2 im Jahr 1953 und den TR3 1955. Diese Wagen sind sehr aerodynamisch geformt und repräsentieren die technische Fortentwicklung der alten englischen Sportwagen, wenn man das so sagen darf. Ihre Motorhauben sind breiter, die Scheinwerfer schon fast in die Karosserie integriert. Die Kotflügel sind lang und in einer Einheit mit der Karosserie geformt, Trittbretter fehlen.

Die Liste könnte endlos fortgeführt werden werden, wir haben noch nicht einmal den 1935er SS 100 und den 1948er XK 120 von Jaguar erwähnt oder Aston Martin beispielsweise. Sogar Marken vom europäischen Festland, wie Fiat und BMW, könnten bei der Behandlung dieses Autotyps noch aufgezählt werden!

Europa nach dem Zweiten Weltkrieg

Cabriolets – viel Aufhebens um wenig Inhalt

Nach dem Krieg hat die europäische Autoindustrie nur ein Ziel: Sie möchte sich wieder in eine solche zurückverwandeln. Fast alle großen Hersteller mussten während des Krieges ihre Produktion auf Militärfahrzeuge und Munition umstellen und häufig wurden die Fabrikanlagen, besonders in Italien und Deutschland, ausgebombt. Außerdem ist durch den Krieg ein großer Bedarf an billigen und praktischen Autos zum Transport von Menschen und Gütern entstanden. Motorisierung im großen Stil ist nötig, um die zerstörte Industrie, Wirtschaft und Sozialsysteme wieder in Gang zu bringen. Natürlich muss durch den hohen Bedarf an praktischen Autos die Produktion elitärer Wagenmodelle zunächst leiden, trotzdem gibt es keinen Mangel an interessanten und attraktiven Cabriolets und Sportwagen.
Der Begriff „Cabriolet" wird im Folgenden häufiger auftauchen, deshalb wollen wir ihn an dieser Stelle noch einmal definieren. Heute bezeichnet der Begriff meist eine offene Limousine oder – seltener – einen zweisitzigen Sportwagen. Vom Standpunkt des Karosseriedesigns aus betrachtet und um die Kontinuität der Begrifflichkeit auch weiterhin zu wahren, bezeichnet der Begriff in diesem Buch ein komfortables, manchmal sogar luxuriöses Convertible mit zwei oder auch vier Türen, das aber in jedem Falle vier oder fünf Sitzplätze hat. Das Fahrverhalten ist ruhig und die Leistung überdurchschnittlich. Häufig hat das Cabriolet einen Überrollbügel hinter den Vordersitzen und eine verstärkte Windschutzscheibeneinfassung, um die Fahrgäste zu schützen, falls sich das Auto bei einem Unfall überschlägt. Unter der Bezeichnung „Sportwagen" hingegen, verstehen wir grundsätzlich einen offenen, niedrigen Zweisitzer oder gar einen Zwei-plus-Zwei. Formal betrachtet, sind die Cabriolets die Nachfolger der Torpedos, Tourings, Baquets und der amerikanischen Convertible Coupés und Sedans der 40er-Jahre. Die Sportwagen dagegen folgen der Linie der Roadster, Speedster, Runabouts und Gran Tourismos.
Unmittelbar nach dem Krieg ist die Produktion der Cabriolets stark begrenzt, dennoch bieten Länder mit Automobilindustrie, wie Großbritannien, Frankreich, Deutschland und Italien, durchaus interessante Modelle an. Die europäischen Cabriolets haben große Ähnlichkeit mit den amerikanischen Convertible Sedans und Convertible Coupés, allerdings sind sie eleganter und ausgewogener. Die Karosserien der Cabriolets sind etwas kleiner und weniger „aufgebläht", die gesamte äußere Form etwas geradliniger. Es hätte sich daraus leicht ein eher strenges, starres und langweiliges Design entwickeln können, aber das Gegenteil ist der Fall.
Auch in Europa ist die Sehnsucht nach Spaß und Lebensfreude stark und findet ihren Ausdruck im „Dolce Vita". Es gibt in dieser Zeit eine seltsame Parallele zwischen dem amerikanischen Faible für Glitzer und Glimmer und der europäischen Extravaganz. Diese ist bei den Autos allerdings nicht an den Farben und dem Einsatz von Chrom und anderen Verzierungen zu erkennen, sondern liegt in dem Design der Formen selbst. Ein Phänomen, das in den verschiedenen, attraktiven Modell-Interpretationen der europäischen Karossiers durchaus zur Geltung kommt. Nehmen wir zum Beispiel die französischen Cabriolets. So gibt es zum Delahaye Typ 135-Chassis viele interessante Karosserieversionen von Antem, Chapron, De Levallois, Ghia, Faget-Varnet, Figoni & Falaschi, Franay, Graber, Guilloré, Letourneur & Marchand, Pininfarina, Pennock, Pourtout, Saoutchik und Worblaufen. Diese lange Liste gibt schon einen Eindruck davon, wie gut sich dieses Auto, das von einem heute nicht mehr

bestehenden Hersteller stammt, zur Teilnahme an den zahlreichen Schönheitswettbewerben jener Tage eignet.
Der Delahaye 135 ist ein großes Cabriolet, das 1934 bei der Französischen Motor Show vorgestellt wird. 1937 gewinnt es die Rallye von Monte Carlo und selbst nach dem Krieg wird es wieder mit dem 3,5 Liter großen Sechszylindermotor gebaut.
Obwohl der Delahaye 135 keinen großen Stellenwert in der Geschichte des Autos hat, wollen wir hier einige Versionen vorstellen, die von berühmten Karossiers zwischen 1946 und 1951 entworfen werden.
Bei dem 1946er Modell von Antem werden die Trittbretter beibehalten und die Scheinwerfer tief unten neben dem schmalen, hohen Kühler platziert. Chromverzierungen werden kaum eingesetzt, dafür erregen die sanften Wölbungen der Radkästen die Aufmerksamkeit des Betrachters; bei den Versionen des folgenden Jahres von Chapron und De Levallois sind die Radkästen dagegen eher unauffällig geformt. 1950

158–159 und 159 oben *Der elegante 1954er Jaguar XK 140. Die XK-Reihe beginnt mit dem Modell 120 und ist eine der außergewöhnlichsten Modellreihen der 50er-Jahre. Sie greift die stilistischen Themen des Art Deco auf, die sich auch an Modellen wie dem Bugatti 57 – besonders bei der geschlossenen Version – finden. Dieses Beispiel, das Drophead Coupé, hat eine sanfte Linienführung. Bei seiner Roadster-Version wird vor allem der Wunsch nach Geschwindigkeit, Luxus und Spaß spürbar.*

158 unten *Ein luxuriöses Convertible – der Bentley MK6 von 1951. Die klassische Version hat gewaltige tropfenförmige Kotflügel, die vorderen sind farblich vom Rest der Karosserie abgesetzt und laufen langsam Richtung Hinterachse aus. Die gezeigte Modellversion ist etwas dezenter gehalten.*

159 unten *Eine der Traumhochzeiten dieses Jahrhunderts: Prinz Rainier von Monaco und die Schauspielerin Grace Kelly fahren am 19. April 1956 nach ihrer Trauung in einem riesigen Rolls Royce durch die Straßen.*

erscheinen drei außergewöhnliche Modelle des Delahaye 135: Das erste stammt von Franay. Er vertauscht den Kühlergrill gegen waagerechte Chromstreben und die Kotflügel erhalten wieder eine deutlichere Wölbung. Noch deutlicher werden die Kotflügel allerdings bei der Version von Saoutchik ausgeformt und schließlich – kaum noch zu überbieten – bei der Karosserie von Figoni & Falaschini. Die beiden letzteren bevorzugen eigentlich den neoklassizistischen Stil, aber bei diesem Projekt zierlich. Insgesamt sieht dieses Cabriolet dem Bugatti 101 sehr ähnlich, von dem nur zwei Autos jemals gebaut werden. Die Ähnlichkeit ist sogar so verblüffend, dass sie zu unverhüllten Kommentaren führt. Die Delahaye-Versionen von Ghia und Pininfarina lehnen sich wiederum sehr stark an die Ideen von Pourtout an.
Ein krasser Gegensatz zu all diesen Delahaye-Versionen bildet das praktische Serienmodell des Peugeot Cabriolet 203 von 1951. Es ist ein kleines, fast bescheidenes

sind sie entweder von beginnendem Wahnsinn erfasst oder haben einen extremen Hang zur Ironie entwickelt. Die Kotflügel sind so weit über die Räder gewölbt, dass sie schon fast die konvexe Form angenommen haben, die für die Rekordfahrzeuge ein paar Jahrzehnte später typisch sind. Rund 70 Prozent der Räder sind von den Kotflügeln eingeschlossen und es erscheint fast sinnlos zu fragen, wie man damit das Auto überhaupt noch steuern kann. Im Vergleich dazu wirken die Heckflossen und üppigen Chromverzierungen der amerikanischen Convertibles sehr zurückhaltend!
Das 1949er Modell von Pourtout ist kompakter, aber nicht weniger überraschend. Die Karosserie ist völlig glatt, es gibt keine abrupten Kanten und Ecken, auf alle abstehenden Elemente wird verzichtet – genau wie bei dem Chrysler Thunderbolt. Im Vergleich zu der Überfülle an Stahlblech, das für die Motorhaube verwendet wird, wirken der Kühlergrill und die Scheinwerfer Auto ohne jegliche „Kinkerlitzchen", aber mit einem kleinen, durchaus starken Motor.
In Großbritannien liegt das Schicksal der Cabriolets sicher in den Händen von Bentley, Daimler und Jaguar. 1949 produziert Bentley den Mark VI mit einem Karosseriedesign von Pininfarina. Daimler baut 1953 den klassischen Conquest Drophead, ein kompaktes, sehr leistungsstarkes Auto, das dazu bestimmt ist, den Marktanteil dieser exklusiven englischen Marke zu vergrößern. Es folgt auch eine Roadster-Version dieses Modells, die aber nicht besonders schön ist.
Das 1957er Jaguar XK 150 Drophead Coupé ist ein wunderschönes, wildes Gefährt mit Sechszylindermotor und 253 PS, die das Auto auf 225 km/h Geschwindigkeit bringen können (vorausgesetzt, man möchte in einem offenen Wagen so rasen). Es könnte sogar argumentiert werden, dass der XK 150 schon sehr dicht an einen Sportwagen grenzt, aber die Tatsache, dass es auch eine Roadster-Version gibt, die noch wilder aussieht, aber weniger Leistung hat, rückt das Modell wieder mehr in die Cabriolet-Kategorie.
In Deutschland und Italien ist der Wiederaufbau der Automobilindustrie ein langsamer Prozess. In den folgenden Jahren werden sie im Bereich der Sportwagen brillieren, aber ihre Produktion an Cabriolets ist eher spärlich und einfallslos. In Deutschland ist der 1949er Mercedes 170 S, das erste deutsche Nachkriegs-Cabriolet, gleichzeitig das einzig erwähnenswerte Modell. Ghia und Pininfarina entwerfen in Italien viele Cabriolet-Modelle, so zum Beispiel für den Alfa Romeo 6C 2500, den Lancia Aprilia und Aurelia und den Fiat 6C 1500. Alle diese Karosserieentwürfe zeigen Gemeinsamkeiten, so z. B. den Wunsch vordere und hintere Kotflügel zu verbinden und dabei den Zwischenraum optisch auszufüllen, den Verzicht auf Trittbretter, bei einigen Modellen auch die Verschönerung der unteren Türleiste mit einem Chrombeschlag und die Belebung der Seitenflächen mit zusätzlichen Zierelementen. Eine weitere Gemeinsamkeit von Ghia und den Pininfarina Design-Studios ist der üppige Stil, der zunächst von Ghia umgesetzt wird. Es ist Ghia-Designer Capalbi, der in diesem Stil seine Entwürfe prägt. Er war zuvor bei den Farina-Brüdern beschäftigt und hat dort vielleicht schon die Grundlagen dazu geschaffen. Durch den üppigen Stil werden die Autos groß und auffällig, der Kühlergrill wird durch einen Chromrahmen mit breiten senkrechten Streben ersetzt, die dem Maul und Zahn eines exotischen Tieres ähneln. Auch bei den Scheinwerfern werden Chromverzierungen in verschwenderischem Maße eingesetzt. Insgesamt ist die Linienführung schwer und es wird nichts getan, um die Form und Eintönigkeit der Karosseriebleche aufzulockern. Der üppige Stil ist nur kurzlebig und es ist sehr unwahrscheinlich, dass irgendjemand sein Verschwinden beklagt.

160 oben *Eine der zahlreichen Karosserieversionen zum 135M Chassis der französischen Firma Delahaye aus dem Jahr 1938. Man mag sich vielleicht wundern, wie die Vorderräder dieses Modells überhaupt noch zu steuern sind. Tatsächlich aber werden die meisten dieser Modelle dazu gebaut, die Besucher der Auto-Schönheitswettbewerbe zu beeindrucken. Diese Wettbewerbe gehören zu den schlimmsten Entwicklungen in der gesamten Automobilgeschichte.*

160 unten *Der MK 1 Convertible, gebaut von Aston Martin, einer der edelsten britischen Marken.*

161 oben *Die Zeichnung zeigt einen offenen Mercedes, mit dem 1950 für den Typ 170 geworben wird. In der Zeit des Wiederaufbaus nach dem 2. Weltkrieg ist dieses Cabriolet ein sehr wichtiges Modell.*

161 unten *J. F. Kennedy in einem Mercedes 300 Landaulette während eines offiziellen Staatsbesuchs in Mexiko im Jahr 1960.*

Sportwagen – die Renaissance der offenen Wagen

Anders als bei den ersten Cabriolets nach dem Krieg, die noch nicht besonders aufregend, aber immerhin gefälliger als ihre amerikanischen Kollegen sind, gibt es unter der Vielzahl der Sportmodelle ausgesprochen schöne Exemplare – wahre „Kultvehikel", bei denen sich Funktionalität und Vergnügen bestens ergänzen. Ausgewogen und konkurrenzfähig erscheinen die Sportwagen und Roadster der 50er-Jahre. Grund dafür sind technologische Fortschritte, die es z. B. den Stylisten ermöglichen, Metall wie weiche Gummimasse nach Lust und Laune zu formen.
Aber noch wichtiger ist die Tatsache, dass der Verwindungssteifigkeit der Autos mehr Aufmerksamkeit gewidmet wird. Wenn wir uns einen offenen Wagen als Karton vorstellen, bei dem der obere Teil einfach abgeschnitten wird, wird schnell klar, dass eine Verstärkung nötig ist, damit er seine ursprüngliche Festigkeit zurückerhält. Dies lässt sich auch auf das Fahrgestell übertragen: Ein nicht verstärktes Chassis wird sich winden und verbiegen, sobald es entsprechender Belastung ausgesetzt ist. Ein verstärktes Chassis dagegen sorgt für mehr Fahrkomfort, bessere Straßenlage und erheblich mehr passive Sicherheit.
Neue Karosserien werden in Windkanälen getestet und es entstehen Designs von sportlicher Schönheit. Auch die Motorentechnik wird verbessert und dank zuverlässiger Getriebe und ausgeklügelter Federungssysteme kann die Motorleistung voll ausgenutzt werden. Diese Welle technischen Fortschritts, der starke Freiheitsdrang und der Spaß am offenen Fahren lassen in diesen Jahren die Sportwagen auf beiden Seiten des Atlantiks die wohl beste Zeit ihrer Geschichte erleben.
Unter der Bezeichnung „Sportwagen" verstehen wir einen Zweisitzer (oder 2+2) ohne Dachblech, dafür aber mit Faltverdeck bzw. Hardtop (Targas sind somit inbegriffen). Es handelt sich um ein Originaldesign, nicht um die offene Version einer Limousine oder eines Coupés, und die herausragendste Eigenschaft des Sportwagens ist seine Leistungsfähigkeit. Komfort oder Luxus sind zweitrangig. Mit anderen Worten: Der Sportwagen greift die Konzep-

162–163 oben *Das Heck des Ferrari 166 Mille Miglia Barchetta von 1949/50. Man beachte das Steuer auf der rechten Seite. Der kleine 2-Liter-Motor des Wagens hat bereits die klassische V12-Anordnung, die Karosserie stammt von Touring. Clemente Biondetti, Felice Bonetto und Piero Taruffi nehmen mit diesem Ferrari an Rennen teil.*

162–163 Mitte *Der 1958er Testarossa, der häufig bei Rennen eingesetzt wird, ist einer der bekanntesten Ferraris der 50er-Jahre. Es gibt zwei Versionen dieses Modells, die sich nur an der Form ihrer Kotflügel unterscheiden lassen. Die Modellbezeichnung Testarossa wird in den 80er-Jahren für einen GT der Spitzenklasse erneut aufgegriffen.*

163 unten *Der 1953er Ferrari 375 MM Spider Le Mans wird von Pinin Farina entworfen. Ungewöhnlich sind die beiden schmalen Stoßfänger links und rechts des Kühlergrills.*

164 oben *Bei diesem Alfa Romeo handelt es sich um eine extravagante Version des 6C 2500. Im Allgemeinen werden die 6C-Modelle von Touring, Pinina Farina oder Ghia karossiert und nehmen erfolgreich an Rennen und Schönheitswettbewerben teil. Dieses Modell hier scheint ebenfalls für einen Schönheitswettbewerb bestimmt zu sein, man beachte z. B. die ausgefallene Stoßstange – ein Chromrohr.*

164 unten *Der Alfa Romeo Giulietta Spider kommt 1955 auf den Markt. Die Fahrzeugfront wird von der (dreieckigen) schildförmigen Chromverzierung geprägt, die für alle Alfas typisch ist. Das Auto wird auf Drängen eines amerikanischen Importeurs von Pinin Farina entworfen und gebaut. Es bildet einen starken Kontrast zu den gewaltigen amerikanischen Convertibles, doch der Importeur rechnet gerade deshalb mit einer guten Akzeptanz des Modells im nordamerikanischen Markt. Ein Jahr später kommt der Spider Veloce auf den Markt.*

165 Seine eigenwillige Linienführung hat diesem Alfa Romeo den Namen Disco Volante (fliegende Untertasse) beschert. Zweifellos haben hier auch die zu der Zeit aktuellen Diskussionen über Marsmenschen und Raumschiffe die Namensgebung beeinflusst. Die offizielle Modellbezeichnung dieses Rennautos lautet 1900 C52. Auf dem Foto sind die ungewöhnlichen Öffnungskonzeptionen deutlich erkennbar.

te der Gran-Tourismo- und Roadster-Modelle wieder auf, allerdings erscheint er in neuem Outfit.
Seit den 50er-Jahren zeichnen sich die europäischen Sportwagen durch einige charakteristische Gemeinsamkeiten aus: Sie sind klein, oder besser, kompakt und wohlproportioniert; ganz im Gegensatz zu den amerikanischen Convertibles, bei denen die Länge im Allgemeinen wesentlich mehr betont wird als die Breite. Europäische Sportwagen sind leistungsstark. Der Kühlergrill ist meist immer noch ihr Hauptmerkmal, auch wenn er schon etwas an Wichtigkeit verloren hat. Die Scheinwerfer befinden sich mittlerweile an den äußersten Seiten der Fahrzeugfront.
In den 50er-Jahren kommen so viele neue Modelle auf den Markt, dass es zum ersten Mal möglich erscheint, die wichtigsten in Bezug auf ihre Positionierung im Markt zu gruppieren. Fangen wir also im unteren Marktsegment an. Nachdem dies eine Zusammenfassung über Sportwagen ist, müssen die offenen Minis, die ebenfalls zu dieser Zeit durch die Straßen flitzen, hier unberücksichtigt bleiben. Es gibt zwei sehr beliebte und erfreulich schnelle Sportwagen, die als klare Rivalen auftreten: der MG A und der Alfa Romeo Giulietta Spider. Beide kommen 1955 auf den Markt.
Während der Giulietta der Nachfolger ähnlicher Modelle wie z. B. des 1954er Alfa Romeo 1900 Cabriolets ist, handelt es sich bei dem MG A um eine Revolution – um die völlige Abkehr von dem, was bisher in Großbritannien als „klassisches Design" verstanden wurde. Obwohl der Giulietta den kleineren Motor hat (1290 ccm gegenüber 1498 ccm), wird bei ihm eine höhere Höchstgeschwindigkeit angegeben als beim MG A. Doch die Beschleunigung aus dem Stand ist bei den beiden Modellen so ähnlich, dass sie wirkliche Konkurrenten sind. Zur Konkurrenz müssen auch noch die Cabriolet- und Roadster-Versionen des Porsche 356 gezählt werden. Das Design des Porsche ist wohl überholt, dafür ist jedoch seine Leistung immer noch wettbewerbsfähig (alle drei Modelle fahren zwi-

schen 156 und 161 km/h). Der 1953er Renault Ondine und die beiden Peugeots 403 und 404 aus den Jahren 1957 bzw. 1962 sind zwar weniger attraktiv, gehören aber dennoch zur selben Gruppe. Erwähnt werden sollten auch der 1959er Renault Floride, der 1962er Caravelle und der MG Midget, die alle wohl kleinere Motoren haben (ca. 1000 ccm), dafür aber auch für jüngere und weniger betuchte Kunden erschwinglich sind.

Die Modelle Lancia Appia Convertible und Cabriolet von 1959 haben einen kleinen Motor (1089 ccm) mit nur 60 PS, trotzdem fahren sie eine vernünftige Geschwindigkeit und sind zudem extrem gut ausgestattet.

Die Autos der nächsten Klasse sind leistungsstärker und aggressiver. Die Karosserieformen bleiben grundsätzlich gleich, allerdings brauchen die größeren 2-Liter-Motoren (oder mehr) auch einen größeren Motorraum, weshalb die Motorhauben länger sind. Die Ausstattung und Armaturen sind in dieser Klasse schon anspruchsvoller. Natürlich müssen hier die Namen Lancia, BMW und Mercedes genannt werden, aber die Marke Triumph ragt doch deutlich heraus. Im Gegensatz zu MG bleibt Triumph besonders mit den Modellen TR2 und TR3 dem Design des traditionellen britischen Roadster bis Anfang der 60er-Jahre treu. Doch nach dem missglückten Experiment mit dem kleinen Modell Herald folgt 1961 der TR4 und 1962 der enorm beliebte Spitfire 4.

Der traditionelle sportliche TR3 ist das letzte Modell, das als wirklich „klassisch" bezeichnet werden kann. Die Karosserieoberkante wird von den nahezu diagonal abfallenden Türkanten geprägt, die das Auto scheinbar in zwei Teile trennen. Zur Front hin steigt die Profillinie stark an und geht schließlich in den Rahmen für das Armaturenbrett über, während sie sich zum Heck hin in die Befestigungskante für das Tonneau verwandelt. Die Windschutzscheibe erscheint im Verhältnis zur niedrigen Sitzposition sehr hoch angebracht. Die Fahrzeugfront wird durch die Wölbung der Kotflügel und eine leichte Krümmung der Motorhaube bestimmt, unter der sich ein Vierzylinder-Reihenmotor mit 1991 ccm Hubraum und 88 PS verbirgt. Mit der Höchstgeschwindigkeit von 179 km/h kann der TR3 den Giuletta und Kollegen leicht zurücklassen.

Schwieriger wäre diese Übung allerdings gegen den Lancia Aurelia B24 Sport, der dank seines V6-Motors die Höchstgeschwindigkeit von 180 km/h erreichen kann. Anders als der Appia Convertible hat der Aurelia immer noch einen Kühlergrill im alten Stil. Doch mehr über dieses Modell im Kapitel über die schönsten offenen Wagen aller Zeiten.

Ein weiterer Vertreter der oberen Mittelklasse ist der Mercedes 190 SL. Es ist ein niedliches kleines Auto mit nur wenigen, aber dafür wirkungsvollen Chromverzierungen und einer sehr ausgewogenen Linienführung. Der SL von 1955 scheint keine Konkurrenten unter den nobleren Sportwagen seiner Zeit zu haben. Dabei beeindruckt er nicht etwa durch außergewöhnliche Leistungsfähigkeit, er hat einen kleinen Vierzylindermotor mit 105 PS, sondern vielmehr durch die Ausstrahlung von Frische, Leichtigkeit und Schönheit. Die

Karosseriebleche der Motorhaube und Seitenteile sind flach und gerade gehalten, lediglich eine schmale Längswölbung in der Mitte der Motorhaube und dezente Karosserieausprägungen über den Radkästen sorgen für die effektvolle Auflockerung der monotonen Flächen. Das Heck des Wagens ist elegant geformt und beinhaltet den Kofferraum.
Aber der 190 ist nicht das einzige Modell, das die berühmte SL-Bezeichnung trägt. Ein Jahr zuvor baut Mercedes das begehrteste Modell aller Zeiten, den 300 SL mit Flügeltüren. Wie der Name schon andeutet,

166 oben *Ein feierlicher Moment: Der 100 000ste MG A läuft von Band. Das Modell wird von 1955 bis 1962 in zwei Serien produziert.*

166–167 *Ein MG A der zweiten Serie, die von 1959–62 gebaut wird. Die Leistung dieser Modelle ist etwas höher als die der ersten Serie.*

167 oben *Dieser MG Midget MK III stammt aus dem Jahr 1969. Der kleine englische Sportwagen hat einen 1275-ccm-Motor und ist fast genauso beliebt wie der MG A; es werden 103 700 Midget MK III verkauft.*

167 unten *Der Renault HP 4, überarbeitet von Louis Rosier, ist ein erfolgreicher Rennwagen.*

sind seine Türen von unten nach oben zu öffnen – ähnlich der Kofferraumklappe – und gleichen so den Flügeln einer Seemöwe im Flug. Leider handelt es sich bei dem 300 SL um ein Coupé, sodass wir hier nicht näher darauf eingehen sollten. Doch schon zwei Jahre später erscheint ein wahres Prachtstück auf dem Markt: der 300 SL Roadster, die offene Version des Flügeltüren-Modells. Trotz des hohen Preises von 32 500 Mark werden von 1957 bis 1963 1853 dieser Roadster gebaut (im Vergleich zu 1400 Flügeltüren-Coupés). Das Herz des Roadsters bildet ein 3-Liter-Motor mit 6 Zylindern, der 215 PS produziert. Die Höchstgeschwindigkeit liegt bei 260 km/h – ein echter Powerwagen eben. Das Auto sieht phantastisch aus und ist wunderschön ausgearbeitet. Es ist

eine Synthese des verhältnismäßig bescheidenen 190 SL und der luxuriösen 300 SL Limousine von 1954, von der es alle inneren und äußeren Charakteristika übernommen hat – außer dem Dach natürlich. Die Windschutzscheibe scheint nicht so sportlich nach hinten geneigt, wie es die Leistungsstärke des Autos verdient hätte. Der Mercedes 190 SL und der 300 SL sind zwei Glanzpunkte in der Reihe der SL-Modelle, die in der gesamten Automobilgeschichte keine vergleichbare Serie findet. Stilistisch betrachtet sind die SL-Modelle nahezu perfekt. Man kann sie schon daran sofort erkennen, dass bei ihnen der traditionelle Mercedesstern oben auf dem Kühlergrill fehlt; statt dessen ist das Markenzeichen unmittelbar vor den Grill montiert, betont von einem zusätzlichen Chromstreifen links und rechts.

Der BMW 507 Roadster ist ein weiteres deutsches Modell dieser Zeit. Er kostet 5000 Mark weniger als der Mercedes 300 SL, hat jedoch einen leistungsstarken V8-Motor mit 3168 ccm und 150 PS, der eine Spitzengeschwindigkeit von 220 km/h fährt. Der 507 ist das erste BMW Nachkriegsmodell ohne die typischen BMW-Nieren auf dem Kühlergrill. Sein Design stammt von Albrecht Graf Goertz und der Wagen wird häufig als der schönste BMW aller Zeiten bezeichnet.

Diese Zusammenfassung der Sportwagen wäre unvollständig, würden wir hier die beiden offenen Ferrari-Modelle, den 1952er 212 Inter Pininfarina und den 1960er 250 GT California, unberücksichtigt lassen. Der 212 Inter ist der erste Ferrari mit einem Design von Pininfarina. Auffällig ist an die-

168 oben *Ein Loblied auf alle Sportwagen möchte man beim Anblick dieses Aston Martin DB2-4 MK II anstimmen. Doch tatsächlich sieht das ursprüngliche Design dieses Modells ganz anders aus, runder und eher im Stil typisch englischer Sportwagen. Der DB2-4 MK II wird von 1950 bis 1959 gebaut. Bei dieser gelungenen Ausgabe des Modells handelt es sich um einem Vorschlag des Touring-Designers Michelotti von 1956.*

168 unten *Der BMW 507 ist sicher einer der Stars in der Angebotspalette der offenen Modelle dieses Herstellers. Sein 3168 ccm großer V8-Motor produziert 150 PS und ermöglicht eine Höchstgeschwindigkeit von gut 200 km/h. Das Modell hat jedoch keinen Nachfolger.*

169 oben *Das Volkswagen Karmann Ghia Cabriolet von 1973 hat nur einen mittelmäßigen Erfolg. Die Modellbezeichnung kombiniert zwei Designer-Namen, die in der Welt der offenen Wagen bereits berühmt sind: Karmann für den Käfer und den Golf und Ghia für eine Reihe von Ford-Modellen. Die beiden kooperieren schon ab 1960 bei der Produktion von Cabriolets.*

169 Mitte *Der 1955er BMW 503 kommt einige Jahre vor dem 507 auf den Markt. Der sportliche Charakter wird bei diesem Modell bereits angestrebt. Das Design ist eher schlicht, etwas unruhig und insgesamt sehr eckig, ähnlich, wie auch bei den kleinen, aber spritzigen italienischen Zweisitzern.*

169 unten *Der 1956er Austin Healey wird – wie viele andere Austin-Modelle auch – häufig kopiert und nachgebaut. Hier die Kombination ursprünglich englischer Rundungen, z. B. an den hinteren Kotflügeln und dem Heck, mit den eher eckigen Formen der Karosseriebleche, die für das europäische Festland typisch sind.*

sem Modell vor allem der starke Gebrauch – oder Missbrauch – von Chrom an den Abschlusskanten, der Umrahmung der Windschutzscheibe, den Belüftungsschlitzen an der Motorhaube, den Scheinwerfern und vor allem an dem riesigen Kühlergrill. Die Rücklichter des Modells sind klein, spitz und hässlich. Der 212 Inter wird als Cabriolet bezeichnet, doch tatsächlich handelt es sich um einen echten Sportwagen. Sein 2,5 Liter großer V12-Motor ist im 60 Grad-Winkel montiert. Er produziert jedoch nur 150 PS, die dem Auto eine Höchstgeschwindigkeit von 196 km/h erlauben.
Der 250 GT California aus dem Jahr 1961 wird ebenfalls von Pininfarina entworfen, der Zusammenbau erfolgt allerdings bei Scaglietti. Das Modell wird als der typische Ferrari-Sportwagen betrachtet. Seine äußere Erscheinung wirkt „bedrohlicher" als die des 212 Inter. Dies liegt zum einen an der tiefer gelegten Karosserie, zum anderen an der Lage der Scheinwerfer, die sich über dem Haifischmaul-förmigen Kühlergrill befinden und in dieser Kombination den aggressiven Eindruck unterstützen. Insgesamt wirkt das Modell frontlastig und dadurch dynamisch. Aufmerksamkeit erregen auch die transparenten und stromlinienförmigen Abdeckungen der Scheinwerfer. Neben dem typischen Ferrari-Emblem mit dem aufgebäumten Pferd sind in den Kühlergrill auch zwei Nebelscheinwerfer integriert. Eine extra Halterung für das Nummernschild gibt es bei diesem

170 links *Ein Blick in die Porsche-Produktion von 1951. Die Karosserie gehört zur ersten Serie des Porsche 356, die von 1948–55 gebaut wird. Für dieses Auto sind Vierzylinder-Boxermotoren wahlweise mit 1,1, 1,3 oder 1,5 Liter Größe erhältlich. Sie produzieren zwischen 40 und 70 PS und ihre Leistungsfähigkeit ist natürlich nicht überwältigend.*

170–171 *Ein Porsche 356, der für den amerikanischen Markt produziert wurde. Der Motor ist im Heck untergebracht.*

171 oben *Dieser rote Porsche ist eine Super 90 Version des 356 B mit 1,6-Liter-Motor. Er wird von 1959 bis 1963 angeboten.*

171 unten *Für manchen Sportwagen-Liebhaber wird dies wohl eine heilige Stätte sein, die Werkshalle von Porsche, in der letzte Hand an die Karosserie des 356 A Cabriolets (und auch geschlossener Varianten) gelegt wird. Im Vordergrund: Ferry Porsche, der Sohn von Ferdinand Porsche.*

Modell nicht, sodass das Schild direkt auf die Karosserie geschraubt werden muss. Die Seitenteile der Karosserie sind mit einem Grat verziert, der sich von einem Radkasten zum anderen zieht, und mit verchromten Entlüftungsschlitzen. Diese Entlüftung zählt zu den typischen Ziermotiven der Sportwagen dieser Zeit.

Das Heck des Wagens ist erstaunlich kurz, zwei Auspuffrohre, außen verchromt und innen rot lackiert, ragen auffällig hervor. Der 3 Liter große V12-Motor hält diesmal mit seiner Leistung nicht hinter dem Berg: 280 PS sorgen für eine Spitzengeschwindigkeit von 251 km/h.

Dieses Kapitel sollte deutlich gemacht haben, dass die Zeit von 1955 bis 1961 für die Liebhaber von Sportwagen wahrlich berauschend war. Es ist kein Zufall, dass allein unter den europäischen Modellen bereits drei Sportwagen als repräsentativste Modelle aller Zeiten besonders hervorgehoben werden (Lancia Aurelia B 24, Mercedes 300 SL und Ferrari 250 GT California). Und dabei haben wir noch nicht über den Jaguar E-Typ oder die amerikanischen Evergreens, wie den Cadillac Eldorado und den Ford Thunderbird, gesprochen. Doch unserer Meinung nach ist 1955 das ergiebigste Jahr in Bezug auf die Produktion von Automodellen in Spitzenqualität.

172 oben und 173 unten *Eines der schönsten und begehrenswertesten offenen Wagenmodelle aller Zeiten ist der Mercedes 300 SL, ein „Ableger“ des Coupés mit Flügeltüren. Die Entwicklungsgeschichte der SL Roadster wird kontinuierlich von zwei Faktoren geprägt. Erstens von dem stilistischen Faktor: Alle SL-Modelle sind schlank und haben eine starke Persönlichkeit (die auch dadurch betont wird, dass die SL's als einzige Mercedes-Modelle den klassischen Stern nicht stehend auf der Kühlerhaube tragen, sondern am Kühlergrill). Und zweitens von dem technologischen Faktor, denn die SL-Modelle haben von Anfang an ausgefeilteste und fortschrittlichste Elektronik. 1957 wird der 300 SL mit einem 215-PS-Motor vorgestellt, der den Mercedes eine Höchstgeschwindigkeit von 216 km/h erreichen lässt. VIP's und Stars wie Glenn Ford, rechts unten im Bild, reißen sich um das Auto.*

173 oben *Der Mercedes 190 SL ist ebenfalls ein Roadster aus der SL-Reihe. Seine Karosserie weist mehr Merkmale zu Formen älterer Modelle auf und in seiner Leistungsfähigkeit ist er dem 300 SL weit unterlegen.*

174 oben Eine historische Aufnahme, die den Prototyp des Käfer Cabriolets beim Verlassen des Grundstücks seines „Vaters“, Ferdinand Porsche, zeigt.

174 unten Die Beschreibung des Käfers bereitete selbst seinen Designern Schwierigkeiten. Ihnen fiel nichts besseres ein als „geschlossene Karosserie mit Verdeck“. Andererseits erscheint die Bezeichnung „Cabrio-Limousine“ ein wenig hoch gegriffen. Die halbelliptische und zudem geteilte Heckscheibe wirkt sehr eigenwillig. Das Käfer-Design bildet die Vorlage für weitere kleinmotorige, offene Modelle wie den Citroën 2CV, den Renault 4, den Fiat Topolino und den Fiat 500.

175 links Die ersten Käfer mit dem Design von Hebmüller können daran erkannt werden, dass es Zweisitzer sind. Als Hebmüllers Fabrik durch ein Feuer zerstört wird, übernimmt Karmann den Käfer.

175 rechts Hitlers Traum von einem beliebten und preisgünstigen deutschen Auto erfüllt sich mit dem Volkswagen Käfer, der von Ferdinand Porsche entworfen wird. Der Käfer kostet nur 990 Mark, was ungefähr halb so viel ist, wie das nächstgünstige Automodell auf dem deutschen Markt kostet.

Die Ära des Käfers

Eigenartig, schwerfällig, langsam und vorsintflutlich in seiner Linienführung – das Design der offenen Version des Volkswagen Käfers von 1948 scheint nur wenig Aussicht auf Erfolg zu haben. Angesprochen sind mit diesem Modell die Fahrer, denen es am nötigen Kleingeld für ein elegantes Cabriolet oder einen sportlichen Zweisitzer mangelt. Doch allen Unkenrufen zum Trotz ist die offene Version des Käfers genauso beliebt wie die geschlossene. Es werden 331 847 Exemplare verkauft! In der Riege der Bestseller unter den offenen Wagenmodellen, hat es nur der direkte Käfer-Cabrio-Nachfolger, das VW Golf Cabrio, geschafft, diese Zahlen zu übertreffen.
Der Entwurf des Käfers stammt von Ferdinand Porsche. Nachdem dieser für Mercedes und Auto Union gearbeitet hat, trägt er sich mit der Absicht seine eigene Firma zu gründen. Doch bevor dies geschieht, wird Porsche von Adolf Hitler aufgefordert, ein preisgünstiges, zuverlässiges und praktisches Auto zu entwerfen – einen Volkswagen eben. Durch den Krieg wird die Produktion des Autos unterbrochen und die Chassis werden für militärische Zwecke eingesetzt. Und am Ende des Krieges wird der Käfer in einen erstaunlichen Fauxpax verwickelt: Eine britische Kommission wird speziell dazu aufgestellt, die Zukunftsperspektiven des Autos einzuschätzen. Das Urteil der Kommission ist niederschmetternd. Heinz Nordhoff, der neue Volkswagen-Manager, ist jedoch nicht bereit aufzugeben, deshalb fährt er zunächst lediglich die Produktion zurück.

Doch die Verkaufszahlen sind weiter steigend, bis sich der Käfer schließlich in den 60er-Jahren zum beliebtesten Auto der jungen Leute entwickelt.
Der Käfer wird Ende der 30er-Jahre entworfen, als bereits ähnlich geformte, offene Modelle, wie der 1936er Mercedes 170 H oder der 1939er Adler 2.5, auf dem Markt sind. 1948 wird die Produktion des eigenwilligen Cabriolets erneut aufgenommen. Den Auftrag erhält der Karossier Hebmüller, der den Käfer als Zweisitzer baut. Weil die Produktion durch ein Feuer in der Fabrik unterbrochen wird, übernimmt 1949 Karmann die Herstellung des Käfers und produziert die entscheidende Viersitzer-Version. Die Karosserie beider Varianten, des Zwei- wie des Viersitzers, ist identisch mit dem geschlossenen Modell. Es wirkt fast so, als hätte man mit einer Säge lediglich den oberen Teil der Karosserie abgetrennt. Das Modell ist ein Triumph der runden Formen. Das lustige kleine Auto sieht aus wie eine auf den Kopf gedrehte bauchige Tasse mit vier angeklebten Schneckenhäusern als Kotflügel.
Es macht nicht viel Sinn ein Modell zu beschreiben, das den meisten in frischer Erinnerung ist und das nicht selten noch auf der Straße angetroffen wird. Interessant könnte jedoch die technische Entwicklung sein: Der erste Käfer erscheint mit einem bescheidenen Vierzylinder-Boxermotor, der im Heck untergebracht ist. Er ist 1131 ccm groß und hat schlichte 25 PS. Die Größe und die Leistung des Motors wächst mit den Jahren, während der Rest weitgehend unverändert bleibt. Es gibt zwar stilistische Überarbeitungen, jedoch nichts, was dem besonderen Reiz des Autos schaden könnte. 1954 erscheint die zweite Serie des Käfers (wenn man die ursprünglichen Zweisitzer einmal unberücksichtigt lässt) und sie wird bis 1960 produziert. Die Menge des verarbeiteten Chroms steigt, die Qualität der Endausstattung wird verbessert, die Karosserie wächst um 76,2 mm und auch die Motorleistung wird leicht erhöht. Es folgen neue Versionen des Käfers ungefähr im 5-Jahres-Rhythmus, bis 1979 schließlich das Golf Cabrio seinen triumphalen Einzug hält und den treuen Käfer leider in Rente schickt.

Amerikas berühmte Cabriolets

Gibt es Gemeinsamkeiten zwischen den europäischen Sportwagen der 50er-Jahre und den großen amerikanischen Kabrioletts? Was haben die schnellen, sportlichen, eleganten, verdecklosen Flitzer des alten Kontinents mit den glänzenden Modellen aus dem Amerika der 50er-, 60er-Jahre zu tun, die mit ihren geschwungenen Bäuchen eher fahrenden Musikautomaten ähneln? Scheinbar tun sich zwischen dem Stil des „dolce vita" und des „American graffiti" Abgründe auf. Und doch gibt es da eine deutliche Gemeinsamkeit: Eine sorglose Hymne an die Freude, an die Lust am Leben. Es wäre falsch, die großen Cabriolets dieser Ära als Aufmerksamkeit heischende, nutzlose, kindische Kähne abzustempeln. Waren diese Autos wirklich so gewöhnlich und ordinär, wie man es ihnen nachsagt? Unserer Meinung nach nicht. Im Gegenteil.

Wenn wir Schönheit in der Tradition von klassischen Formvorstellungen betrachten, haben Cadillac Eldorado & Co. natürlich wenig zu bieten; wenn Schönheit aber Grenzüberschreitung, Lust am Neuen für uns bedeutet, dann werden unsere versteckten Leidenschaften wach.

Und dann ist da noch die Lust am Ekzess, am Auffallen. Wir sollten nicht vergessen,

dass die Vereinigten Staaten in den 50er-Jahren Krieg gegen Korea führten, dass die McCarthy-Ära angebrochen war, der Kalten Krieg herrschte, die Bürgerrechtsbewegung aufkam und eine Rezession herrschte. Die Gesellschaft befindet sich in einem permanenten Zustand der Konfrontation, der Kritik und der Wiedervereinigung. Sich die amerikanischen Jugendlichen als junge Draufgänger vorzustellen, die dauernd damit beschäftigt sind, ihre Tolle mit Brillantine in Form zu bringen, die permanent Rock'n'Roll tanzen, sich in waghalsige Rennen stürzen oder die auf donnernden Harley Davidsons dem „Easy Rider" nacheifern – wäre zu einfach. Aber dies ist eine Zeit, in der es den Jugendlichen vielleicht zum letzten Mal gelingt, sich an die Freude am Spiel zu klammern.

Jahrzehnte später fahren diese riesigen Zeugen einer vergangenen Epoche immer noch durch die Straßen der ganzen Welt. Denken Sie einmal darüber nach: Was ist die erste Reaktion, wenn man einen von ihnen auf der Straße erblickt? Mit großer Wahrscheinlichkeit die Erinnerung an eine vergangene und verlorene Zeit, die viele nurmehr durch die Kunstwelt des Kinos oder aus TV-Serien kennen. Aus diesem distanzierten Blickwinkel werden jener grünweiße Buick Limited oder der himmelblaue Ford Skyliner oder die Cadillacs der 62er-Serie leicht zu aufdringlichen Fremdkörpern.

Zwischen den Cabriolets der 40er- und frühen 50er-Jahre und den glänzenden Modellen, die ab ungefähr 1952 produziert werden, besteht ein nicht gerade kleiner Unterschied.

Zu Beginn dieses Zeitabschnitts gehen die wichtigsten Häuser dazu über, die Seitenkonturen der offenen Wagen optisch zu strecken und dabei den Übergang zwischen den Fahrerkabinen und den Seitenflächen stärker zu betonen, kantiger zu gestalten im Gegensatz zu den gewölbten und gebogenen Oberflächen der Autos von nur wenigen Jahren zuvor. Die Karosserie

176–177 *Auf dieser Doppelseite finden Sie drei Abbildungen eines Autos, das 1959 verkauft wird, als die Ära des leuchtenden Glitzer-und Glimmer-Stils schon fast vorüber ist. Es handelt sich um die x-te Version eines Cadillac Eldorado, des vielleicht herausragendsten Convertibles der 50er-Jahre. Man beachte die Ähnlichkeit des Daches mit den Sedanca-Modellen zu Beginn des Jahrhunderts. Tatsächlich hat der Eldorado ein teilweise geschlossenes Dach mit abnehmbarem Hardtop im Mittelteil. Die Nahaufnahme des Hecks gewährt einen genauen Blick auf das wichtigste Designmerkmal der Convertibles der 50er-Jahre: die Heckflosse. Die Idee dieses Element auch beim Auto einzubringen, kommt Earl J. Harley, einem der cleversten Designer der amerikanischen Automobilindustrie, bereits Anfang der 40er-Jahre, als er ein Militärflugzeug beobachtet.*

178 oben Dieser Nash Metropolitan wird Ende der 50er Jahre gebaut. Er vereint amerikanisches Design mit englischer Mechanik. Mit seiner winzigen Größe und dem kleinen Vierzylindermotor läuft das Modell den zeitgenössischen Trends absolut entgegen.

178 Mitte und unten Dieser elegante Convertible, der Chrysler Town & Country, wird von 1946 bis 1948 angeboten. Nach dem Crown Imperial ist es das teuerste Modell der Firmengruppe.

179 oben *Frontansicht des 1951er Frazer Manhattan – die Menge an verwendetem Chrom steigt bereits unaufhaltsam.*

behält ihre kompakte, schwere Form, während die charakterliche Ausgestaltung, wie so oft der Fall, der Frontverkleidung überantwortet wird.
Betrachten wir zum Beispiel zwei Packard-Modelle aus dem Jahr 1949, das Cabriolet und den Custom Eight. Ersteres hat einen sehr breiten, maschenartigen Kühlergrill, runde und rechteckige Scheinwerfer, eine gedoppelte, schienenartige Stoßstange; der Custom Eight ist eine Art Zusammensetzung aus denselben, hier aber gebogenen Stoßstangen, aus drei großen Verchromungen gleicher Länge und aus einem schmalen, metallenen, verchromten Motorhäubchen, dessen Spitze von einer Verzierung gekrönt wird. Das Dodge-Cabriolet aus dem Jahre 1950 beschränkt sich auf drei Stärken größeren Umfangs, die in halbrunde Bögen gefaltet werden, sodass der Mittelteil des Wagens wie ein Schiffsbug aussieht. Demgegenüber hat das Mercury-Cabriolet aus dem gleichen Jahr eine lange, schmale Schnauze, die mit unzähligen Zähnen verziert ist, die an die Kühlerhauben des Flamboyantstils in Italien und Frankreich erinnern.
Im Grunde genommen liegt der einzige nennenswerte Unterschied in der Entscheidung des Designers, ob die Rückradverkleidung mit einem kleinen, zusätzlichen Blech ausgestattet werden soll oder nicht. Besonders wichtig ist die Entwicklung eines Details, das in den folgenden Jahrzehnten Charakteristikum fast aller Modelle wird: Die hinteren, seitlichen Extremitäten verwandeln sich in sogenannte Flossen. Die „Schuld" daran trägt ein spezielles Flugzeug, der Prototyp der Lockeed XP38. Die oval anmutende Form der vertikalen Stabilisierungsfläche dieser Maschine hinterließ bei dem unverbesserlichen Harley Earl, dem sagenumwobenen Chefdesigner von GM, während seiner Kalifornien-Reise im Jahre 1940 einen bleibenden Eindruck. Diese Form spukte in den folgenden fünf Jahren in seinem Kopf herum, solange, bis der Moment kam, um die Projekte für die

Modelle der Nachkriegsgeneration in die Tat umzusetzen. Ein Aufsehen erregendes Beispiel hierfür bietet der Buick LeSabre aus dem Jahr 1950. Eine ganze Anzahl der Details, die an diesem außerordentlichen Modell erprobt wurden, sollten während des ganzen folgenden Jahrzehnts immer wiederkehren.

Eine Überfülle von Verchromungen ersetzt die Totem-artigen Formen der Kühlerfiguren; eine Überfülle von (nutzlosen) Luftschlitzen, von glitzernden und blendenden Lackierungen; eine Überfülle von Anklängen an die Luftfahrt, mit denen die grenzüberschreitende Erfindung des Düsenantriebs gefeiert wird. Durch letzteren wird das umstrittene, abnorme Luftableitungsrohr in den Automobilbereich eingeführt, das sogar den unglückseligen Italiener Pininfarina während seiner ersten Erfahrungen in Amerika in Versuchung führt. Die Heckflossen schließlich vollenden den optischen Eindruck. Ihre überzogene Form erinnert, wie die Frontseite, zweifellos an die Physiognomie eines Haifisches. Neben dem Aufkommen der Heckflossen erfährt die Position des Fahrers und der Vordersitze eine Veränderung.

Während der Fahrer früher, insbesondere bei den sportlichen Modellen, in einer zurückgesetzten Position saß, nähert er sich bei den Kabrioletts dem Zentrum des Wagens an. Zu Beginn der 50er-Jahre verstärkt sich dieser Trend und der Fahrersitz rückt so weit nach vorne, wie dies mit dem Ausmaß des Motors, mindestens aber eines V8 (8-Zylinder-Motors), vereinbar ist. Demgegenüber dehnt sich das Heck bis zu einer bis dahin ungekannten Länge aus.

Eines der Automobile, die unserer Meinung nach diesen Trend einleiten, ist der Lincoln Capri aus dem Jahre 1952: Er hat ein großes Heck, Heckflossen, jede Menge Chrom und eine relativ viereckige Form. Zu diesem Zeitpunkt strapaziert aber bereits die 62er-Serie des Cadillac mit ihren permanenten Neuerungen die Geldbeutel der Kabriolett-Liebhaber. 1949 ist dieses Modell bei einer Breite von gut zwei Metern unglaubliche 5,46 Meter lang. Schon im darauffolgenden Jahr gewinnt es 14 Zentimeter hinzu und erreicht damit eine Länge von 5,60 Metern, die auch im Jahr 1953 bei der Ausstattung des Eldorado-Modells beibehalten wird. 1954 findet dann ein weiterer Sprung bis zur 577-Zentimeter-Marke statt! Würde und Bürde trägt jedoch vor allem der robuste und zuverlässige V8 mit einem Hubraum von 5400 Kubikzentimetern. Aber greifen wir nicht vor, sondern kehren zurück in das Jahr 1953.

Zahlreich sind zu dieser Zeit immer noch die so genannten „normalen“ Modelle wie der Ford Crestline Sunliner mit einer Länge von „nur“ 5,3 Metern. Auch bei diesem Modell sind die beschriebenen Tendenzen deutlich vertreten, einschließlich des Chroms, der sich über die ganze Karosserie

180 *Der 1953er Buick Skylark ist ein klassisches Modell, das sich durch die seitliche, am hinteren Kotflügel V-förmig verlaufende Chromlinie auszeichnet. Wahrlich bemerkenswert sind auch die Ausmaße des Modells: 5436 mm Länge, 2007 mm Breite und ein Radstand von 3200 mm. Der V8-Motor hat 5276 ccm Hubraum und leistet 157 PS. Die Höchstgeschwindigkeit von 156 km/h wird ein Jahr später auf 166 km/h gesteigert. Das wichtigste Merkmal des Modells ist der Kühlergrill, der in seiner Form und mit den aufrechten Chromstreben stark an die Barten eines Walfischmaules erinnert.*

180–181 *Die Motoren-Prüfstelle der General Motors-Werkstätten.*

181 oben *Die Frontansicht des Packard Caribbean, eines beliebten Modells Mitte der 50er-Jahre. Auffällig ist die Zweifarbigkeit des Hecks, die bei der Innenausstattung wieder aufgegriffen wird. Der Fahrzeugvorbau ist eher unspektakulär, was vielleicht auch an dem hässlichen Design der Scheinwerfer liegt, die „aufgeklebt" wirken. Insgesamt macht das Modell deutlich, dass sich das Haus Packard nicht entschließen kann, ob es weiterhin den alten Stilen treu bleiben oder die neuen, extremen Designs aufgreifen soll.*

181 unten *Dieses Oldsmobile 98 scheint von der Seefahrt inspiriert zu sein. Die Ähnlichkeit zwischen dem Heck des Autos und dem Heck einer Yacht durchschnittlicher Größe liegt auf der Hand. Scheinbar soll diese Konstruktion Platz für das Reserverad schaffen, doch noch offensichtlicher drückt sie die Lust zur Übertreibung aus.*

verteilt finden läßt. In diesem Fall ist jedoch der Achsenabstand proportional länger – ein Trick, der nicht nur dazu verhilft, die ruckhaften Bewegungen des Hecks in Grenzen zu halten, sondern auch den hinteren Teil des Wagens optisch kleiner erscheinen läßt. Weniger konventionell sind dagegen der Buick Super und der Skylark aus dem Jahre 1954, dessen Verchromung durch ihre nach unten verbreiterte Form einer Welle ähnelt.

Im Jahr 1953 kommen verschiedene Firmen mit unterschiedlichen Modellen auf den Markt: Oldsmobile mit dem Fiesta, Packard mit dem Caribbean, Plymouth mit dem Cranbrook. 1954 kommt Dodge mit dem Royal 500 und Hudson mit der Hornet heraus, und langsam mildern sich die neuen Formen und Größen, obwohl das Chrom schon in Strömen fließt und im Jahr 1955 zu einer glitzernden Kaskade werden wird. In der Zwischenzeit schafft es Nash, nach dem Zweisitzer, den er bei Pininfarina in Auftrag gegeben hatte, die Herzen der Käufer mit dem Metropolitan-Modell zu erobern. Dieses kleine, dreisitzige Cabriolet (380 cm) erschien auf dem zeitgenössischen Markt, der gierig nach Extremen war, im Vergleich zu einem Cadillac Eldorado wie ein kleines Touristenflugzeug neben einer Boeing 747. Der Metropolitan hat einen Austin-Motor und wird in Großbritannien hergestellt.

Einiges läßt sich zu der Zusammenarbeit mit dem italienischen Designer anmerken. Die Firma Nash verdankt ihren Namen Charles Nash, der im Jahre 1912 Präsident der General Motors ist. Wie viele andere bewundert er die Cisitalia 202 SC, die als „bewegte Skulptur“ des Battista Pinin Farina bezeichnet wurde, und beauftragt jenen mit der Gestaltung eines neuen Modells. Dieses Ereignis ist insofern von historischer Tragweite, als damit zum ersten Mal ein italienischer Autoschlosser offiziell zu einer solchen Aufgabe herangezogen wird. Die Vereinbarung sieht vor, dass die Karosserie in Italien auf ein in den Vereinigten Staaten produziertes Fahrgestell montiert wird. Auch der Motor ist amerikanischer Herkunft, wird aber von einer englischen Firma, der Healey, ausgearbeitet. Das Modell ist an seiner verchromten, aber flachen Frontverkleidung, in die die runden Scheinwerfer integriert sind, erkennbar. Es wirkt nüchtern und fast anonym.

Aber es ist auch eine Zeit der großen Debüts. Wie bereits erwähnt, kommt im Jahr 1953 das Luxusautomobil Eldorado, das Herzstück der 62er-Cadillac-Serie, auf den Markt. Währenddessen entsteht in aller Stille der berühmteste amerikanische Sportwagen aller Zeiten, das Chevrolet Corvette. Im Jahr 1955 ist der Thunderbird an der Reihe, ebenfalls ein Auto mit Fetisch-Qualitäten.

Der Thunderbird, der anfangs lediglich zwei Sitze hatte, ist Fords Antwort auf die Corvette von General Motors. Seine Karosserie besteht aus Blech (die der Corvette ist aus Glasfaser) und er verfügt bereits über das starre, abmontierbare Dach. Der Motor ist ein 8-Zylinder-Mercury (gegenüber dem früheren 6-Zylinder des Chevys). Die Kontur des Wagens, die im Laufe der Zeit vielen Veränderungen unterliegen wird, ähnelt anfangs der eines leicht sportlichen

182 oben *Ein Schnappschuss von der „General Motors Automobiles Show“ im Waldorf Astoria Hotel in New York. Das Auto scheint bestens in das berühmte Hotel zu passen, man beachte besonders die Innenverkleidung im Leoparden-Look. Es handelt sich um einen Cadillac.*

182 unten *Einer der vielen Cadillac Eldorados, die in den 50er-Jahren produziert werden. Das Auto gehört Präsident Eisenhower, wie man aus den Standarten an der vorderen Stoßstange schließen kann.*

183 oben *Die Front eines 1954er Cadillac Eldorado. Auffällig ist das grobe Gitter des Kühlergrills. Diese Version des Eldorados ist 5613 mm lang, aber das ist noch kein Rekord. Der Cadillac Serie 62 desselben Jahres bringt es auf 5740 mm Länge.*

183 unten *Ein Cadillac Eldorado von 1959, natürlich mit den bemerkenswertesten Heckflossen jener Tage.*

184–185 oben *Ein klassisches Kinobild: Die lächelnde Grace Kelly sitzt hinter dem Steuer eines Convertibles und blickt auf Cary Grant. In dem Film „Über den Dächern von Nizza“ führt Alfred Hitchcock 1955 Regie.*

184 oben *Der Ford Thunderbird ist ursprünglich ein leistungsstarkes, sportliches Auto, das auf dem Altar der Verkaufszahlen geopfert wird. Die schrittweise Reduzierung seiner Leistung und die Abschwächung seiner aggressiven Form zerstören zwar das sportliche Image des Autos, aber die Verkaufszahlen steigen. Dieses Bild zeigt die zweite Version des Thunderbird von 1958.*

184 unten *Der 1958er Thunderbird wirkt immer noch ein bisschen aggressiv. In dem wabenförmigen Kühlergrill sind bei manchen Ausführungen Nebelscheinwerfer integriert.*

185 oben *Der T-bird von 1959 hat weiterhin vier Scheinwerfer. Man beachte die Silhouette der Rakete auf der Seite der Karosserie – sie signalisiert den Beginn des Raumfahrtzeitalters.*

185 unten *Dieses Bild gibt einen Eindruck von dem aufwendigen Mechanismus, mit dem das Verdeck im Kofferraum des Thunderbird versenkt wird.*

sichtslos auf die Vereinnahmung des sportiven Bereichs zusteuert, setzt Ford auf spezielle Leistungen und eine „weiche" Ausstattung (elektrisch verschiebbare Sitze und Fenster, Servolenkung und Servobremsen), sodass am Ende des Jahrzehnts der Viersitzer siebenmal so häufig verkauft wird wie der Zweisitzer. Unter anderem dank des Thunderbird erreicht Ford in den Jahren 1950 bis 1957 im Bereich der Cabriolets die höchsten Verkaufszahlen.
Bei den Luxusmodellen bringt Cadillac im Jahre 1954 sowohl die 62er-Serie als auch den 62er-Eldorado auf den Markt. Auch für diese Wagen lassen sich die Designer von der Luftfahrt, insbesondere von Jagdflugzeugen, inspirieren. Bis auf die Tatsache, dass der Eldo zehn Zentimeter kürzer und fünf Zentimeter niedriger ist, sehen sich die beiden Modelle sehr ähnlich. Zwei riesige Kühlergrille dominieren die Front; die ganze Ausstattung ist groß angelegt, einschließlich des Cadillac-Stemmas, das über einem Fries in Form eines vergoldeten „V" liegt. Die Hinterachse der luxuriöseren Version wird durch eine aus horizontalen, feinen Metallstreifen bestehende Verkleidung verschönert. Auch am Heck dürfen Friese und Dekorationen nicht fehlen. Es handelt sich in diesem Fall um Zierleisten aus Chrom, die vertikal über die ganze Länge der Stoßstange verteilt sind.
In der Folgezeit wird der Eldorado den vermögenden Cabriolet-Liebhabern immer prunkvollere Neuerungen bieten.
Das Jahr 1955 ist ein üppiges Jahr für den gesamten Markt. Die unterschiedlichen Häuser stürzen sich gleichzeitig in die Erfindung immer neuer Modelle, und besonders die Cabriolets bieten den Designern die Möglichkeit, die nachwachsenden Generationen zu überraschen und zu begeistern. Dieser Rausch hält bis zur Rezession im Jahr 1958 an. Eines der erfolgreichen Cabriolets ist der Bel Air, Spitzenmodell aus dem Hause Chevrolet, welches ausgerechnet in diesem Jahr die ganze Serie durch die Einführung des berühmten und unsterblichen V8-Small-Block-Motors revolutioniert.
Etwas bewegt sich auch im Hause Chrysler. Merkwürdig ist jedoch, dass eine der mutigsten und vorausweisendsten Firmen zu Beginn dieses turbulenten Zeitabschnitts leer ausgeht. Vielleicht wurden die Marketing-Experten von den neuen Tendenzen und Harley J. Earls plötzlichen kreativen Schüben auf dem falschen Fuß erwischt, so

Spiders, dessen grimmiger Ausdruck aber durch den Einsatz von Pastelltönen gemildert wird. Die Heckflossen sind noch eher wenig ausgeprägt, ebenso wie die Frontseite. Mit seiner gebogenen, breiten Windschutzscheibe, seiner kleinen, klar abgegrenzten Fahrerkabine, seinem langen glatten Heck, den Luftschlitzen in der Mitte des Motorgehäuses und den Verchromungen erinnert der Thunderbird deutlich an eines der zeitgenössischen, eleganten Innenbordmotorboote.
Die Verkaufssummen zeigen, dass der T-bird anfangs im Vergleich zur Corvette besser abschneidet: 16 500 verkaufte Exemplare gegenüber 700. Während jedoch die Produktion aus dem Hause Chevrolet rück-

186 oben *Diese Rücklichter gehören zu einem 1957er Chrysler New Yorker. Die Leuchten sind in den oberen Teil der Heckflosse eingebaut. Man beachte auch die dezente Dekoration an der Seite der Heckflosse: sieben Chrom-Muscheln.*

186 unten *Ein Convertible, das einen größeren Kundenkreis als die elitären Buicks, Packards und Cadillacs hat: der 1954er Chevrolet Bel Air. Das Auto kostet etwas mehr als 2000 Dollar. Die Version mit Hardtop ist preiswerter und wird als Sport Coupé bezeichnet.*

dass man erst ab dem Jahr 1955 (auch Chrysler erneuert in diesem Jahr seine Produktionspalette), abgesehen von dem New Yorker aus dem Jahre 1950, eine Anpassung der Modelle an die aktuellen Linien und Trends beobachten kann. Es handelt sich hierbei um den DeSoto Fireflight und den Chrysler Windsor, die viele Gemeinsamkeiten aufweisen. Für DeSoto sind es Jahre des Erfolges. Zwischen 1954 und 1959 bringt Chrysler unter diesem Markenzeichen die Modelle Fireflite, Firedome, Firesweep und Adventure heraus. Der Dodge Custom Royal Lancer hat bereits eine ausgeprägtere Persönlichkeit. Die zweifarbige Lackierung erstreckt sich über die Motorhaube, während der Kühlergrill aus zwei horizontal-symmetrischen Elementen besteht. Da es sich um einen Fünfsitzer handelt, erscheint das Heck wohlproportioniert und eher verhalten. Erst im darauf folgenden Jahr werden die Heckflossen hinzugefügt. In Zusammenhang mit verschieden farbigen Lackierungen seien hier noch die Oldsmobile-Serien Starfire und Super 88 genannt. Die weiße Lackierung des vorderen Teils endet bei diesen Modellen in pfeilartiger Form auf der Höhe des Hinterrads. Eine Verchromung trennt das Weiß von der zweiten, meist in Rot- oder Blautönen gehaltenen Farbe, die fast die ganzen Seitenflächen und das Heck bedeckt.

Im Jahr 1956 hält der rücksichtslose Kampf um Trends und Steigerung der Produktionsvolumen im Bereich der Automobilindustrie an. Die Verkaufsverträge fließen und immer neue Modelle und Versionen werden kreiert. Während der Markt floriert, rufen Ford und General Motors legendäre Schlachten um die Senkung der Listenpreise ins Leben. Wer dafür bezahlt, sind die kleineren Häuser. Und so werden die „Big Three" immer größer und unter den Opfern erscheint nur Packard, das beharrlichste und traditionellste Haus, erwähnenswert, das sich störrisch den Versuchungen des zeitgenössischen Designs widersetzt. Die überstürzte Übernahme eines anderen Protagonisten innerhalb der Automobilindustrie, der Firma Studebaker, bringt das Hause Packard endgültig zu Fall. Letztes Packard-Cabrio-Modell ist der Caribbean aus dem Jahr 1955. In der Zwischenzeit tut sich etwas im Hause Cadillac: Der Eldorado wird durch den Eldorado Biarritz ergänzt und parallel dazu entsteht die Coupé-Version, der Seville. Technisches Hauptmerkmal der Eldorado-Serie ist die Luftfederung.

Beim Ford Thunderbird ist das Ersatzrad außen am Wagen befestigt. Dies ist unserer Meinung nach ein stilistisches Zitat auf die Roadster, die noch zwanzig Jahre zuvor hergestellt wurden.

Der Motor des T-birds ist nun auch stärker und mit seinem 3-Gang-Getriebe mit Overdrive erreicht er eine Geschwindigkeit von 200 km/h. Der Thunderbird Skyliner hat ein starres, elektrisch zu betätigendes Klappverdeck, das sich in die rückwärtige Motorhaube versenken läßt.

1957 scheint die immer längere Ausdeh-

187 unten *Der 1958er Buick Roadmaster – ein alter Name, aber ein äußerst modernes Design bei den Chromverzierungen. Auffällig ist besonders der Kühlergrill, der aus Dutzenden kleiner Würfel besteht. Das Design der Scheinwerfer, zwei gleich große Leuchten umrahmt von einer rechteckigen Abdeckung, ist hingegen klassisch.*

187 oben *Die Frontansicht des Chrysler New Yorker. Obwohl man das Modell heute als Klassiker betrachtet und es zu seiner Zeit alle extremen Designelemente der Convertibles aufgreift, lässt es sich nur schlecht verkaufen. Insgesamt werden nur etwas über 1000 Exemplare produziert.*

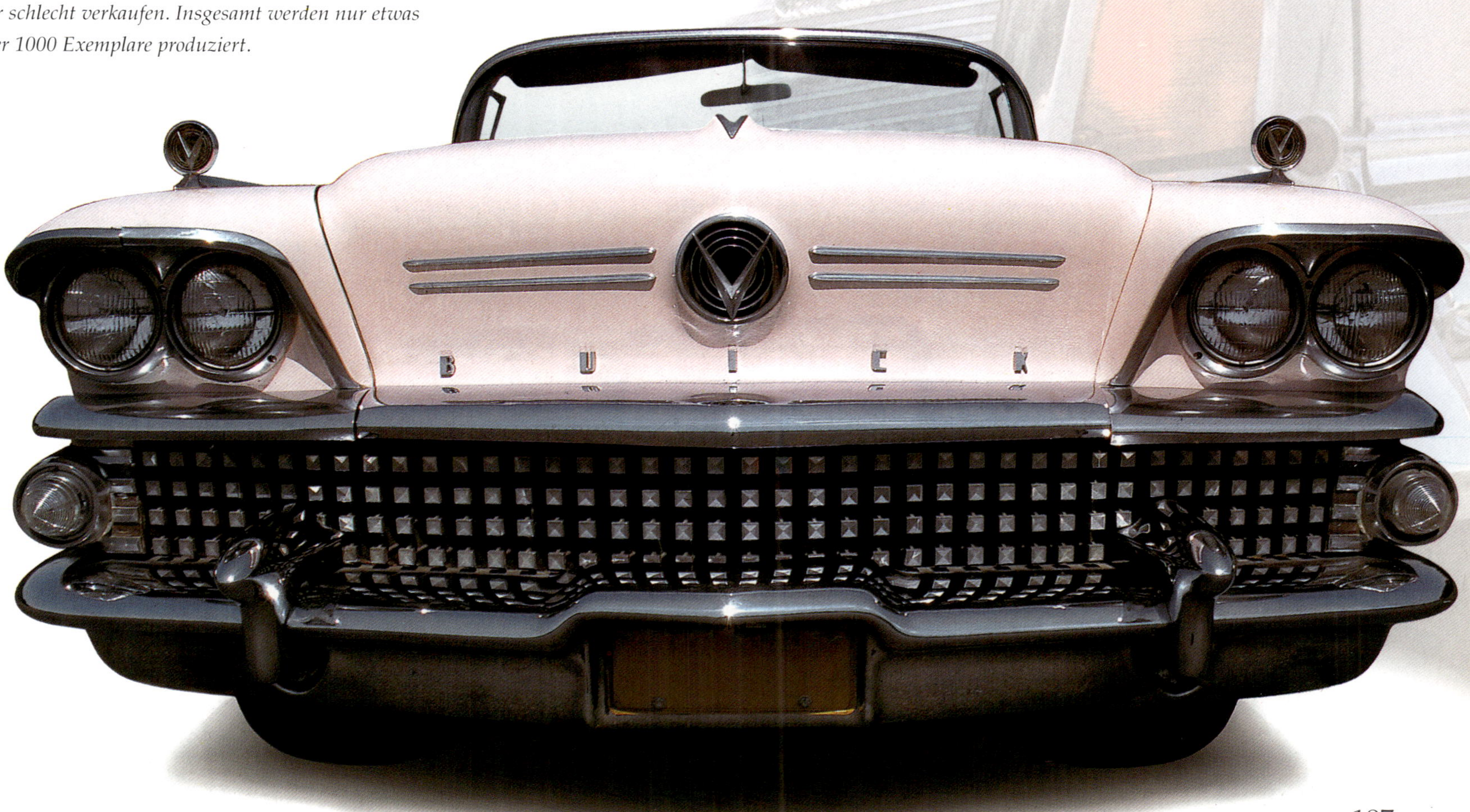

nung des Hecks nicht mehr zu bremsen zu sein. Die Gestaltung des Hecks und nicht mehr die Chromverzierung des Kühlers wird nun zum unterscheidenden Merkmal der verschiedenen Modelle. Auch spielt sich unter den Motorhauben ein wilder Streit um Stärken und Beschleunigungen ab. Am Ende dieses Jahrzehnts ist die Anzahl der Kabrioletts wirklich groß.
An der Spitze befindet sich zweifelsohne als luxuriösestes Kabriolett der Cadillac Eldorado Biarritz. Bei diesem Modell, das sich im Besitz von 1800 vermögenden Liebhabern befindet, sind die Rücklichter recht klein und befinden sich unterhalb der Kurve des Hecks. Diese Biegung dient dazu, das abrupte Hervortreten der Heckflossen aus dem Wagengehäuse stärker zu unterstreichen.
In der Zwischenzeit verändert sich die Front des Thunderbirds, der Wagen wird flacher und breiter und bekommt Heckflossen in bis dahin ungekannter Form, denn anstatt sich wie üblich deutlich vom Heck abzuheben, bestehen sie lediglich aus einer Erhöhung, die bereits bei der Fahrerkabine beginnt. Der Thunderbird ist in den Versionen mit oder ohne volumetrischem Kompressor erhältlich.
Ein besonders interessantes Modell ist der allseits gefeierte Chrysler 300C, der mit einem überaus starken Motor von 341PS ausgestattet ist und eine Geschwindigkeit von 230 km/h erreicht. Merkwürdigerweise wiegt dieser Wagen trotzdem weniger als zwei Tonnen (der Eldorado kommt auf 2300 kg). Der durch seine Größe und seine trapezartige Form sehr auffällige Kühler wird von einem grobmaschigen, rechtwinkligen Kühlergrill begrenzt. Die außerordentlich moderne Lichtanlage besteht aus kleinen Doppelscheinwerfern. Der 300C gehört sicherlich zu den ausgeprägtesten, repräsentativsten Modellen dieser Zeit.
Glücklicherweise kommen aber auch erschwinglichere Wagen auf den Markt, z.B. das Chevrolet Bel Air, das trotz seiner auffallenden Länge von 5,30 Metern nur 2611 Dollar kostet im Gegensatz zu 7286 Dollar für den Biarritz. Aus der Bel-Air-Serie können dann auch 47 563 Exemplare verkauft werden. Noch besser steht das

Modell Ford Sunliner 500 da, ein Zeitgenosse des Skyliner und des Fairlane: Von ihm können 77 726 Einheiten zu je 2505 Dollar verkauft werden.
Ein weiteres, besonders interessantes Modell ist der Buick Limited aus dem Jahre 1958, der „Glitter King", der glänzende König. Sein entscheidendes und in gewisser Weise völlig neues Merkmal ist seine Seitenverzierung, mit der die eigentlich recht kleine, aber dick verchromte Heckflosse hervorgehoben werden soll. Die Verzierung stellt eine lange, spitz zulaufende Form dar und wird von drei Sätzen zu je fünf vertikalen, verchromten Fäden gekreuzt. Zusätzlich wird die wellenartige Verchromung an den Seitenflächen der Vorgängermodelle beibehalten. Hinten befinden sich weiterhin zwei große Puffer und überall sehr viel Chrom.
Es ist die Zeit der Wirtschaftskrise, doch die Cabriolets nehmen fünf Prozent des Marktvolumens ein. Und es gibt ein Auto, das die Kühnheit besitzt, teurer als die 62er-Cadillac-Serie (den Eldorado natürlich ausgenommen) zu sein: Es ist der Imperial

188 oben *Dieses seltene und exklusive Modell ist ein Chrysler Imperial Crown Southampton mit einem völlig überarbeiteten Design von 1957.*

188 unten *Der Pontiac Star Chief von 1957 – ein Convertible von durchschnittlicher Größe (5207 mm lang) und mit durchschnittlichem Preis. Bemerkenswert sind die deutlich abgerundeten Ecken der Windschutzscheibe, die zweifarbige Lackierung und das Seitendekor, das das Karosserieprofil optisch verlängert.*

189 oben *Das Hardtop des Ford Skyliner in Aktion – man kann sich vorstellen, dass es viel Kraft bedarf, das Dach zu öffnen und zu schließen. Bereits in den 30er-Jahren versuchen Techniker auf beiden Seiten des Atlantiks einen elektrischen Motor für diese Aufgabe zu entwickeln, doch die Batterien sind nicht stark genug. Die Hinterreifen werden von den Kotflügeln fast völlig verdeckt, ein Merkmal, das man sonst vorwiegend bei den offenen Wagen in Frankreich findet.*

189 unten *Der Ford Edsel Citation Convertible Coupé von 1958 – ein Modell, das viel Anerkennung bekommt, aber selten gekauft wird. Dank seines 320-PS-Motors fährt dieses Auto die beeindruckende Höchstgeschwindigkeit von 191 km/h.*

Crown, ein weiteres fahrbares Denkmal. Abgesehen von seiner Größe unterscheidet es sich von anderen Modellen durch seinen Kühlergrill, der aus vier sehr feinen und dichten Spiralrohren besteht. Die Stoßstange ist riesig, und die Beleuchtung aus Doppelscheinwerfern wird häufig von Verchromungen umrahmt. Zwischen den Heckflossen befindet sich die Ersatz-Vollradblende. Was die Metallverschwendung betrifft, so steht der Continental Mark III dem Imperial Crown in nichts nach.
Auf dem Pontiac Bonneville '58 findet sich die gleiche hintere Seitenverzierung wie auf dem Buick Limited. Jedoch wird sie beim Pontiac dadurch besonders hervorgehoben, dass sie als breite, mit verchromtem und genarbtem Metall ausgelegte Vertiefung gestaltet ist. Über eine andere Auffälligkeit verfügt der Dynamik 88, der im Jahr 1959 das preiswerteste und meist verkaufte Auto ist. An Stelle der Heckflossen hat er zwei lange, rohrartige Zusätze, deren „Stöpsel" durch die Rücklichter gebildet werden. Mit der Zeit wird man dieser Charakteristika jedoch überdrüssig. Nach den großen Gesten und dem Wettlauf um den stärksten Motor entsteht das Bedürfnis nach etwas weniger Auffälligem und Aufdringlichem.
Dies wird zum Leitthema für die frühen sechziger Jahre: Der hintere Teil der Wagen entwickelt sich zu einem offenen Becken. Die nun noch größeren Heckflossen neigen sich nach außen, doch der Einsatz allzu vielen Chroms nimmt ab. Als Beispiele wären hier der Plymouth Sport Fury und die Buicks LeSabre und Electra 222 zu nennen. Der entgegengesetzte Weg wird offensicht-

lich beim Cadillac Eldorado Biarritz eingeschlagen, der die vertikalen Heckflossen mit den mittig integrierten Scheinwerfern beibehält; oder auch der Dodge Custom, der von einer Vielzahl von verchromten Zierleisten bepflastert wird, dessen Heckflossen aber, statt aus dem Wagengehäuse herauszuragen, wie künstlich aufgesetzte Elemente erscheinen.

Ein eigenes Leben lebt, eine eigene Geschichte verdient seine Majestät das Chevrolet Corvette. Nach dem bescheidenen Beispiel, das wir bereits beschrieben haben, beginnen die eigentlichen goldenen Jahre des großen amerikanischen Sportwagens mit der Einführung des V8-Small-Block-Motors. Schon zwischen 1953 und 1955 hebt sich der kleine Roadster deutlich von der zeitgenössischen Mode ab. Er ist „nur" 425 Zentimeter lang. Durch den 8-Zylinder-Motor nimmt seine Länge lediglich um 25 Zentimeter zu. Während des gesamten Jahrzehnts behält er die europäische Kühlerform bei – flach und breit mit einem verchromten Kühlergrill und zwei kleinen Puffern an Stelle der Stoßstange. Die erste stilistische Neuerung stammt aus dem Jahr 1956: Ein neues Design das an die Seitenansicht eines Tiermauls erinnert. In den folgenden Jahren werden keine nennenswerten Variationen vorgenommen. Erst 1961 modernisiert man die Linienführung und setzt einen stärkeren Motor mit einer Leistung von 221 PS ein.

190 oben *Eine der Königinnen unter den offenen Wagen: die Chevrolet Corvette von 1960. Die Corvette wird schon einige Jahre zuvor eingeführt, aber zu diesem Zeitpunkt kann sich noch niemand vorstellen, wie viel Erfolg dieses leistungsstarke Auto mit seinem kompakten Motor einmal haben wird. Man beachte den gefährlich aussehenden Kühlergrill, der an die Verkleidungen der Packards zehn Jahre zuvor erinnert, die Ovale unterhalb der Scheinwerfer und die schlichte sportlich geformte Windschutzscheibe.*

190 unten *Eine Parade von Corvettes im Jahr 1953. Chevrolet legt großen Wert darauf, auf sein neues Sportmodell aufmerksam zu machen, denn es ist dazu auserkoren, der klassische amerikanische „Kraftprotz" unter den offenen Wagen zu werden.*

191 *Eine 1953er Corvette, die noch mit Einzelscheinwerfer ausgestattet ist. Die Doppelscheinwerfer tauchen erst bei den Modellen ab 1958 auf.*

Der Stil des „dolce vita“ in den 60er- und 70er-Jahren

Italienisches Design – die Triumphe von Pininfarina

Bisher haben wir noch kein Kapitel speziell den offenen Modellen aus Italien gewidmet, dabei werden hier Kreativität, innovatives Design und fachmännische Karossiersarbeit großgeschrieben. Es ist also an der Zeit, die Leistungen des Landes vorzustellen, das so berühmte Namen wie Bertone, Castagna, Ghia, Giugiaro, Pininfarina, Zagato ... hervorgebracht hat. Ab der zweiten Hälfte der 60er- bis weit in die 70er-Jahre bestimmen die Italiener die stilistische Entwicklung der Sportwagen und der größte italienische Designer von allen ist Pininfarina.

Aus stilistischer Sicht zählt der direkte Nachfolger des Alfa Romeo Giulietta, der Giulia Spider („Spider“ bezeichnet in Italien einen Sportwagen), zu den ersten Modellen, die eine ganze Folge herrlicher Alfas in den kommenden Jahren nach sich ziehen. Außer dem von 1,3 auf 1,6 Liter vergrößerten Motor und den neuen Belüftungsschlitzen an der Motorhaube ist der Giulia Spider fast identisch mit seinem zehn Jahre älteren Vorgängermodell. Deshalb können Giulia und Giulietta auch als Vorläufer des wunderschönen Alfa Spider betrachtet werden, der in den 60er-Jahren als Begründer einer langen Reihe phantastischer Alfa Sportwagen in die Geschichte eingehen wird. Und alle diese Alfas tragen die Handschrift von Pininfarina.

Ein zeitgenössisches Modell des Giulia Spider ist der Alfa Romeo 2600 Spider, der von 1962 bis 65 gebaut wird. Das Design dieses Modells stammt von Touring und ist eine Ableitung des 2000 Spider, der wiederum aus dem 1900 Spider entwickelt wurde. Weil der 2600 Spider eine Klasse besser ist als der Giulia, kostet er 50 Prozent mehr. Stilistisch weisen beide Modelle viele Gemeinsamkeiten auf, so besteht z. B. die Fahrzeugfront beider Wagen aus drei Teilen: den zwei verchromten Hälften des „Schnurrbartes“, der als Stoßstange dient, mit dem typischen Alfa Schild dazwischen, das bei diesen Modellen jedoch etwas schmaler ausfällt. Der 2600 hat doppelte Scheinwerfer, die versetzt übereinander angeordnet sind. Die Türen beider Modelle sind relativ hochgezogen und mit breiten Türleisten ausgestattet. Die Radkästen sind fast kreisrund und geben den Blick auf die Räder frei, die im Allgemeinen mit verchromten und verzierten Radkappen verkleidet sind. Die Heckpartie neigt sich sanft in Richtung hintere Stoßstange und bildet mit den leicht überhöhten Seitenteilen kleine Heckflossen aus, in die die Rücklichter eingebaut sind. Dieses Merkmal ist vielleicht ein kleiner Schwachpunkt im Design der beiden sonst aufregenden Sportwagen. Die Maße der Modelle sind sehr unterschiedlich: Der Giulia Spider ist 3835 mm und der 2600 Spider 4445 mm lang; der Radstand der Modelle weist mit 2235 mm gegenüber 2464 mm ein ähnliches Verhältnis auf. Die Breite des Giulia liegt bei 1524 mm und die des 2600 Spider bei 1676 mm. Der Giulia Spider wiegt 1120 kg und der 2600 Spider 1651 kg. Deutlich unterschiedlich ist auch die Motorisierung der beiden Modelle: Der Giulia Spider hat einen Vierzylinder-Reihenmotor mit 91 PS, der später auf 113 PS vergrößert wird. Die Höchstgeschwindigkeit des Modells steigt deshalb

194 unten und 195 oben *Dies ist einer der aufregendsten und stilistisch wertvollsten Ferraris – der Daytona. Die Karosserien der Cabriolets und geschlossenen Versionen werden von Scaglietti nach Entwürfen von Pinin Farina gebaut. Auf diesen Seiten sehen Sie die erste Serie von 1969, mit den Doppelscheinwerfern hinter der Plexiglasabdeckung sowie die spätere Version mit den herausfahrbaren Scheinwerfern. Bei diesem ausgezeichneten und eleganten Modell sind Schlichtheit und Aggressivität im Design ideal kombiniert. Die Form der Front wirkt äußerst innovativ und wird von dem schmalen Streifen der Scheinwerfer und den schlanken Stoßstangen beherrscht. Es werden nur 121 Exemplare des Typs 365 GTS/4 Daytona gebaut, deshalb sind sie auch heute noch sehr wertvoll.*

abgeflachten elliptischen Kühlergrill geprägt und der Motorraum ist so kurz, dass Platz für zusätzliche, ausfahrbare Scheinwerfer bleibt. Die Hauptscheinwerfer werden von einer durchsichtigen und stromlinienförmigen Abdeckung geschützt. Unter der Motorhaube lauert ein im 60 Grad-Winkel konstruierter V12-Motor mit 320 PS, der die Höchstgeschwindigkeit von 246 km/h erlaubt. Es werden insgesamt nur 14 Autos dieses Modells gebaut.
Einer der elegantesten, ausgewogensten und technisch wertvollsten Sportwagen dieses Jahrzehnts ist der Fiat 124 Sport Spider von Pininfarina. Er wird bei der Turiner Motor Show 1966 zusammen mit dem Fiat Dino Spider vorgestellt. Der 124 Sport Spider genießt große Verkaufs- und Rennerfolge, er gewinnt wohl mehr Rennen als irgendein anderer Sportwagen zu dieser Zeit. Auch wenn der Rallye-Weltmeisterschaftstitel durch den unschlagbaren Lancia Stratos für Fiat nicht zu erreichen ist, landet der 124 SS Abarth dabei dreimal nacheinander (1973, 1974 und 1975) auf dem zweiten Platz. Außerdem gewinnt das Modell die europäischen Meisterschaften (1972 und 1975) und zwei italienische Titel (1970 und 1975). Die Abarth-Version des 124 ist auch mit 1,8-Liter-Motor und 128 PS erhältlich. Abgesehen vom Rennerfolg ist die schlichte und rationelle Linienführung dieses Modells eine gelungene Zusammenfassung des italienischen Stils – vielleicht sogar exemplarischer als die Linienführung des Alfa Romeo Duetto. Das Heck des Fiats hat Ähnlichkeiten mit dem des Ferrari 275 GTS, natürlich ist es nicht so detailliert ausgearbeitet und hat weniger aufwendige Heckleuchten. Es ist schade, dass Fiat außer bei dem 850-Mini-Sportwagen die technologischen Erkenntnisse und wirtschaftlichen Erfolge des 124 Sport Spider nicht besser ausnutzt.
Als drittes großes Auto im Bunde erscheint 1966 der Alfa Romeo Spider. Das Modell wird im zweiten Teil dieses Buches ausführlicher vorgestellt, deshalb werden hier nur einige

196–197 *Der Alfa Romeo 2600 Spider ist ausgesprochen schnell – selbst mit offenem Verdeck erreicht er eine Höchstgeschwindigkeit von gut 200 km/h. Das Modell ist die Fortentwicklung des 2000 Spider und erscheint 1962 zum ersten Mal. Die elegante Karosserie dieses Zweisitzers stammt von Touring. Das Bild zeigt die Schauspieler Rossano Brazzi und Maureen O'Hara.*

196 oben *Die 1,6-Liter-Version des Fiat 124 von 1969 zeichnet sich vor allem durch seinen wabenförmigen Kühlergrill und zwei Wölbungen in der Motorhaube aus, die dem neuen Motor mehr Platz einräumen.*

196 unten *Die offene Version des Fiat 124 mit 1,4-Liter-Motor und Karosseriedesign von Pininfarina wird als „Sport Spider" bezeichnet. Es handelt sich um ein Vierzylindermodell mit doppelter obenliegender Nockenwelle und 5-Gang-Getriebe.*

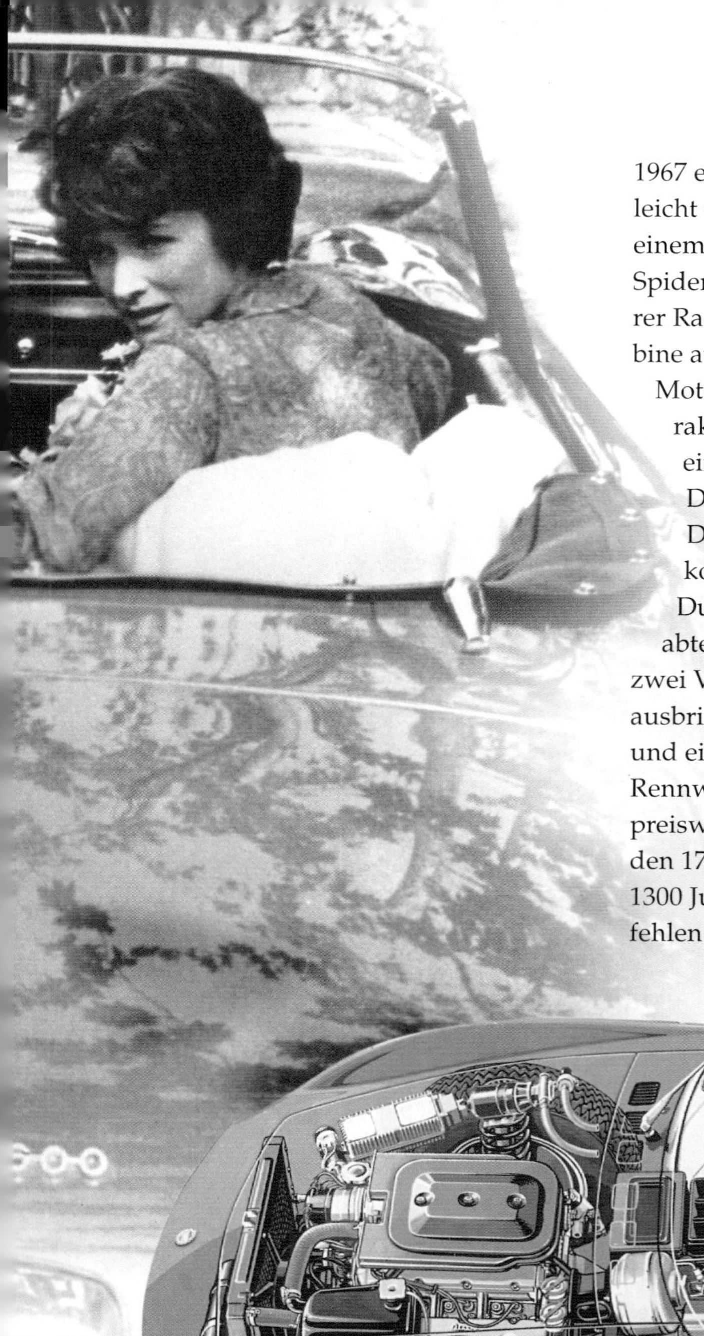

grundsätzliche Informationen gegeben. Die erste Version des Spiders zeichnet sich besonders durch ihre Muschelform aus – die Verbindung der oberen und unteren Karosseriehälfte des Hecks gleicht den beiden Schalen einer Muschel. Doch bei allem Respekt für so ein großartiges Auto wie den Duetto muss eingestanden werden, dass dieses Heck-Design bereits beim Jaguar Typ E von 1961, einem ebenfalls wundervollen offenen Modell, zu finden ist. Und es sollte auch nicht vergessen werden, dass der 1900 Disco Volante aus dem Jahr 1952 in seinem Design von Touring ebenfalls schon diese abgeflachte, ovale Heckform präsentiert. Von 1966 bis 1968 werden von der ersten Version des Duetto 6325 Autos gebaut. Es ist das letzte Modell, das nach den Ideen von Battista Pinin Farina entworfen wird, bevor dieser die Firma an seinen Sohn Sergio übergibt.

1967 erscheint der 1750 Veloce mit einer leicht überarbeiteten Linienführung und einem spritzigeren Motor. Nachdem der Spider ohnehin mit Hinterradantrieb, starrer Radaufhängung und kleiner Fahrerkabine ausgestattet ist, passt der stärkere Motor des 1750 Veloce sehr gut zum Charakter des Wagens, der das Fahrgefühl eines kleinen Rennautos vermittelt. Das Modell wird 8701-mal verkauft. Der 1300 Junior mit 1,3-Liter-Motor kommt 1968 als jüngerer Bruder des Duetto auf den Markt. Die Marketingabteilung bei Alfa wollte ursprünglich zwei Versionen des 1,6-Liter-Modells herausbringen, eine mit aufgemotztem Motor und eine etwas abgeschwächtere, weniger Rennwagen-ähnliche Version, die zudem preiswerter sein sollte. Schließlich gibt es den 1750 Veloce für 2 312 000 Lire und den 1300 Junior für 1 796 000 Lire. Bei Letzterem fehlen die transparenten Plastikabdeckungen über den Scheinwerfern. Von 1968 bis 1977 werden 7237 Junior-Modelle verkauft. 1969 werden an beiden Versionen einige Änderungen an der Karosserie vorgenommen, die bis 1972 erhalten bleiben. Das Heck wird um 127 mm verkürzt, doch gleichzeitig das Kofferraumvolumen vergrößert. Die Windschutzscheiben beider Modelle werden stärker nach hinten geneigt und der 1300 Junior verzichtet weiterhin auf Scheinwerferabdeckungen. 1971 baut Alfa die 2-Liter-Version, die in erster Linie für den amerikanischen Markt bestimmt ist, denn in die USA wandern bereits 60 Prozent der Gesamtproduktion von 38 379 Autos. Um den dortigen Abgasnormen gerecht zu werden, müssen die Autos mit mechanischer Kraftstoffeinspritzung ausgestattet werden.
Mit dem neuen Motor fährt die erste Serie des 2000 Veloce, so heißt das europäische Modell, 200 km/h. Das Auto wird bis 1982

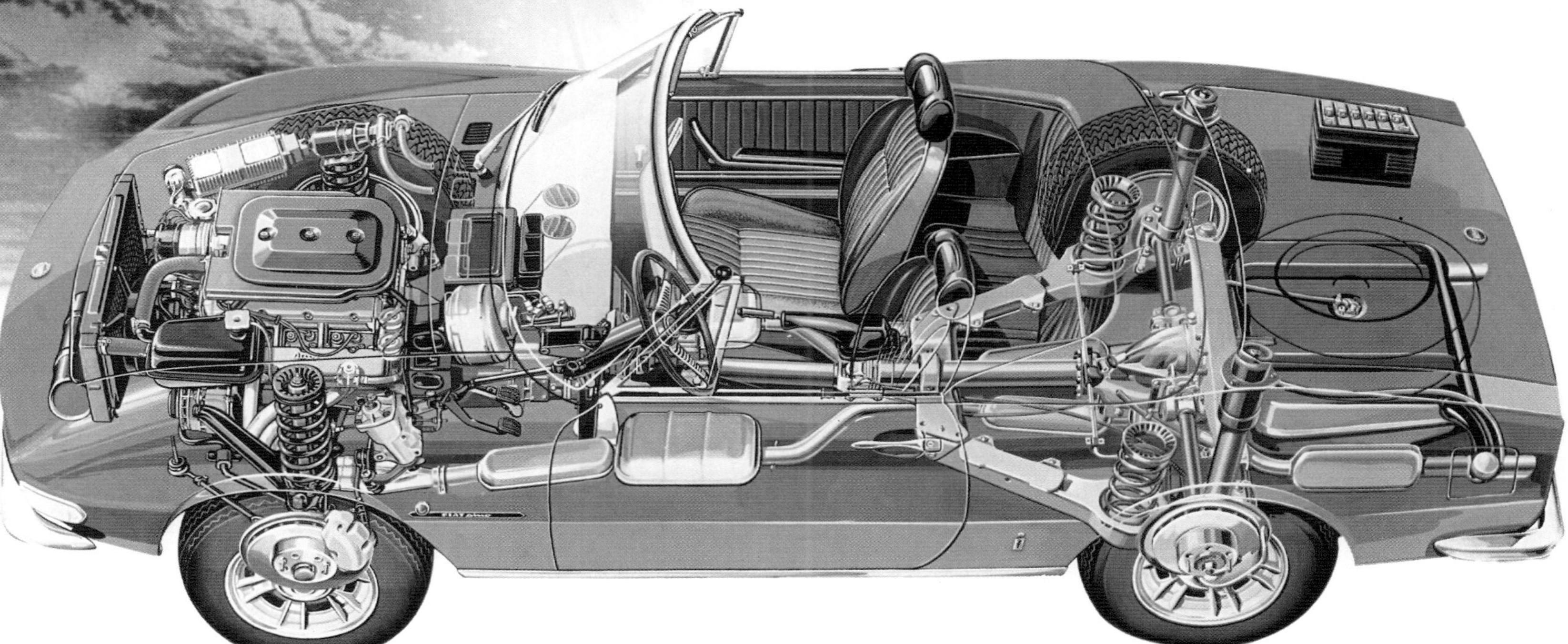

197 Der 1969er Fiat Dino 2400 Spider wurde auf der Basis des drei Jahre zuvor vorgestellten 2000 Spider entwickelt. Dieser war mit einem Ferrari-Motor ausgestattet, der für Rennfahrzeuge gebaut worden war und später auch beim Ferrari 206 GT Einsatz fand. Der Fiat 2400 unterscheidet sich von seinem Vorgängermodell hauptsächlich durch seinen maskenartigen Kühlergrill mit den doppelten Chromstreifen, das Fehlen der Flügelmuttern auf den Radnaben und Veränderungen der Instrumentierung.

198 oben *Dieses Modell ist ein Maserati, eine Marke, die wir in diesem Buch leider nur sehr selten erwähnen können, denn die Firma hält ihre Ausgaben im Bereich der offenen Wagen auf einem Minimum und investiert stattdessen in den Rennsport. Hier handelt es sich um einen 1955er A6GCS 2000 Sport Spider nach einem Design von Pinin Farina. Man beachte die betont geschwungene Karosserieform sowie die schmale Windschutzscheibe. Natürlich hat dieses Modell kein Verdeck.*

198 Mitte *Eines der umstrittensten Modelle in der Firmengeschichte von Ferrari, der Dino GTS. Das Auto wird bei Pinin Farina entworfen, wo man darauf drängt, dass Ferrari auch einen Wagen mit Mittelmotor herausbringt. Der Dino hat mäßigen Erfolg. Auf Enzo Ferraris ausdrückliche Anordnung darf dieses Modell nicht das Ferrari-Logo tragen.*

produziert, wobei das Karosseriedesign glücklicherweise unverändert bleibt. Es gibt in dieser Zeit noch weitere Varianten des Spiders, doch es handelt sich dabei lediglich um unterschiedliche Kombinationen bereits erprobter Motoren, Chassis und Karosserieteile.

Die Liste der genialen italienischen Sportwagen ist hier natürlich noch nicht zu Ende, doch der Platz reicht leider nicht, um auch die Leistungen anderer großer Karossiers, wie z. B. Vignale, vorzustellen. Auf jeden Fall sollte aber noch ein großer Name erwähnt werden: Giorgetto Giugiaro. Denn seine nüchternen, funktionellen Interpretationen zeigen deutlich, dass er sich kaum von den Designs der Convertibles hat beeindrucken lassen. Wir wollen den Bericht über die Modelle der 60er-Jahre mit zwei phantastischen Maseratis, dem Ghibli von Ghia und dem Mistral von Frua, und einem weiteren erfolgreichen Ferrari, dem Daytona GTS/4 Pinin farina, beschließen. Alle drei Modelle zeigen hervorragende Leistung, der Ghibli erreicht sogar 282 km/h – und das ist in einem offenen Sportwagen schon unvergesslich!

Nach dem Daytona bietet Ferrari den Dino 246 GTS an, einen Targa mit breitem Überrollbügel und abnehmbarem Hardtop. Es ist eine aufregende Zeit für GT's und Pininfarinas Stil „infiziert" viele seiner Kollegen. Ihre Modellinterpretationen mit den für Sportwagen typischen schlichten, eckigen aber auch plastischen Linien und Formen sind ebenso wertvoll wie die Pininfarina-Modelle selbst. Die Autos sind sehr teuer, leistungsstark und sportlich bis auf die Knochen. Auf Komfort wird mit Absicht verzichtet, denn was zählt, ist der Renncharakter der Autos.

Nach dem Zweiten Weltkrieg gibt es vor allem drei Stilrichtungen im Automobilbau, die besondere Auszeichnung verdienen: Dies sind zum einen die klassischen englischen Sportwagen der 50er-Jahre, deren Design sich eng an die Vorkriegsmodelle und die englische Interpretation des Art-Deco- und des Barock-Stils anlehnt, zum anderen der amerikanische Stil der 50er-Jahre, bei dem gewaltige aerodynamische Formen und massige Chromverzierungen die Gestalt der Convertibles prägen, und schließlich die Philosophie des italienischen Sportwagen-Designs, das sich in den 60er- und 70er-Jahren bis zur zweiten Ölkrise hält.

Der herausragendste Vertreter der letztgenannten Stilrichtung ist, wie bereits deutlich geworden sein dürfte, Pininfarina. Am 3. April 1966 stirbt Battista „Pinin" Farina, dessen Wichtigkeit in der Geschichte des Automobils mit der von Enzo Ferrari durchaus vergleichbar ist. Die wiederholte Zusammenarbeit von Ferrari und Battistas Sohn Sergio zeigt deutlich, welche Wertschätzung die beiden verbindet.

198–199 unten *Der 1978er Lamborghini Silhouette, ein weiterer typisch italienischer Sportwagen. Sein besonderes Merkmal ist die konvexe Form der oberen Karosseriehälfte, die lediglich durch das fehlende Hardtop unterbrochen wird.*

199 rechts *Das attraktive Design dieses Modells, seine hervorragende Motorleistung und sein akzeptabler Preis lenken in den 70er-Jahren die Aufmerksamkeit auf diesen Maserati Ghibli Spyder. Seine Qualitäten machen ihn besonders für den nordamerikanischen Markt interessant.*

Kleine Sportwagen sorgen für große Aufregung

Bisher haben wir die englische und italienische Schule als führend im Automobildesign offener Modelle in Europa gefeiert, doch es muss klar hervorgehoben werden, dass auch in Deutschland, besonders in den Mercedes Design-Studios, Modelle von historischer Bedeutung und hohem Prestige entworfen werden. Mercedes schafft es in jeder Ära mindestens ein „Juwel" auf den Markt zu bringen und bleibt in all den Jahren für andere Automobilhersteller immer ein Maßstab für stilistische und technologische Entwicklungen.

Daimler Benz versteht es genau das Merkmal zu betonen, das für das Auto charakteristisch ist: die Funktionalität. Die Mercedes-Designs zeigen, wie Funktionalität dazu beitragen kann, die Schönheit eines Autos zu unterstreichen oder wie Funktionalität auch selbst zum Ziel der Bewunderung werden kann. In Bezug auf diesen letzten Aspekt hat die moderne Automobil-

industrie, von Mercedes abgesehen, ihren größten Propheten wohl in Giorgetto Giugiaro gefunden. Es wäre interessant, einmal die Ergebnisse einer Zusammenarbeit der Mercedes Design-Studios von Bruno Sacco und Giugiaros Italdesign zu sehen, aber das bleibt wohl Wunschdenken.
Kehren wir in die 60er-Jahre zurück. Pininfarinas Ruhm ist auf seinem Höhepunkt angelangt, als Battista Farina, genannt „Pinin", stirbt. In den USA verschwinden die märchenhaften Karosserien mit ihren glitzernden Chrommassen nach und nach von der Bildfläche, doch dazu später mehr. Und ganz Europa wird von einer Welle großer und kleiner, sparsamer und luxuriöser, leistungsstarker und weniger leistungsstarker Sportwagen, Roadster und Cabriolets erfasst.
Zu den Cabriolets zählen beispielsweise der einzigartige 1961er Citroën DS und eine Fülle von eleganten Mercedes-Modellen. In diesem Kapitel wollen wir uns jedoch mehr auf die Sportwagen und Roadster konzentrieren, die zwischen 1960 und 1977 in Deutschland, Großbritannien und Frankreich gebaut werden.
Zu den deutschen Hauptproduzenten können neben Mercedes und BMW auch Porsche mit seinem 356 und dem unglückseligen 914, Volkswagen mit dem Käfer, Opel mit dem kurzlebigen GT Cabrio und DKW mit dem F12 Roadster gerechnet werden. Da BMW die Nachfrage nach offenen Wagen nicht als etwas Sporadisches oder Nebensächliches betrachtet, produziert die Firma ihre Reihe offener Modelle ohne Unterbrechung. In den 70er-Jahren jedoch ändert sich die Firmenphilosphie und BMW beendet die Produktion vollständig offener Wagen. Grund dafür ist die unglaubliche Hartnäckigkeit von BMW und ihrem getreuen Karossier Bauer. Zusammen entwerfen sie eine Reihe „offener" Modelle mit starren Stützpfosten, die sofort ins Auge fallen und der Fahrerkabine den Charme eines Aquariums verleihen.
Mercedes präsentiert sich in den 60er- und 70er-Jahre sehr stilvoll mit den SL Roadster-Modellen, die den 1957er 300 SL ablösen. Die offenen Mercedes sind in zwei Reihen aufgeteilt: Zum einen gibt es die SL's, die als reine Sportwagen über eine hohe Endgeschwindigkeit, zwei Vorder- und zwei Notsitze, eine sehr moderne Linienführung und den langen, tiefen Kühlergrill mit Mercedesstern verfügen. Zum anderen gibt es die SE-Reihe, zu der die luxuriösen Cabriolets mit weicher Linienführung und traditionellem, großem, tempelförmigem Kühlergrill zählen. Bei beiden Reihen sind die Formen elegant aber nicht extravagant gehalten, betont wird eindeutig der Fahrkomfort für Fahrer und Beifahrer.
In Großbritannien gibt es viele kleine Marken, die sich auf die Produktion von Roadster-Modellen spezialisiert haben und dadurch eine große Angebotsvielfalt bieten. Der klassische englische Stil in Anlehnung

200 oben *Dieses Modell ist eine Entwicklung aus der Mercedes SL-Reihe, die Mitte der 50er-Jahre mit dem 190 und 300 SL Roadster startet. Es ist der 280 aus dem Jahr 1968. Mit seinem Sechszylinder-Reihenmotor und 170 PS fährt dieses Auto die Höchstgeschwindigkeit von 201 km/h.*

200 unten *Dieses Bild beweist, dass ein großes Auto häufig schon an einem kleinen Ausschnitt zu erkennen ist – ein Jaguar E-Type 4,2 aus der ersten Serie von 1964.*

201 oben *Der Porsche 914 mit Achtzylindermotor kommt nicht gut an. Es mag daran liegen, dass das Auto so untypisch ist für die Stuttgarter Firma. Es hat eine ausgesprochen eckige Form und ist mit einer Targa-Dachkonstruktion ausgerüstet.*

201 unten *Dieser Jensen Healey wird von 1972–77 verkauft. Sein Motor ist mit vier Zylindern und 1973 ccm für einen Jensen ungewöhnlich klein. Die Höchstgeschwindigkeit liegt bei 196 km/h. Das bekannteste Modell von Jensen ist der Interceptor.*

an die Designs der 30er-Jahre hat auch in den 70er- und 80er-Jahren immer noch seine Anhänger, doch die Ölkrise fordert ihren Tribut und die Nachfrage insgesamt sinkt. Hier ein kurzer Überblick über die wichtigsten englischen Modelle aus dieser Zeit, bei dem der klassische Morgan allerdings einmal unberücksichtigt bleiben soll.
Den Preis für das hässlichste Auto des Jahrzehnts (oder sogar länger) gewinnt der Daimler SP 250 von 1960, der 2648-mal gebaut wird. Schon gleich die Fahrzeugfront des Modells präsentiert sich ausgesprochen reizlos: Der abgeflachte ovale Kühlergrill steht hervor und ist zusätzlich mit einem scheußlichen Metallrahmen verkleidet; die Scheinwerfer ragen aus zwei großen röhrenförmigen Auswölbungen hervor, die sich oberhalb der Kotflügel entlangziehen (in Ansätzen ein ähnliches Design wie beim Porsche 911, nur mit gegenteiligem Effekt). Nur die Speichenräder mit den klassischen Nabenkappen von Jaguar unternehmen einen kleinen Versuch, das Auto zu retten.
Und wo wir schon beim Thema Jaguar sind, wollen wir auf alle Fälle auch das aufregende Rennmodell XK SS von 1957 vorstellen, das vielleicht sogar noch eher als Vorläufer des unvergesslichen Jaguar E-Type gelten kann als die Modelle C- und D-Type. Es werden insgesamt nur 16 XK SS hergestellt, ihr Wert ist fast unermesslich. Am Vorbau dieser Karosserie erhalten die großen, wohlgeformten, runden Kotflügel wieder neue Wichtigkeit. Die Motorhaube ist ungewöhnlich kurz (die Gesamtlänge des Modells beträgt nur 4166 mm und ist damit 457 mm kürzer als der E-Type). Das Heck des XK SS hat dagegen einige Ähnlichkeit mit der Muschelform des 1966er Alfa Romeo Duetto. Die hintere Stoßstange bildet ein raffinierter Halbmond aus Chrom. Die Leistungsfähigkeit des Jaguars ist dank seines 3,5 Liter großen Sechszylinder-Reihenmotors mit 253 PS bemerkenswert, die Höchstgeschwindigkeit liegt bei 237 km/h. Bald darauf werden auch Roadster- und Drophead-Coupé-Versionen dieses Modells gebaut.
Aston Martin bringt 1961 das Modell DB4 und 1963 den DB5 heraus. Letzterer wird durch den James Bond Film „Goldfinger" berühmt, in dem der Wagen mit drehbarem Kennzeichen, schneidenden Radkappen, Öl-Spray, schusssicherem Schutzschild, Maschinengewehren in den Scheinwerfern und Schleudersitzen ausgestattet ist. In Wirklichkeit handelt es sich bei dem DB5 jedoch um ein teures GT-Modell, bei dem sich das wilde Temperament hinter einem sehr unauffälligen Äußeren verbirgt. Ein weiteres Spitzenmodell ist der Jensen Interceptor Mk III, der durch die ungewöhnliche Größe seines Achtzylindermotors von 7206 ccm herausragt. Zu den etwas preiswerteren englischen Modellen gehören der 1961er Triumph TR4, der 1962er Lotus Elan und Austin Healey Mk II, der 1970er Elan und der 1979er Triumph TR7.
In Frankreich werden neben dem Citroën DS 19 auch zwei Peugeots produziert: der

202 und 202–203 Der 1957er Jaguar XK SS wird vier Jahre vor dem faszinierenden E-Type gebaut. Die Heckpartie der beiden Modelle ist nahezu gleich geformt, abgesehen von den Rückleuchten und den gewölbten Kotflügeln. Man beachte die doppelten Auspuffrohre mit verchromten Berührungsschutz unterhalb der linken Tür.

203 oben James Bonds berühmtestes Auto, der Aston Martin DB5, wird von 1963–65 gebaut. Die Front des Modells hat sich gegenüber dem Vorgänger DB4 nur minimal verändert, die Scheinwerfer sind nun von einer abgeschrägten, durchsichtigen Abdeckung geschützt. Das Chromgitter des trapezförmigen Kühlergrills ist unverändert. Der DB5 hat einen Sechszylindermotor mit 3995 ccm, die Höchstgeschwindigkeit beträgt 241 km/h.

404 Pininfarina aus dem Jahr 1966 und das Modell 504 von 1968. Bei Renault erscheint 1962 der Caravelle, der an der Seite des etwas älteren Floride angeboten wird. Es sind winzige Sportwagen mit kleinen Motoren; die erste Reihe des Floride ist mit 177 122 verkauften Autos in drei Jahren ein großer Erfolg. Beide Modelle zeichnen sich durch ihre schlichte Linienführung aus, sie sind kantig wie der BMW 700, allerdings in ihrer Gesamtform etwas gefälliger. Da sich die Modelle sehr gleichen, fällt es schwer sie zu unterscheiden. Ihre Ausmaße sind fast identisch, ebenso ihre Heckflossen, Radkästen und die Zierleisten an den Seiten. Auch die Größe des Motors wächst zunehmend: Während der 1959er Floride noch 845 ccm hat, sind es bei der 1962er Version 956 ccm, der Caravelle desselben Jahres hat 1108 ccm.

Die beiden Peugeot-Modelle sind leistungsstärker und liegen mit ihrem Design mehr im Trend der Zeit. Pininfarina und Peugeot arbeiten häufig zusammen, im Falle des 404 ist dies an dem breiten und langen Kühlergrill mit seinen fünf waagerechten Chrombalken und an der klaren Linienführung des Seitenprofils erkennbar, das zusätzlich von einem Chromstreifen über die ganze Länge der Karosserie betont wird. Der Peugeot 404 hat einen Vierzylindermotor mit 1618 ccm und 70 PS. Das

203 unten Von 1959–68 wird der Austin Healey 3000 in den drei Serien MK I, MK II und MK III gebaut. Alle Modelle fahren mit 2,9-Liter-Motor, allerdings wird die Leistung des Motors schrittweise erhöht, bis die letzte Serie 149 PS entwickelt. Stilistisch gibt es nur feine Unterschiede zwischen den Serien: Der MK II unterscheidet sich vom MK I (abgebildet) durch sein Verdeck, das auch zusammengeklappt sichtbar bleibt. Der MK III ist insgesamt etwas größer als die Vorgänger.

204 links *Brigitte Bardot sitzt entspannt auf ihrem Renault Caravelle S Spider – das Bild wird 1962 vor ihrer Villa in St. Tropez aufgenommen.*

204 rechts *Das elegante blaue Beispiel eines 1965er Citroën DS 21; die Abkürzung DS steht für Désirée Speciale. Dieses französische Cabriolet ist mit vielen technologischen Innovationen ausgestattet, so z. B. mit automatischer Kupplung, lenkradgesteuerter Scheinwerferausrichtung und hydropneumatischer Dämpfung.*

1969er Modell 504 ist etwas aggressiver und moderner; während seiner dreijährigen Produktionszeit werden 7803 Autos dieses Typs verkauft. Es hat Doppelscheinwerfer, die zwar in den USA gängig, aber in Europa immer noch ungewöhnlich sind. Insgesamt ist der 504 so klein wie der 404, allerdings sind seine Radkästen etwas breiter und der Vorbau etwas schmaler, aber schwerer gehalten. Ein stilistisches Merkmal, das sich besonders bei den Peugeot Cabriolets der 70er-Jahre weiter ausprägen wird. So z. B. auch bei dem elegant überarbeiteten 504, der 1971 erscheint. Seine Doppelscheinwerfer werden durch große rechteckige Einzelscheinwerfer ersetzt und 1974 wird das Modell sogar mit einem herrlichen V6-Motor vorgestellt.

Der aufmerksame Leser könnte jetzt den Gedanken hegen, dass etwas Wichtiges vergessen wurde. Richtig, auf den Porsche 911, den Jaguar E-Type, den Lotus Seven und den Triumph Spitfire sind wir bisher kaum eingegangen. Wir haben diese Schönheiten unter den offenen Modellen mit Absicht bis jetzt aufgehoben – als Bonbon zum Abschluss sozusagen.
Der Porsche 911 kann nicht als das wichtigste Modell von Ferdinand Porsche betrachtet werden. Lässt man auch alle großartigen Leistungen außer Acht, die Porsche in seiner Zeit bei Mercedes vollbracht hat, so hat sich der brillante deutsche Ingenieur seinen Platz in der Automobilgeschichte tatsächlich mit dem Volkswagen Käfer erobert. Und alle Porsche-Model-

204–205 *Ein Renault Caravelle S – das „S“ bezeichnet die zweite Serie dieser Modelle, die von 1962–63 gebaut wird und mit einem etwas leistungsstärkeren Motor, 956 ccm anstelle der ursprünglichen 845 ccm, ausgestattet ist.*

205 oben rechts *Eine Werbung für die Targa-Version des Porsche 911 von 1967. Dieses Modell ist tatsächlich eine Mischform: Es hat ein abnehmbares Heckfenster und der Überrollbügel ist deutlich zu erkennen. Im oberen Teil der Anzeige sind die möglichen Konfigurationen des Modells – von ganz offen bis ganz geschlossen – abgebildet. Nachfolgende Targas ab 1971 haben ein fest installiertes Heckfenster und ein abnehmbares Vinyldach.*

le, die danach folgen, sind geprägt von dem Käfer-Konzept, allen voran der 356. Es gibt zwei offene Varianten des 911, den Targa und das Cabriolet. Letzteres wird später im Kapitel über die Modelle der 80er-Jahre vorgestellt. Der Porsche 911 Targa hat das gleiche Heckfenster und den gleichen Überrollbügel wie das Coupé. Zwischen Überrollbügel und Windschutzscheibe lässt sich ein rechteckiges Hardtop einsetzen. Die weite Verbreitung der Targa-Version führt dazu, dass auch die Modelle anderer Hersteller mit ähnlicher Dachkonstruktion die Bezeichnung „Targa“ erhalten, eine Tatsache, die ganz besonders von Ferrari nicht geschätzt wird.
Der Jaguar E-Type ist ein „reinrassig“ offenes Modell und verdient einen Ehrenplatz in jeder Zusammenfassung. Seine Geschichte beginnt 1961.
Der E-Type hat viele besondere Merkmale, die mit einem üppigen Motor und einer Linienführung kombiniert sind, in deren Gesamtform sich verschiedene stilistische Philosophien widerspiegeln: So erkennt man darin z. B. die Fortentwicklung des klassischen Stils der 30er-Jahre, die Suche nach Ausgewogenheit zwischen Front- und Heckpartie, die ausgereiften Erfahrungen der vielen Jaguar-Rennerfolge und nicht zuletzt die Rückkehr des runden, ausgewölbten Kotflügeldesigns.
Die erste Reihe des E-Types erscheint 1961 und hat zweifellos die attraktivste Heckpartie aller Serienmodelle dieser Zeit. Er erscheint als solide Fortentwicklung des XK SS, über den wir bereits zu Beginn dieses Kapitels berichteten. Das Auto hat einen bemerkenswerten Karosserieüberhang und der Abstand zwischen den Achsen erscheint schier endlos. Dieser lange Radstand betont das erstaunlich schlanke, feine Profil des Modells.
Die zweite Reihe des Jaguar E-Types wird 1968 auf den Markt gebracht. Seine Ausmaße sind identisch mit denen der ersten Reihe, aber es wird nicht mehr der 3,8-Liter-Motor eingesetzt (1961–64), sondern bereits der 4,2-Liter-Motor (1964–68). Seine Leistung steigt von 259 auf 268 PS. Ansonsten ändert sich wenig und die beiden E-Type-Reihen lassen sich äußerlich lediglich durch die unterschiedliche Anordnung der Zusatzleuchten unterscheiden.

206 oben *Dieser Mann, Colin Chapman, geht in die Automobilgeschichte als Schöpfer der Lotus-Modelle ein. Zur einen Hälfte Techniker, zur anderen erfolgreicher Geschäftsmann und obendrein mit einer großen Portion Hartnäckigkeit ausgerüstet, schafft er es schließlich ein kleines, aber leistungsstarkes Rennauto zu bauen, das in seiner Klasse große Erfolge erzielt – den Lotus Seven.*

206 Mitte und 206–207 oben *Der Lotus Seven ist praktisch ein Gokart, der wie ein Formel-1-Einsitzer fährt. Die englischen Cabriolet-Liebhaber sehen in diesem Auto die Fortführung des Roadster-Stils der 30er-, 40er- und 50er-Jahre und das ist genug, um das Modell erfolgreich auf die Straße und Rennbahn zu bringen. Der weitere Erfolg des Autos wird durch die Firma Caterham und andere gesichert, die auch heute noch mehr oder weniger getreue Nachbildungen bauen. Das Bild links zeigt den Vorbau eines Modells der ersten Serie von 1959. Die Wagen der dritten Serie (rechts) von 1965 sind mit einem 85 PS starken Ford Cosworth-Motor ausgestattet. Bemerkenswert ist der Kofferraum – ein zaghaftes Zugeständnis an den Reisekomfort. Insgesamt gibt es vier Serien des Lotus Seven und den Super Seven.*

206–207 *Obwohl dieser Jaguar E-Type sein Verdeck hochgeklappt hat, kann dies nicht von seiner Aggressivität ablenken. Dieses 1964er Modell hat einen 4,2 Liter großen Motor mit 259 PS.*

Die Ausmaße der dritten Reihe (1971–75) ändern sich völlig: Die Autos werden länger (4674 mm), höher (1219 mm) und breiter (1651 mm). Aber was noch viel entscheidender ist, sie erhalten einen ungeheuer leistungsstarken V12-Motor mit 5343 ccm, 272 PS und fahren eine Höchstgeschwindigkeit von 243 km/h. Auch der Radstand ist proportional gewachsen und hat eine Länge von 2642 mm erreicht.
Nach unserer Meinung gehört der Jaguar E-Type zu den fünf schönsten offenen Wagen aller Zeiten.
Bleiben wir in Großbritannien, wo das unerschöpfliche Genie des Colin Chapman für den Lotus Seven verantwortlich ist. Chapman ist ein leidenschaftlicher Rennfahrer. Er schafft es fast den Lotus selbst zusammenzuschrauben, allerdings verstösst er dabei mit seiner großen technischen Erfindungsgabe gegen einige Rennvorschriften.
Der Lotus Seven ist ein offenes Modell, das genauso hässlich wie aufregend zu fahren ist. Es hat keine Türen, kein Verdeck und macht keine Zugeständnisse an Komfort irgendeiner Art. Fast wirkt es wie ein einsitziges Rennauto. Die Frontansicht wird von dem Blick auf die unverdeckte Radaufhängung und das gewaltige „Maul" des rühmen können. Da gibt zuerst den Lizenzinhaber Caterham Motors, dann den holländischen Donkervoort D8, den englischen Panther Kallista und den amerikanischen Dakota F1 Roadster.
Der MG B erscheint 1962 und wird bis 1980 in drei Serien gebaut. Mit mehr als 500 000 Exemplaren ist das Modell ein Verkaufshit in der Geschichte offener Wagenmodelle. Sein englischer Konkurrent, der Triumph Spitfire (1962–81), wird in vier Serien gebaut und 245 000-mal verkauft. Von Triumph stammt auch die TR-Reihe, deren erstes Modell 1950 gebaut wird und die 1981 mit dem TR8 endet.

Kühlers geprägt, das auch in den folgenden Jahren weiter wächst. Die vorderen Kotflügel stammen von einem Motorrad, während die hinteren Kotflügel teilweise in die Karosserie integriert sind. 1961 werden die vorderen Kotflügel des Modells in die Länge gezogen, es gewinnt dadurch Ähnlichkeit mit den früheren Klassikern. Mit den Jahren wird auch der Hubraum des Motors stetig erweitert: von 1172 ccm im Jahr 1957 auf 1498 ccm 1961 (Super Seven) und 1599 ccm 1963. Der Lotus Seven zählt zu den Modellen, die sich mit der größten Anzahl von Nachbildungen und Kopien

Der Vergleich beider Modelle zeigt, dass der MG B einen 1,8-Liter-Motor hat, der in all den Jahren unverändert bleibt, während der Spitfire von einem wesentlich kleineren 1,1-Liter-Motor angetrieben wird. Die Leistung der Motoren entwickelt sich natürlich proportional zu ihrer Größe, wonach der MG B 95 PS und der Spitfire 62 PS bringt. Der Unterschied in der Höchstgeschwindigkeit beider Modelle beträgt 21 km/h, d. h. genauer 172 gegenüber 151 km/h. In ihrer Länge unterscheiden sich die beiden Wagen nicht so gravierend, der 3632 mm lange Spitfire ist kaum kürzer als der MG B

208 oben *Bei diesem berühmten englischen Sportwagen aus den 60er-Jahren handelt es sich um den TR4 der noch berühmteren Firma Triumph. Die Linienführung der Karosserie ist vergleichbar mit dem französischen und italienischen Stil, dazu passt der 100-PS-Motor mit seinen 2138 ccm und der Höchstgeschwindigkeit von 182 km/h ausgesprochen gut. Alle TR-Reihen sind sehr beliebt, besonders dieses Modell, von dem 40 000 Exemplare verkauft werden.*

208 Mitte *Der abgebildete MG B hat die schwierige Aufgabe den erfolgreichen MG A abzulösen, doch er überholt seinen Vorgänger bei weitem: Es werden 512 733 MG B's verkauft und damit wird er zum Standardmodell unter den Sportwagen. Der MG B kann es leistungsmäßig durchaus mit den zahlreichen Alfa Romeo- und Porsche-Modellen aufnehmen. Das kleine, temperamentvolle und relativ preisgünstige Auto hat ein sehr präzises Fahrverhalten, es wird sogar noch heute von vielen hoch geschätzt. Sein Vierzylindermotor ist 1,8 Liter groß, die Ausmaße des MG B sind 3861 mm Länge und 1499 mm Breite.*

208 unten *Ein Vergleich der auf diesen Seiten abgebildeten Modelle aus den 60er-Jahren mit diesem Triumph TR6 machen deutlich, wie sich der Stil der Sportwagen in den 70er-Jahren verändert. Die freundlichen Wölbungen und abgerundeten Designs weichen besonders am Heck den kantigen, winkligen Formen.*

(3658 mm), allerdings ist letzterer höher, breiter und hat eine größere Spurweite. Vergleicht man jedoch den Radstand, so ist der MG B um einiges länger (2286 mm gegenüber 1981 mm) und erhält dadurch eine wesentlich schnittigere Erscheinung. Der Spitfire hingegen wird gerade wegen seines aufdringlichen, schneidigen Images bewundert und obwohl kein Anzeichen von Überlegenheit zu finden ist, fühlt sich ein Spitfire-Besitzer jedem MG-Fahrer ebenbürtig!

209 *Die gelungene Front des letzten MG A – von 1962 – mit dem rechteckigen Kühlergrill und dem Logo von Morris Garage in der Mitte. Der erste MG A stammt von 1955.*

Alles ist möglich in den USA

Als es nach den glänzenden, hemmungslosen 50er-Jahren immer schwieriger wird an den Idealen Spaß und Ausgelassenheit festzuhalten, vollzieht sich in den 60er-Jahren ein Wandel im Design der amerikanischen Autos.
War „Funkeln und Glitzern“ die Parole der 50er-Jahre, so kann man jetzt sagen „Alles ist möglich“. Bereits wenige Beispiele reichen aus, um die wichtigsten stilistischen Veränderungen im Automobildesign aufzuzeigen. Natürlich darf darüber nicht vergessen werden, dass Motorengröße und technologische Innovationen ebenfalls eine wichtige Rolle spielen. So sind z. B. die zunehmende Einführung im Heck montierter Motoren oder die von der Autoindustrie selbst auferlegte Beschränkung der Motorleistung entscheidende Veränderungen in dieser Zeit. Es wird eine Vereinbarung getroffen, wonach in der Werbung kein Bezug mehr auf die Renn- und Leistungsfähigkeit eines Autos genommen werden soll – und dies, obwohl leistungsstarke Modelle gerade in der zweiten Hälfte der 60er-Jahre immer beliebter werden.
Großen Einfluss haben auch die Entwicklungen und Ereignisse im Land. Nach der Rezession von 1958 erlebt Amerika einen konstanten wirtschaftlichen Aufschwung. Doch es droht der Kalte Krieg und die Nation setzt ihre Hoffnungen in den jüngsten und zudem ersten katholischen Präsidenten der amerikanische Geschichte, in John F. Kennedy. Sein persönlicher Einfluss auf Lebensstil, Gedankengut und soziale Beziehungen, auch zwischen verschiedenen Volksgruppen, ist bemerkenswert. Ebenso erweist sich Kennedy als der wahre Förderer des amerikanischen Raumfahrtprogramms, das 1969 seinen ersten Mann zum Mond schicken kann (genau wie zuvor die Luftfahrt, so beeinflusst auch die Raumfahrt das Autodesign).
In den 60er-Jahren werden die Gesamtmaße der Autos nur langsam kleiner, die ausgefallenen Heckflossen verschwinden dafür schneller. Manchmal verändern sie nur ihre Form, manchmal ragen sie nur noch dezent aus der Karosserie hervor, doch immer häufiger verschwinden sie völlig, abgestempelt als ein überholtes Stilelement vergangener Zeiten. Hier einige Beispiele dieser drei Entwicklungsrichtungen. Die erste Gruppe umfasst Modelle, die auch weiterhin mit Heckflossen ausgerüstet sind, allerdings mit kleineren: Das wohl bekannteste Beispiel ist hier der Cadillac Eldorado Biarritz, das Modell, das durch seinen pompösen Stil im höchsten Maße gefährdet ist. Es zählen auch der Buick LeSabre und der Chrysler 300F dazu, alle drei Modelle stammen von 1960. 1961 bleiben sichtbare Heckflossen ebenfalls beim Chrysler New Yorker und Imperial Crown noch erhalten. Die Modelle der zweiten Gruppe haben abgeflachte Heckflossen wie bei einem Papierflugzeug. Beispiele hierfür sind der 1959er Chevrolet Impala und der Edsel Ranger, der Oldsmobile Super 88 von 1960 sowie der besonders

210 oben und 210–211 Mitte *Die ungeheuer lange (6553 mm) Lincoln Continental Limousine, in der Papst Paul VI. die USA besucht.*

210 unten *Dieser 1965er Chevrolet Impala ist mit seinem abfallenden Heck Lichtjahre entfernt von den übertriebenen Heckflossen der 50er- und beginnenden 60er-Jahre.*

211 oben *Der 1964er Continental von Lincoln. Die Firma gehört zur Ford-Gruppe. Es scheint, als wollte man sich bei diesem Modell noch nicht von den Heckflossen der 50er-Jahre trennen – sie sind diskret an den vorderen und hinteren Kotflügeln herausgearbeitet.*

210–211 unten *Ein roter Pontiac GTO – das Modell wird von 1964 bis 1974 gebaut und ist bis 1967 nichts anderes als eine Sportversion des Pontiac Tempest. Der GTO hat einen 6,4 Liter großen V8-Motor mit 300 PS. Charakteristisch sind die übereinander angeordneten Doppelscheinwerfer und die zusätzlichen Leuchten im Kühlergrill.*

eigenwillige Dodge Polara. Zur dritten Gruppe gehören fast alle anderen Modelle. Ihre Karosserien sind von den Heckflossen befreit und die Heckpartien sind kantig und flach mit abgerundeten Ecken.
In den folgenden 20 Jahren entwickeln sich keine herausragenden Neuheiten. Die meisten offenen Wagen tragen die gleichen Merkmale. Dabei ist es sonderbar, dass gerade in einer Zeit der stilistischen Freiheit, Corvette und Mustang als einzige Modelle nicht dem Herdentrieb folgen. Vielleicht ist es die extreme Beliebtheit der Convertibles, weshalb der Mut zu stilistischen Innovationen und Experimenten fehlt.
Zu den ersten Modellen des neuen Stils gehört das beliebte 1961er Convertible Chevrolet Impala und der noble 1962er Ford 500XL Sunliner mit seinem leistungsstarken V8-Motor. 1963, in dem Jahr, als De Soto seine Tore schließen muss, erscheinen der Lincoln Continental, der Oldsmobile Starfire, der Pontiac Tempest und der Ford Falcun Futura auf dem Markt. Ein Jahr später haben der Pontiac GTO und der Studebaker Daytona ihren Auftritt. Zu dieser Zeit, als alle Fahrzeugvorbauten fast identisch sind (lang und breit, mit einem großmaschigen Chromgrill und Doppelscheinwerfern), gleicht der gewaltige, viereckige Vorbau des Studebakers einer luxuriösen englischen Limousine. Der Daytona ist als Kombiwagen, Coupé oder Convertible erhältlich, aber das Modell gehört in keinem Falle zu den schönsten von Studebaker. Die Firma schließt 1966.
1964 ist ein wichtiges Jahr, denn der Mustang hat seinen großen Auftritt. Als das Auto in den Austellungsräumen der Ford-Händler auftaucht, ist sofort klar: Dieses Modell wird Erfolg haben. Eine echte Überraschung ist allerdings, dass sich der Mustang schließlich zu einem der meistgekauften Convertibles aller Zeiten mausert. Währenddessen sind die Zerstörungsarbeiten am wunderschönen Thunderbird noch in vollem Gange. Mit den Jahren wird dieses Modell immer weiter abgewandelt. Das Auto verliert dadurch seinen aggressiven, feurigen Charakter.
In der Zwischenzeit zaubert der Mustang ein Lächeln auf die Gesichter des Ford-Managements, denn das Auto wird bereits in seinem ersten Jahre mehr als 418 000-mal verkauft! Das schlanke Modell sieht den europäischen Sportwagen sehr ähnlich. Mit seinen 4572 mm Länge (254 mm länger als die Corvette, aber 610 mm kürzer als der Thunderbird, das Convertible der älteren Generation) wirkt der Mustang in allen Versionen verhältnismäßig kurz, sein Radstand beträgt 2718 mm. Das Design ist insgesamt sehr schlicht und hat nur wenig Chromverzierungen. Ein galoppierender Mustang ziert die Mitte des Kühlergrills

und die Seitenteile der Karosserie werden lediglich durch Belüftungsschlitze nahe den hinteren Radkästen aufgelockert. Und gerade dieses schlichte Design ist die Trumpfkarte des Mustangs nach einem Jahrzehnt des Überflusses.
Bis 1968 behält der Mustang seinen Sechs- oder Achtzylinder-Reihenmotor, zunächst mit 4728 ccm, dann mit 3273 ccm und schließlich wieder mit 4728 ccm. Die Leistung liegt immer bei 175 PS und die Höchstgeschwindigkeit übersteigt 177 km/h nicht, bis 1968 die Shelby Versionen mit V8-Motor mit bis zu 350 PS und einer Höchstgeschwindigkeit von 220 km/h herauskommen. Es ist eine echte Rakete und sofort an dem unschönen, aber nützlichen Überrollbügel zu erkennen, der die Fahrgäste im Falle eines Überschlags schützen soll – vorausgesetzt natürlich, dass sie angeschnallt sind.
1967 fällt bei Chevrolet die Entscheidung, ein weiteres Modell herauszubringen, das ähnlich wie der Mustang, die Corvette und

212 und 213 *Diese Doppelseite ist dem berühmtesten amerikanischen Sportwagen aller Zeiten gewidmet – dem Chevrolet Corvette, hier als Stingray-Version abgebildet. Die grüne Corvette stammt aus dem Jahr 1970, die rote von 1975. Man beachte bei dem älteren Modell das wunderbare Design der Radkästen, der seitlichen Entlüftungsschlitze und des Hecks. Diese Formen sind mindestens genauso schön wie die Designs, die Pininfarina für Ferrari entwirft. Bei dem Motor handelt es sich natürlich um den kompakten V8-Motor mit 244 PS, der eine Höchstgeschwindigkeit von 222 km/h ermöglicht. Diese Serie wird von 1969–75 gebaut und 33 000-mal verkauft. Das jüngere Modell hat ähnliche Maße (4724 mm lang, 1727 mm breit und 1194 mm hoch), ist allerdings weniger leistungsstark und langsamer. Auffällig sind hier die runden Rücklichter, ein Merkmal, das besonders in den 70er- und 80er-Jahren bei GT's sehr modern ist. Die Entlüftungsschlitze sind bei dieser Serie größer und weniger elegant ausgearbeitet.*

der Mercury Cougar über viele Jahre produziert werden soll – der Camaro. Aber auch in diesem Fall wird das schneidige Aussehen des Autos von der schlechten Leistung seines Motor enttäuscht.
Diese kleinen Convertibles beherrschen die Szene in den 70er-Jahren. Ihr Spitzname „Ponycars" kommt vom weltberühmten Mustang-Pferd. Sie sind das amerikanische Gegenstück der preisgünstigeren, kleineren Cabriolets, die zu dieser Zeit in Europa modern sind.
Der außergewöhnliche 1968er Mercury Park Lane fällt bei den bisherigen Modellgruppen völlig aus dem Rahmen – er ist vollständig mit Holz verkleidet.
Ende der 60er-Jahre kommen die Automobildesigner von den standardmäßig flachen und blanken Karosserieseiten wieder ab. Es werden leichte Auswölbungen unmittelbar hinter den Türen sichtbar, so z. B. beim Chevrolet Impala und Mercury Cougar von 1969, beim Buick LeSabre von 1970 oder noch deutlicher beim Oldsmobile Cutlass Supreme desselben Jahres. Als neues Merkmal taucht bei einigen Modellen – besonders bei denen mit Überrollbügel – das abnehmbare Hardtop auf. Es ist klein, flach und kann leicht auf- und abmontiert werden, sodass sich das Auto von einem Convertible in ein Coupé verwandelt und andersherum.
1976 geht eine Ära zu Ende: Die Produktion des Cadillac Eldorado wird eingestellt. Er ist einer der typischsten Vertreter des prachtvoll glitzernden, knalligen altmodischen Designs. Der 21. April 1976, der Tag an dem der Eldorado „stirbt", wird von einigen auch als der Tag angesehen, an dem das amerikanische Convertible stirbt. Doch das ist natürlich nicht richtig, denn der Eldorado war schon lange kein typischer Vertreter der hervorragenden amerikanischen Convertibles mehr. Mindestens seit der Zeit nicht, als diese Modelle die klaren, grundlegenden und einfacheren Linien und Formen angenommen haben (soweit dies für ein amerikanisches Convertible eben möglich ist). Deshalb sollte man entweder sagen, dass die Ära dieser Prunk-Convertibles schon früher zu Ende war oder dass diese Modelle sich eben einem Wandel unterziehen. Da wir Nachworte nicht so sehr mögen, ziehen wir die zweite Erklärung vor. Und das, obwohl die offenen Wagenmodelle in diesen Jahren einen enormen Popularitätsverlust erleiden: Die Verkaufszahlen fallen von 5,5 % im Jahr 1965 auf nurmehr 0,5 % in 1974. Nach dem 1970er Newport und dem 300 bringt Chrysler bis 1982 kein weiteres Convertible heraus und der Mustang wird 1973 bis 1981 nicht überarbeitet. 1975 verschwindet ein anderer prestigeträchtiger Name, der Buick LeSabre, der seit Ende der 40er-Jahre für Convertible-Liebhaber eine feste Größe ist.
Diese 20 Jahre sind von zwei gegensätzlichen Phasen geprägt: Die erste Phase zeichnet sich durch Rekordverkaufszahlen, aber wenig Einfallsreichtum im Design aus, während in der zweiten Phase eine Krise im Verkauf, aber auch gewisse Entwicklungen zu moderneren und kompakteren Designs zu beobachten sind. Wie übersteht

214–215 *Ansicht eines 1969er Cadillac Convertible De Ville. Die amerikanischen Sportwagen beschränken sich nicht nur auf Corvette und Thunderbird, es gibt – wie auch schon in den 50er-Jahren – sehr luxuriöse, bewundernswerte Modelle. Das Heck erscheint unendlich lang und unter der Motorhaube sitzt ein Achtzylinder mit monströsen 7729 ccm. Die Gesamtlänge des Autos ist mit 5613 mm fast identisch mit der des Cadillac Eldorado Biarritz aus den 50er-Jahren.*

der Chevrolet Corvette diese beiden Dekaden? 1963 wird der Corvette in der Stingray-Version verkauft und ist eine ganze Zeit nur als offenes Modell erhältlich. Seine Kürze und seine Linienführung erinnern an die europäischen Sportwagen, so ist beispielsweise die Heckpartie elliptisch geformt und wirkt dadurch sehr stromlinienförmig. Außerdem bildet das Heck den Ausgleich zum modernen, stark nach unten geführten Vorbau. Die großen runden Radkästen zeichnen sich durch ihre fließenden Linien aus. Wie schon zuvor erwähnt, sorgt ein kompakter V8-Motor mit 221 PS für eine Höchstgeschwindigkeit von 180 km/h. Dies ist wenig im Vergleich zur 1968er Version, die mit 7-Liter-Motor, 386 PS und 232 km/h angeboten wird. Die Stingray-Version kann als das Modell betrachtet werden, das in dieser Phase den Stil und das Design zweitüriger amerikanischer Sportwagen am meisten beeinflusst und dessen Auswirkungen sogar bis nach Europa reichen.

215 oben *Der Oldsmobile 4-4-2 ist von 1968 an mit zwei verschiedenen Motoren, 260 und 300 PS, erhältlich. Außerdem gibt es ihn auch mit Vinyldach.*

215 Mitte *Dieses elegante Modell, der 1970er Buick LeSabre, zählt zur oberen Mittelklasse im Convertible-Markt. Obwohl er nicht ganz so lang ist wie der Cadillac Convertible De Ville, ist er mit 5537 mm immer noch länger als der Durchschnitt.*

215 unten *Dieser 1973er Ford Mustang wirkt etwas „zahm“ mit seinem weißen Verdeck und den Weißwandreifen. Die Variante mit Überrollbügel ist bereits erhältlich.*

Die Rezession: kleine schmucklose Cabriolets

Cabriolets und Sportwagen in Europa

Mehrere Erdölkrisen erschüttern die Automobilindustrie. Und als reichte dies nicht aus, gibt es obendrein noch Wirtschaftskrisen und Rezessionen in der westlichen Welt, Kriege, Staatsstreiche, Sezessionen und neue geopolitische Ausrichtungen, die alle zusammen die Denk- und Lebensweise und nicht zuletzt auch die Art der Fortbewegung in Europa und Nordamerika umwälzend verändern.
Betrachten wir vor diesem Hintergrund die immer größere Aufmerksamkeit, die im Automobilbau der aktiven und passiven Sicherheit zukommt (Hilfsmittel wie Airbag, Seitenaufprallschutz, Knautschzone, Überrollbügel, ABS, elektronische Traktionskontrolle werden von Marketingexperten gekonnt vermarktet) und der dringende Bedarf an umweltfreundlichen, recyclebaren Vehikeln, die aus möglichst vielen gleichen Bauteilen zusammengesetzt sein sollten, so finden wir uns in einem trüben, traurigen Brei der Gleichartigkeit wieder. Es fehlen neue Ideen und es mangelt ganz allgemein am Interesse für Cabriolets und Sportwagen.
Im Großen und Ganzen sind die offenen Wagen der 80er Jahre hässlicher, unpersönlicher und einfallsloser als jemals zuvor in der Geschichte des Autos.
Diejenigen, die zuvor ihre Nase über die auffälligen Convertibles der 50er-Jahre

rümpften, können sich jetzt in Demut üben, denn lieber ein verwegenes Design mit einer großen Portion Ironie und dem Wunsch zu verblüffen als Langeweile, Eintönigkeit und Standardisierung – besser leuchtende Farben als tristes Grau! Eine genaue Prüfung der Angebotspalette bringt jedoch Interessantes zum Vorschein. Beginnen wir mit den Cabriolets. Bei ihnen hat sich auf den ersten Blick nicht viel verändert, man begegnet immer noch den gleichen alten Rolls Royces, Bentleys und Mercedes. Neu sind dagegen die Mini-Cabriolets, die schon bald den Löwenanteil im Verkauf der offenen Wagen ausmachen. Sie sind klein, schneidig, günstig zu kaufen und günstig zu unterhalten; allerdings nehmen sie durch ihren Mangel an Eleganz einiges von dem Zauber, der bislang den Mythos Cabriolet umgab. Zu diesen Modellen zählen das Volkswagen Golf Cabrio (das Bestseller-Cabriolet aller Zeiten), der Fiat Ritmo Bertone, der Ford Escort und der Peugeot 205.

In Bezug auf Design und individuelle Formgebung können die Sportwagen schon etwas mehr bieten. Dies liegt schlicht daran, dass sie von vornherein in der Klasseneinteilung eine Stufe höher stehen.

Es sollte berücksichtigt werden, dass die Begriffe Sportwagen und Roadster hier auch Cabriolets und Convertibles umfassen, also offene Versionen von Limousinen und Coupés, die durch ihr flottes Temperament eher der Natur eines Sportwagens nahe kommen. Im Allgemeinen zeigen die Roadster nun eine weichere Linienführung als die kantigen Modelle der 70er Jahre, auch wenn Seitenbleche, Front- und Heckpartie weiterhin flach gehalten sind. Die Suche nach der perfekten Stromlinienform geht nur in kleinen Schritten voran, fast so,

216 oben *Bei diesem athletischen Sportwagen handelt es sich um den 1982er Turbo Esprit, der nach der Epoche des Seven erneut die Herzen vieler Kunden für Lotus gewinnt.*

216 unten *Der Maserati Spyder ist in Europa und Amerika dank seines ausgezeichneten Preis-Leistungs-Verhältnisses sehr beliebt. Das abgebildete Modell gehört zur ersten Reihe, die von 1985 bis 1989 verkauft wird und mit 2,5-Liter-Motor und doppeltem Turbolader ausgestattet ist. Die zweite Reihe des Spyders kommt mit 2,8-Liter-Motor auf den Markt und ist bis 1994 erhältlich.*

217 oben *Dieses Modell, der TR8, beendet die herrliche Triumph TR-Reihe – allein schon aus diesem Grund sollte das Modell Erwähnung finden. Es hat einen V8-Motor mit 135 PS (der TR7 hatte nur vier Zylinder) und fährt 196 km/h.*

217 unten *Ein konkretes Beispiel, wie sich die eckigen Formen bei den Karosserien der Sportwagen durchsetzen – das Jaguar XJS Cabriolet. Das Modell löst den E-Type ab und ist für eine lange, erfolgreiche Karriere bestimmt.*

218 oben und 218–219 *Heck- und Seitenansicht eines Ferrari 348 Spider nach einem Design von Pininfarina. Der GTS kommt im Unterschied zu diesem Modell als Targa-Version mit abnehmbarem Hardtop auf den Markt. Beide Ausführungen haben einen 320-PS-Motor (310 PS in den USA) der sie auf eine Höchstgeschwindigkeit von 275 km/h bringt. Die erste Reihe wird 1989 vorgestellt, das abgebildete Modell stammt von 1994.*

218 unten *Dieser Alfa Romeo Duetto gehört zur vierten und damit letzten Serie, aber Mitte der 90er-Jahre hat der berühmte kleine Sportwagen nach 30jähriger Karriere seinen Zauber bereits verloren. Er wird durch ein wunderschönes Auto mit Frontantrieb, das denselben Namen trägt, abgelöst.*

219 unten *Das Ferrari Mondial Cabriolet ist auch von Laien sofort an seinem Zentralrahmen unmittelbar hinter der Fahrerkabine dicht am Motor zu erkennen.*

als wollte man existierende Karosserieprofile, die ohnehin nur sehr selten die Phantasie des Betrachters anregen können, nicht beleidigen.
Was die Preise anbelangt, so sind Aston Martin DBS V8 und Lagonda unschlagbar. Sie werden gegen Ende der 80er-Jahre angeboten und ihre dezente Schönheit steigert sich noch durch ihre Seltenheit.
Es gibt mehrere Ferraris: den 308 GTS, den Mondial 8 und den Testarossa, alle in verschiedenen Ausführungen und mit unterschiedlichen Motoren. Ferrari-Fans werden uns zweifellos verstehen, wenn wir diese Modelle und auch die, die Anfang der 90er-Jahre herauskommen, als die schlechtesten Pininfarina-Designs bezeichnen, die jemals in Serienproduktion gingen (natürlich gemessen an den Fähigkeiten dieses Herstellers). Bisher haben die Designer mit ihren Eingebungen immer ins Schwarze getroffen, doch nun scheinen sie sich in einer Reihe von lieblosen eckigen Formen verbohrt zu haben, denen es an der nötigen Eleganz mangelt, um den ausgefallenen Modellen einen strahlenden Glanz zu verleihen. Die drei GT's, der 1981er 308 – mehr Targa als Sportwagen –, der unbefriedigende 1984er Mondial 8 mit seinen altmodischen herausfahrbaren Scheinwerfern und der 1985er Testarossa, sind plumpe angeberische Designs, die zur Geschichte des offenen Wagens nichts positives beizutragen haben. Der Testarossa sollte wenigstens in limitierter Auflage produziert werden, um die wilden Kämpfe unter den Sammlern zu rechtfertigen, die immer größere Summen, nicht etwa für das Auto, sondern nur für den Kaufvertrag auf den Tisch blättern. Gebrauchte Autos sind mehr wert als neue, sodass jeder, der schnell einen besitzen möchte, mehrere Tausend Dollar über Preis bezahlen muss. Doch im Fall des Testarossa und des 512 TR stellt sich all dieses als völlig unnötig heraus, denn es werden mehr als genug gebaut.
Auch die vierte und damit letzte Generation des Alfa Romeo Spider, der bei seinem ersten Erscheinen so viele Lorbeeren geerntet hatte und ebenfalls von Pininfarina stammt, wirkt nicht mehr sehr aufregend. Er sieht vielmehr wuchtig aus und hat nichts vorzuweisen, das ihn besonders auszeichnen könnte.
Auf einem etwas niedrigerem Preisniveau als die Ferraris, aber immer noch im Bereich der Luxusklasse, liegt der Jaguar XJS-C. Er hat die undankbare Aufgabe den E-Type zu ersetzen. Weitere englische Sportwagen der 80er-Jahre sind TVR, Lotus Elan, Triumph TR7 und TR8 und der MG Midget; sie alle sind klein, niedrig, kantig und platzen schier vor Energie.
Die BMW 3er-Reihe mit ihren verschiedenen Motorengrößen ist weiter verbreitet. Ihr elegantes Design und die überzeugende Leistungsfähigkeit symbolisieren die Rückkehr des deutschen Herstellers zur Produktion offener Modelle von höchster Qualität. Außerdem finden sich auf dem Markt der 80er-Jahre auch der Saab 900, der wegen seiner einfachen Linienführung geschätzt wird, und der Maserati Biturbo Spyder. Letzterer ist preisgünstig und fährt sehr schnell, es ist allerdings nicht zu leugnen, dass er auch mit vielen technischen Defekten negativ auffällt.
Das wichtigste Modell auf beiden Seiten

des Atlantiks ist in dieser Zeit das Porsche 911 Cabrio. Bei ihm handelt es sich schlicht um ein 911 Coupé mit „abgeschnittenem" Dach.
Wir haben die Entscheidung, das Auto nicht in die Liste der edelsten Modelle aufzunehmen, obwohl es so berühmt ist, ausnahmsweise nicht aus Platzmangel getroffen. Es würde auch nichts dagegen sprechen, die Targa-Version des 911 dort vorzustellen, nachdem sie sich durch das abnehmbare Hardtop ja als offenes Modell definiert. Doch im Vergleich zu den Sportwagen, Roadster, Cabriolets und Convertibles erscheinen uns die Targas doch ein wenig als Schwindler: Sie wollen Coupés sein, aber sind es doch nicht. Auf Grund ihrer ausgezeichneten Qualitäten und dank ihrer Vielseitigkeit verdienen sie jedoch ein eigenes Kapitel.
Das 911 Cabriolet hat ein unvorteilhaftes Verdeck, das im aufgeklappten Zustand viel von der fließenden, runden Gestalt zerstört, die gerade den wunderbaren Charakter der geschlossenen Version ausmacht. Bei hohen Geschwindigkeiten tritt der Balloneffekt ein, bei dem das Verdeck durch den entstehenden Unterdruck nach oben gesogen wird; das Resultat ist unübersehbar und hässlich. Obwohl es auf der ganzen Welt gefragt ist, ist das Cabrio doch nur eine Variante des 911 und hat offensichtlich weniger Persönlichkeit als andere offene Modelle, die weiter hinten im einzelnen vorgestellt werden. Wir hoffen, Sie als Leser verstehen unsere Entscheidung, auch wenn Sie vielleicht nicht zustimmen können.
Insgesamt sind die 80er-Jahre eher depremierend, obwohl 1986, fast nebenbei, ein wirklich großartiges Modell herauskommt: der BMW Z1 Roadster. Er ist klein und weist viele technologische Neuheiten auf, die auch bei nachfolgenden Modellen, Limousinen wie Sportversionen, eingesetzt werden. Besonders eigenwillig ist das Ein- und Aussteigen beim neuen Z1, denn seine Türen sind nicht seitlich zu öffnen, sondern verschwinden nach unten im Unterboden des Autos. Das Modell wird begeistert aufgenommen und die Nachfrage übersteigt die Erwartungen bei weitem. Der Z1 ist das einzig echte offene Modell von BMW in dieser Zeit, bei dem weder an Funktionalität noch an Investitionen gespart wird. Es ist ein Zweisitzer für reinen Spaß.

220 unten *Das stromlinienförmige Heck verleiht diesem 1989er Porsche 911 Speedster ein besonders aggressives Aussehen. Sein Name weckt Erinnerungen an den 356 Speedster von 1955, aber diese moderne Version überlebt nicht lange. Die beliebtesten Varianten des Porsche 911 sind der Targa und die Carreras 2 und 4.*

220–221 *Der BMW Z1 ist ursprünglich ein Übungsentwurf, doch er wird so begeistert aufgenommen, dass das Modell in Produktion geht. Es ist ein echter Roadster, der Vorläufer des wunderschönen Z3 und dessen Nachfolger Z07. Das auffälligste Merkmal des BMW Z1 sind seine elektrisch versenkbaren Türen, die beim Öffnen in einem Hohlraum unter der Karosserie verschwinden. Die Mechanik des Autos und die Geometrie der Räder zeigen viele Neuerungen, die später auch bei anderen beliebten Serienmodellen, vor allem den Limousinen, eingesetzt werden. Von 1988 bis 1991 werden lediglich 8000 Autos dieses Modells gebaut; unter Sammlern ist es sehr begehrt. Seine Höchstgeschwindigkeit beträgt 230 km/h.*

221 oben *Bevor die BMW-Rover-Gruppe sich mit dem MG F in den späten 90er-Jahren ganz an die Spitze des internationalen Roadster-Marktes setzen kann, erwacht Rover MG mit diesem RV8 aus dem Winterschlaf. Das Modell ist eine nostalgische Erinnerung an den MG B und wird von 1992–1995 produziert.*

221 unten *Dieses Bild scheint aus einer anderen Epoche zu stammen, doch tatsächlich handelt es sich bei dem dargestellten Auto um einen Zeitgenossen der übrigen Modelle auf dieser Doppelseite. Es ist die 1990er Version des Morgan Plus 8, der, abgesehen von sicherheitstechnischen Überarbeitungen, treu am Originaldesign der 30er-Jahre festhält.*

Zu viele Targas in den USA

Die Tristheit der 80er-Jahre befällt die gesamte Automobilindustrie. Es mangelt an Ideen und was noch schlimmer ist – auch am tiefen Wunsch, offene Wagenmodelle zu bauen. Falls dies ein Trost sein kann, es fehlen in dieser Dekade auch die geschlossenen Sportwagen, die in Europa als Coupé und in Amerika als Sport-Zweitürer bekannt sind.

Die amerikanischen Sportwagen sind immer noch die gleichen und die Corvette ist dabei das einzige Modell, das sich durch eine große Persönlichkeit hervortut. Doch mittlerweile ist die Corvette ein Nischenprodukt geworden für einen kleinen, speziellen Kundenkreis und es gelingt ihr nicht mehr die Kreativität der Designer positiv zu beeinflussen.

Sogar der ruhmreiche Mustang muss beschämende Momente erleben. Er ist eines der repräsentativsten Modelle in der Geschichte des amerikanischen Convertibles und wird 1981 aufgegeben – vielleicht vermittelt dies eine Vorstellung von der Schäbigkeit, mit der dieses Modell behandelt wird. In den 60er-Jahren war der Mustang ein temperamentvolles, aufregendes offenes Modell, das im Leben von zwei Generationen für viel Aufruhr sorgte. 1981 ist er ausgestorben. Was stattdessen den Namen Mustang trägt, ist ein Targa, genauer ein T-Top, der ausschaut, als hätte man das Dach mit einem Dosenöffner entfernt. Warum das Modell Mustang heißt und warum der wunderbare Mustang so ein erniedrigendes Ende haben muss – diese Fragen bleiben unbeantwortet.

Der 1981er Mustang hat eine geschmacklose, kastenartige Limousinenform und mit montiertem Hardtop kann man sich kaum

222–223 oben *Der 1991er Mercury Capri XR2 beweist, wie ähnlich sich die flachen, eckigen und relativ unpersönlichen Modelle in Amerika und Europa in den 80er- und zu Beginn der 90er-Jahre sind, bevor Mitte der 90er-Jahre die „Renaissance" beginnt. Ebenso wie der temperamentvolle Vierzylindermotor sind auch die Außenmaße des Capri typisch europäisch.*

noch vorstellen, wie das berühmte Convertible einst aussah. Unbeschreiblich sind auch die in den Kühlergrill gezwängten Doppelscheinwerfer, die der Front den Charme einer schmollenden Grimasse verleihen. Außerdem ist der Motor von einem Achtzylinder auf einen Sechszylinder mit weniger als 80 PS zusammengeschrumpft. Gott sei Dank hat die Corvette trotz Innovationen und nachfolgender Generationen immer an ihrer ursprünglichen Philosophie festgehalten. Sie bildet in der Geschichte des Autos eine Klasse für sich und jede Schmälerung ihrer äußeren Gestalt oder ihrer „inneren Werte" hätte einen öffentlichen Aufstand zur Folge.
Das Jahrzehnt endet für die Corvette mit der superknausrigen, eigentümlichen Version ZR1 Targa, die wegen ihres Schlüssels in Erinnerung ist, mit dem sich die Leistung des Autos um 30 Prozent reduzieren lässt. Von Chevrolet stammen noch andere, wenn auch nicht so berühmte Modelle. Zum Beispiel der Camaro, von dem 1982 ebenfalls eine Targa-Version auf den Markt kommt. Oder der Cavalier, ein viersitziger Sportwagen mit bescheidenem Vierzylindermotor. Zu Beginn der 90er-Jahre erscheint das Modell Beretta.

Von Pontiac werden die mäßig interessanten Sunbird- und Firebird-Versionen gebaut, bei denen es sich um große GT's mit moderater Leistung handelt. Auch der mächtige 1980er TransAm stammt von Pontiac.
Es wird bereits klar, dass viele offene Modelle zur Targa-Familie zählen. Der Einbau eines Überrollbügels ermöglicht es den Herstellern, ohne größere Kosten ein offenes Modell anzubieten.
In den 50er- und 60er-Jahren galt Cadillac als Lotsenfisch in den weiten Gewässern der offenen Modelle. Doch in den 80er-Jahren bringt die Firma eine bescheidenere Version des Eldorado Biarritz sowie den Deville und den Allanté, entworfen und gebaut von Pininfarina, auf den Markt.
Das repräsentativste Modell der 80er-Jahre (die man am besten mit geschlossenen Augen durchlebt) ist der Chrysler LeBaron. Er ist ausgesprochen preisgünstig und hat eine ausgezeichnete Grundausstattung. Sein großer, aufgeblasener Kühlergrill ist sehr altmodisch, doch 1989 wird er etwas schlanker und gefälliger geformt. Die Höchstgeschwindigkeit des Modells mit Vierzylindermotor ist zunächst eher bescheiden (171 km/h), dann mittelmäßig (182 km/h) und schließlich ausgezeichnet (220 km/h), was an der Steigerung der Motorleistung von 88 PS (1986) auf 119 PS (1989) und 152 PS (mit Turbolader im selben Jahr) liegt.

222–223 unten *Dieser 1992er Pontiac Trans Am demonstriert den nordamerikanischen Stil kahler, funktionaler Linienführung. Die kleinen Heckflossen dürfen natürlich trotzdem nicht fehlen!*

223 oben rechts *Dieser Cadillac Allanté wird in Amerika entworfen und gebaut und dann nach Italien in die Pininfarina-Werkstätten verschifft. Dort erhält das Auto sein elektrisches Verdeck und den letzten Schliff.*

Die ersten offenen Modelle der Japaner

Die Japaner, die sich selbst für ihre technologischen Fähigkeiten, ihre zuverlässige Technik und ihre niedrigen Preise rühmen, entscheiden sich schließlich, auch die Marktnische der offenen Wagen zu besetzen. Heute bauen Toyota, Nissan und andere durchaus interessante Modelle, die allerdings keine besonders attraktive Ausstrahlung haben. Sie sind fast alle klein und basieren auf den Konzepten der Modelle aus den frühen 60er-Jahren, so z. B. der 1965er Toyota Sport 800, der 1966er Honda S800 und der 1967er Datsun Sport 2000.
In den 80er-Jahren erscheinen bei Nissan, früher Datsun, die Targa Modelle 280 ZX, 300 ZX und 100 NX. Von Toyota kommt der MR 2 mit T-Top auf den Markt sowie die Convertible-Version des ausgezeichneten Celica Coupé. Das wichtigste Modell der relativ begrenzten japanischen Angebotspalette ist der Mazda MX-5 oder Miata, der in Amerika und Europa großen Erfolg hat. Es werden sogar zahlreiche Fan-Clubs gegründet. Das Modell ist klein und dank seines Hinterradantriebs sehr angenehm zu handeln, zudem ist es die erste echte Roadster-Version seit der Rezession der 70er-Jahre. Der Miata hat eine kompakte, abgerundete Form und herausfahrbare Scheinwerfer. Diese werden jedoch bei der ersten stilistischen Überarbeitung des Modells, die erst Ende 1997 stattfindet, verändert. Ursprünglich wird der Miata mit einem 1,6 Liter-Motor und 115 PS verkauft, doch in den 90er-Jahren kommt auch eine 1,8-Liter-Version mit 130 PS hinzu.
Wir halten den Miata für einen der wichtigsten offenen Wagen der 80er-Jahre, ebenso wie den Chrysler LeBaron. Doch das japanische Modell ist in jedem Fall innovativer und orientiert sich deutlicher am Konzept des reinen Sportwagens.

224 oben *Der Mazda MX-5 kommt 1989 in den Handel, obwohl das Konzept eines kleinen Sportwagens mit vorne eingebautem Motor und Hinterradantrieb schon 1983 existiert. Das endgültige Serienmodell wird 1987 fertig gestellt.*

224 Mitte *Der Honda SSM ist der Prototyp eines Sportwagens mit getrennten Einzelsitzen, der des 1963er S500, Hondas erstem Sportwagen, gedenken soll.*

224 unten und 225 unten *Der Honda CRX ist nur 3962 mm lang, 1676 mm breit und 1245 mm hoch. Er hat ein spezielles, entweder elektrisch oder manuell zu bedienendes System, mit dem das Hardtop im Kofferraum verschwindet. Der japanische Targa kommt 1992 auf den Markt und wird bis 1997 produziert.*

225 oben *Das Toyota Celica Cabrio ist die offene Version des berühmtesten Coupés der Marke. Das Bild zeigt das Profil der aktuellsten Version (1993), die sofort an den vier standardmäßig runden Scheinwerfern erkennbar ist.*

Cabriolets auf dem Weg ins 21. Jahrhundert

Cabriolets und Sportwagen wieder auf Kurs

226 oben *Dieses Modell symbolisiert Rovers Rückkehr in das Marktsegment der kleinen Sportwagen und Roadster. Der Mittelmotor sorgt für exzellentes Fahrverhalten und bringt viel Fahrspaß, besonders auf kurvenreichen Straßen.*

226 unten und 227 unten *Der Mercedes SLK hebt sich von den Cabriolets der späten 90er-Jahre besonders durch sein Dach ab. Wie links zu sehen, wird das Hardtop elektrisch versenkt.*

Ebenso wie das 20. Jahrhundert nähert sich auch dieser geschichtliche Überblick nun seinem Ende. Die Cabriolets werden auf ihrem Weg ins 21. Jahrhundert von dem zuversichtlichen Bewusstsein getragen, den Trend der fallenden Verkaufszahlen in den Jahren 1996 und 1997 überwunden zu haben. Jetzt sind es die Sportwagen und Roadster, die das Feld anführen. In der zweiten Hälfte der 90er-Jahre wecken zahlreiche neue Modelle das Interesse der Autofahrer, die die immer gleichen, alten Kisten auf vier Rädern bereits leid sind. Auch Trendsetter zeigen sich wieder gern in leistungsstarken offenen Modellen. Einige Ereignisse können als klare Zeichen einer Renaissance der offenen Wagen gewertet werden, so z. B. der Bau der ersten BMW-Fabrik für den erfolgreichen Z3 Roadster in Amerika (South Carolina) oder das Debüt eines preisgünstigen Mercedes Cabriolets, des SLK, der zudem das Konzept des elektrisch versenkbaren Hardtops wieder aufnimmt.

Ein kurzer Blick auf das Sozialverhalten in der westlichen Welt enthüllt ebenfalls einen neuen Trend: Nach Jahrzehnten der Selbstbeschränkung keimt plötzlich der Wunsch Grenzen zu überschreiten, sich in seinem Auto befreit zu fühlen und nicht alle Verantwortung für Luftverschmutzung auf sich nehmen zu müssen, neu auf. Die Autohersteller sind wie immer bereit, neue Trends aufzugreifen und plötzlich gibt es eine Fülle neuer Cabriolets, die jedem Geschmack und jedem Geldbeutel etwas bieten kann. Die Marketingexperten begreifen schnell, dass der Durchschnittspreis für ein offenes Modell verhältnismäßig gering sein muss. Dabei darf der Kunde als Gegenwert aber nicht nur – wie in den 60er-Jahren – eine alberne, kleine Schüssel erhalten, mit der er sich ständig am Rande der Lächerlichkeit bewegt. Nun

227 oben *Der aufregende BMW Roadster Z3 nach dem Entwurf von Chris Bungle. Man beachte den Buchstaben „M" oben im Bild, der anzeigt, dass das Auto in der Motorsportabteilung von BMW getunt wurde und damit leistungsmäßig zur Spitzenklasse zählt.*

228 oben *Dieser Porsche Boxster war lang ersehnt, nachdem er als Prototyp auf einer Automobilausstellung nach der anderen vorgestellt wurde. 1996 kommt er endlich auf den Markt. Der Boxster hat einen 2,5 Liter großen, längs eingebauten Sechszylinder-Boxermotor mit 204 PS. Er fährt die Höchstgeschwindigkeit von 241 km/h.*

228 Mitte und unten *Ein ungewöhnlicher Sportwagen von Renault – es scheint, als wäre das Auto von einer Colin-Chapman-Kreation wie dem Lotus Seven inspiriert, allerdings ist das Renault-Modell nicht so extrem. Dieser Spider wird zunächst für Markenrennen entworfen, aber später zur Straßenversion weiterentwickelt. Das Auto hat einen 150-PS-Motor, der 216 km/h Höchstgeschwindigkeit und die Beschleunigung von 0–100 in 7,4 Sekunden ermöglicht.*

229 *Diese Roadster-Version des Lotus Elise ist zur Hälfte handgefertigt. Er hat eine kompakte, aggressive und sehr lebendige Form. Sein 1,8-Liter-Motor produziert 118 PS. Auffällig ist das Design an den Seiten: die Aushöhlungen ähneln den Spuren eines Meteoriteneinschlags.*

hat auch das kleinste Modell ein flottes und innovatives Design und selbst der winzigste Motor zeigt aufregende Leistung. All diese Aspekte geben den offenen Wagen wieder neuen Auftrieb, obwohl sie sich in Europa, Amerika und Japan auch weiterhin auf eine Marktnische beschränken müssen. Glücklicherweise sind die 80er Jahre bereits Vergangenheit und Cabrio-Liebhaber beten inständig, dass solche Zeiten nicht mehr wiederkehren. Was bieten also die 90er Jahre? Zur besseren Übersicht haben wir die wichtigsten Modelle in willkürliche Kategorien eingeteilt und dazu das Jahr ihrer Präsentation, ihrer Markteinführung oder ihrer stilistischen Überarbeitung angegeben. Den größten kreativen Schub zeigt die Autoindustrie Mitte der 90er-Jahre, sodass wir einige Autos, die nach 1995 nicht mehr erhältlich sind, unberücksichtigt lassen.

Roadster und Sportwagen der oberen Mittelklasse: Sie sind Prestigeobjekte. Der BMW Z3 (1995) und der Mercedes SLK (1996) führen in dieser Kategorie. Beide Modelle zeigen Merkmale, die an die Grand-Prix-Rennwagen der 30er-Jahre erinnern; ihre Motorhauben sind verhältnismäßig lang, die Sitzposition tief und das Fahrgefühl ist geprägt von der unmittelbaren, sensiblen Reaktion der Fahrzeuge. Der 1995er MG F ist mit Mittelmotor ausgerüstet, wodurch das Fahrzeug die Straßenlage und Fahreigenschaften der kleinen Sportlimousinen der 60er-Jahre erhält. Gleiches gilt für den

230 *Der Jaguar XK8 führt die ruhmreiche Geschichte des E-Types und des XJS fort. Das Modell kombiniert luxuriöse Innenausstattung mit wahrhaft sportlicher Leistungsfähigkeit; letzteres dank seines exzellenten Motors und seiner elektronischen Fahrwerksregelung.*

231 oben *1994 kommt dieser Pontiac Firebird Trans Am auf den Markt. Er ist ein interessantes Beispiel für ein modernes, komfortables und sportliches amerikanisches Convertible. Sein V6-Motor mit 203 PS erlaubt eine Höchstgeschwindigkeit von 201 km/h. Das Modell hat noch herausfahrbare Scheinwerfer, die aber schon bald aus der Mode kommen.*

231 unten *Aston Martin liefert das vielleicht weltbeste Beispiel für sportlichen Luxus. Dieser DB7 führt die Tradition der prestigeträchtigen und exklusiven GT's fort. Der 3,2 Liter große 340-PS-Motor sorgt für eine Höchstgeschwindigkeit von 259 km/h. Der DB7 ähnelt dem Jaguar XK8 in verschiedenen Punkten.*

1996er Porsche Boxster und den 1997er Honda NSX. Das Sportwagen-Modell von Renault ist besonders eigenwillig, es gleicht einer Mischung aus Strand-Buggy und einer modernen Interpretation des Lotus Seven. Das Auto heißt Sport Spider und erscheint 1995.

Sportwagen der Mittelklasse: Diese Modelle sind mehr oder weniger reine Sportwagen, allerdings zu einem erschwinglicheren Preis. Zielgruppe für diese Autos sind Kunden, die sich einen Zweitwagen nur zum Vergnügen halten wollen. Natürlich sind die Modelle nicht ganz so attraktiv wie die der ersten Kategorie, trotzdem nehmen sie im Markt einen wichtigen Platz ein. Zu dieser Kategorie zählt der äußerst beliebte 1994er Alfa Romeo Spider, der sich von der vorausgegangenen gleichnamigen Serie aber völlig unterscheidet. Dagegen haben der Chevrolet Camaro (1993), der japanische Toyota Celica (1993) und der Mitsubishi Eclipse (1994), der Fiat Barchetta (1995) und der Audi TT (1998) keine besonderen ästhetischen Merkmale im Vergleich zu ihren jeweiligen Vorgängern. Sogar ihre 2–3-Liter-Motoren stimmen häufig noch mit diesen überein.

Kraftprotze: Einige Sportwagen heben sich durch ihre Motorleistung ab. Es handelt sich häufig um die getunten Versionen wenig aufregender Cabriolets. Ihre äußere Gestalt scheint dabei aber nicht besonders von ihrem neuen sportlichen Temperament beeinflusst zu werden und glücklicherweise finden sich hier auch keine extremen oder grotesken Designs. Zu dieser Kategorie gehört der BMW M3, der amerikanische Pontiac Firebird und der Porsche 911 Carrera, alle von 1994, sowie der äußerst elegante Jaguar XK8 (1996).

Gran Tourismo: Echte GT's sind nur gelegentlich offen, sie zeichnen sich durch starke Motorleistung aus und sind den

232 oben *Diese Spezialanfertigung, der Chrysler (oder Dodge) Viper RT'10, passt nicht zum traditionellen Design der offenen Modelle in den 90er-Jahren: Er ist unbequem und sehr auffällig. Aber abgesehen von dem Ferrari F40 bzw. F50, ist es das einzige Auto, das seinem glücklichen Fahrer das Gefühl vermitteln kann, in einem Formel-1-Wagen zu sitzen! Der gewaltige 8-Liter-Motor produziert 400 PS und ermöglicht eine Beschleunigung von 0 auf 100 in nur 4,6 Sekunden. Die Höchstgeschwindigkeit beträgt 272 km/h.*

232 unten *Dies ist ein echtes, aber seltenes Straßenmonster – der Lamborghini Diablo Roadster. Mit diesem Modell kann man, die richtigen Bedingungen vorausgesetzt, die Höchstgeschwindigkeit von 324 km/h erreichen. Seine Beschleunigung von 0 auf 100 km/h in nur 4,3 Sekunden übertrifft sogar die der Viper. Obwohl das Modell als Roadster bezeichnet wird, ist es doch eher ein Targa.*

233 *Dies ist die Front eines Modells, das mit seiner Sitzposition und seinem Fahrverhalten kaum noch als Straßenmodell betrachtet werden kann. Es ist der Ferrari F50, ein zweisitziger Formel-1-Wagen, der mit seiner Höchstgeschwindigkeit von 327 km/h und der Beschleunigung von 0–100 in 4,0 Sekunden unschlagbar ist.*

fähigsten Fahrern vorbehalten. Einige dieser Modelle sind sehr selten, z. B. der TVR Griffith 500 (1990) oder der Aston Martin DB7 Volante (1993); andere wiederum sind etwas bekannter, beispielsweise der Chevrolet Corvette (mit Versionen von 1995 und 1998), der Ferrari F355 Spider und der Honda NSX Targa, beide von 1995.
Straßenmonster: Teuer, unbequem, absolut unpraktisch und mit einem wahrhaft monströsen Benzinverbrauch erfüllen diese Autos die Sehnsüchte all derjenigen, die glauben, dass rasendes Tempo die größte menschliche Erfüllung ist. Mit 290 km/h zu fahren mag eine feine Sache sein, aber dies offen, am besten noch in einem dunklen Tunnel zu tun, in dem das gewaltige Brüllen des Motors laut widerhallt, ist um vieles besser! Tatsächlich jedoch sind diese Autos nicht mehr als Spielzeuge und sie halten sich auch nicht sehr lange. Die bekanntesten Modelle sind der Chrysler/Dodge Viper RT-10 (1992), der Ferrari F50 (1995), der Lamborghini Diablo (1995) und der Maserati Barchetta (1991).
Die Unvergänglichen: Dies sind Autos, die bereits vor Jahren vorgestellt wurden, aber immer noch eine moderne Linienführung, Ausstattung und Leistung zeigen. Im Allgemeinen werden sie in regelmäßigen Abständen stilistisch überarbeitet, wie beispielsweise der Porsche 911, der von 1980 stammt. Oder sie kamen in den 80er-Jahren auf den Markt und wurden seitdem nicht verändert, z. B. der Mazda Miata von 1989. Auch der Morgan Super 4 ist immer noch fast identisch mit seiner früheren Version, er erhielt 1988 lediglich eine kleine Auffrischung. Im selben Jahr wird auch der Maserati Spyder vorgestellt. Weitere vergleichbare Modelle sind der Lotus Elan (1989), der Honda CRX (1992) und der Volkswagen Golf Cabrio (1993).
Cabriolets: Sehr praktische offene Modelle, die Platz für 4–5 Personen bieten, Fahrkomfort und jede Menge Stauraum für das Gepäck garantieren. Durch diese Eigenschaften können sie auch als Erstfahrzeug eingesetzt werden, ohne dass sie ein Hardtop haben müssten; denn ist das Verdeck einmal zugeklappt, dann sind sie genauso einsatzfähig wie Limousinen. Auf uns wirken sie besonders elegant, fein ausgearbeitet und komfortabel; Cabriolets haben so viel Power, wie man sich nur wünschen kann und ihr Design ist grundsätzlich sehr nüchtern gehalten; abgesehen von der Windschutzscheibe erhebt sich nichts weiter über der Mittellinie der Karosserie. Typische Beispiele für wirtschaftlichen Erfolg und ausgewogenes Design sind hier der Saab 900 (1993) und die BMW 3er-Reihe (1992). Auch die amerikanischen Vertreter dieser Kategorie sind sehr schön: Da ist z. B. unser alter Freund Ford Mustang (1993), der das Jahrhundert als Mittel-

ding zwischen der aufregenden Kreation seiner Ursprungsmodelle und den eckigen, derben, hässlichen Versionen der 80er-Jahre beendet. Aber es gibt noch viele andere, die hier aufgeführt werden sollten: das elegante Audi Cabriolet (1991), die Mercedes E-Klasse (1993), der Chevrolet Cavalier und der Pontiac Sunfire (1994), der Chrysler Stratus/Sebring (1995), der Renault Mégane (1996) und der Volvo C70 (1997). Die Babys: Diese Modelle werden meist von Frauen und jungen Leuten bevorzugt. Sie erlauben es den Fahrern, sich den gewissen Touch des Anders-Seins zu geben, ohne dass sie zu tief in die Tasche greifen müssen oder Schwierigkeiten mit dem Fahren und Parken bekommen. Die Autos dieser Kategorie bilden leicht die größte Gruppe in Bezug auf ihre Verkaufszahlen, aber optisch sind sie am wenigsten interessant. Im Vergleich zu anderen offenen Modellen sind sie nicht mehr als Badewannen auf vier Rädern mit Motor, Überrollbügel und einem Verdeck, das sich

234 oben rechts *Dieser Alfa Romeo löst den Spider (oder Duetto) ab. Er trägt den gleichen Namen und weist einige Ähnlichkeiten zu seinem noblen Vorgänger auf, dennoch wird das Modell von den Liebhabern des alten Spiders nicht genauso begeistert aufgenommen.*

234 oben links *Der Audi TTS Roadster ist der Nachfolger des mäßig erfolgreichen Audi 80 Cabriolet. Dieses Modell ist auch als geschlossene Version zu haben und wird wohl wegen des üppig verwendeten Aluminiums in Erinnerung bleiben.*

234 Mitte *Die Heckpartie des Fiat Barchetta – dieses Modell markiert die Rückkehr von Fiat in den Sportwagen-Markt, aus dem sich die Firma einige Zeit zurückgezogen hatte.*

234 unten *Chrysler schafft sich mit dem Stratus ein Standbein im europäischen Markt. In punkto Größe, Motorenstärke (der Stratus ist auch als 2-Liter-Version erhältlich) und Preis entspricht das Modell den europäischen Bedürfnissen.*

ab Tempo 100 km/h aufbläht. Aber sie sind beliebt und verdienen schon allein deshalb eine Erwähnung. Dazu gehören z. B. der Ford Escort (1990), der Opel Astra (1991) in Europa, der Suzuki Cappucino und der Toyota Paseo (1991) in Japan, der Rover 200 Cabriolet (1992) und der Peugeot 306 und Fiat Punto (1994).

Luxusmodelle: Sie nehmen dank ihrer Qualität und Schönheit die Spitzenposition unter den Cabriolets ein. Ihre Preise sind natürlich astronomisch und die Modelle damit für „Normalsterbliche" unerreichbar. Ihre Motoren sind so leistungsstark, dass sie bei fast jeder Geschwindigkeit noch ein kleines Bisschen zugeben können. Der Fahrkomfort ist riesig – man merkt kaum, dass man fährt. Die Schmuckstücke unter diesen Angeboten sind der Mercedes SL (überarbeitet 1989), der Aston Martin Virage Volante (1990) und der viel gerühmte Bentley Azure (1994).

Insgesamt ist das Angebot an offenen Modellen sehr umfangreich, doch wir meinen nach wie vor, dass dieses wiedererwachte Interesse an den Cabriolets in erster Linie auf Modelle der ersten Kategorie zurückzuführen ist. Es scheint, als könnten die Roadster und Sportwagen der oberen Mittelklasse neue Design-Themen voraussehen, als entwickelten sie sich zum Quell für Innovationen.

Die Welt der offenen Wagen ist auch die Welt der Individualisten. Manche erscheinen als altmodische Gentlemen, andere als Narren und einige wenige auch als nostalgische Autoliebhaber – sie alle haben das Bedürfnis, sich von der Masse abzuheben. Für sie gibt es viele, fast unbekannte Marken, die oft nur auf Bestellung gefertigt werden. Hier eine kurze Liste von Modellen, die vielleicht noch bekannt sein könnten: Ginetta G27 (1992), AC Ace (1993), Caterham 21 und Reliant Scimitar (1994), Rinspeed Roadster (1995) und der Panoz AIV (1996).

235 oben *Der Mercedes 300 SL ist ein Roadster mit großartiger Ahnengeschichte, seine Wurzeln reichen zurück bis 1957. Die abgebildete Serie hat drei Motoren (6-, 8- und 12-Zylinder) in vier verschiedenen Größen (2,8, 3,2, 5 und 6 Liter) zur Auswahl.*

235 Mitte *Der Azure ist das Rolls- und Bentley-Angebot im sehr kleinen Marktsegment der ultraluxuriösen Cabriolets zum Ende der 90er-Jahre.*

235 unten *Dieses elegante Auto mit der klassischen Linienführung ist der 1992er Rolls Royce Corniche Anniversary.*

Wer wird das nächste Design-Genie?

Dieses Buch erscheint in einer Zeit, in der sportliche Autos – besonders offene Modelle – in eine Flut von Rundungen und Stromlinienformen gehüllt werden. Man trifft auf wunderschöne, atemberaubende Designs, die den offenen Wagen auf der ganzen Welt neues Leben und neue Dynamik verleihen. Diese Autos reflektieren die natürliche Fortentwicklung der Formen, Details und Proportionen, die in 100 Jahren Automobilgeschichte herangereift sind. Aber auch Designs mit überladenen, eintönigen, gar ängstlich zurückhaltenden Merkmalen können in einigen Fällen entdeckt werden.
Wir haben uns ja bereits über die Rolle der offenen Modelle ausgelassen: Abgesehen davon, dass sie ihre Besitzer mit Stolz erfüllen, regen sie auch die Phantasie der Designer an und werden zu Vorboten ungewöhnlicher, innovativer Automobildesigns der Zukunft. Von Designern „aufgestylt", wie die Top-Models bei einer Modenschau, überraschen auch sie und zeigen kommende Trends auf.
Doch gerade jetzt durchleben die Cabriolets dieses Jahrzehnts – einige wenige Exemplare aus der zweiten Hälfte der 90er-Jahre ausgenommen – eine Identitätskrise, und das, obwohl sie in großer Zahl erhältlich sind und gut aussehen. Häufig handelt es sich bei ihnen um Klone von Coupés. Oder sie sind als eigenständige Modelle entworfen worden, verpassen es aber ihre stilistischen Chancen zu nutzen.
Die Arbeiten von herausragenden Designern wie Philippe Starck, der den Aprilia Moto und den Ford Ka und Escort entworfen hat, bestärken uns in dem Gefühl, dass die Autoindustrie kurz davor steht, neue und aufregende Wege zu gehen. Es scheint, als bewegen wir uns auf ein Auto zu, das bereit ist Risiken einzugehen, individuell zu sein, Sinn für Ironie hat und sich von Ähnlichkeiten und Konformismus völlig frei machen kann.
Die Modelle von Starck scheinen sich aus den Überschneidungen von Rundungen zu entwickeln; nicht die Vereinigung dreidimensionaler Formen ergibt das Design, sondern einzelne Linienabschnitte, die scheinbar außerhalb des Autos selbst beginnen und enden. Und diese Linienabschnitte zeigen sich in jedem einzelnen Merkmal, das Starck deutlich herausarbeitet (z. B. Lichter, Stoßstangen, Kühlergrill, Tür). Doch man könnte genauso gut behaupten, dass die Form der einzelnen Merkmale durch die Kreuzung von zwei, manchmal auch drei gekrümmten Linien entsteht. Dieses kreative „Chaos" ist wunderbar dynamisch und der Betrachter wird nicht müde, mit seinen Augen immer wieder über die Linien der gesamten Karosserie zu fahren und nach dem Ausgangspunkt für diese Formen zu suchen.
Starcks Ideen wurden bereits bei vielen – mehr oder minder praktischen – Prototypen aufgegriffen und ab 1995 auf internationalen Automobilausstellungen besonders in Detroit, Frankfurt, Genf und Tokyo vorgestellt. Doch Starcks Visionen sind nicht die einzigen: Noch offensichtlicher ist die Rückkehr zu kunstvollen Stilen wie dem Art Déco und das Auftauchen vertikaler und rechteckiger Leuchten, die den hängenden Prismen der Zimmerlampen aus den 20er-Jahren gleichen.
Ein anschauliches Beispiel liefert der Chrysler Prowler, von dem exakt 5000 Autos gebaut und sofort verkauft werden. Er ist ein echter Roadster der 30er-Jahre. Die Räder stehen mit ihren motorradähnlichen Schutzblechen von der Karosserie ab, die Radaufhängung ist deutlich sichtbar, der große Motorraum erinnert andeutungsweise an den sargförmigen Vorbau von Gordon Buehrigs Cord, die Stoßstangen gleichen Mini-Schienen, er hat schmale Trittbrett-Imitationen und ein abgerundetes Bootsheck. Das Modell hat großen Erfolg, auch ohne den Gepäckanhänger, den es im gleichen Stil und gleicher Farbe passend dazu gibt.
Am Ende dieses Jahrhunderts stehen die Cabriolets also vor einer Herausforderung, die sie nicht einfach an sich vorüberziehen lassen sollten. Die Frage ist: Welcher Autotyp kann die Idee der Differenzierung, des Sich-Abhebens, am besten verkörpern?
Wir können uns irren, aber wir sind davon überzeugt, dass mit dem Beginn des 21. Jahrhunderts fremdartige, postmoderne Formen auftauchen, die vielleicht kindisch, übertrieben und beunruhigend wirken werden. Wir brauchen dringend eine frische Brise in allen Bereichen des Industriedesigns und einen brillanten Designer mit starker Persönlichkeit und Charme als zentrale Figur. Vielleicht wird es Starck, wenn er einen Sportwagen entwerfen darf, vielleicht auch Alfa Romeos De Silva, wenn es ihm ermöglicht wird ein wunderschönes neues Nuvola Coupé zu entwerfen, oder

236–237 *Chrysler präsentiert diesen Prowler zum ersten Mal auf der Detroiter Automobilausstellung 1996. Die Linienführung ist sehr originell, hat jedoch auch einige deutliche Bezugspunkte zu vergangenen Designs. Der Kühlergrill erscheint beispielsweise als moderne Version des Fechtmasken-Stils, der bei den amerikanischen Autos 50 Jahre zuvor sehr verbreitet war. Beachtenswert sind auch die Motorrad-typischen, von der übrigen Karosserie getrennten Kotflügel und die hammerähnlichen Stoßfänger mit den integrierten Blinkleuchten. Zusätzlich ist ein zweirädriger Mini-Anhänger erhältlich, der als Kofferraum fungieren kann und genau das gleiche Design wie das Heck des Autos hat.*

Chris Bungle von BMW, der zur Zeit der erfolgreichste und mutigste Erneuerer der Cabriolets ist; es könnten auch die Nachfolger von Pininfarina und Giugiaro sein, die bereits ungeduldig mit einer Fülle von neuen Ideen und unterstützt von einem gewaltigen technologischen Erbe, in den Startlöchern sitzen. Andererseits könnte es auch ein junger, unbekannter Designer sein, der, völlig unbeobachtet von Autoherstellern und Presse, mitten in der Nacht in irgendeinem kalifornischen oder japanischen Designbüro versucht, seine Ideen umzusetzen. Obendrein stellen wir uns ihn auch noch so vor, als würde er mit Stift und Papier arbeiten, nicht etwa mit dem Computer.

Das Design-Genie des 21. Jahrhunderts wird teilweise Architekt, teilweise Kind, teilweise Dichter und teilweise Verfechter höchster Technologie sein; er wird eine Leidenschaft für Autos haben, aber nicht ihr Sklave sein; er wird neue Entwicklungen begrüßen und so weit und originell wie möglich ausnutzen; er wird Uniformität verabscheuen, aber nicht versuchen Effekte ohne Rücksicht auf Verluste zu erreichen; er wird die Geschwindigkeit lieben, aber nicht die Aggressionen und Exzesse; er wird verschiedenste Materialien einsetzen, großzügig mit Farben umgehen und knausrig mit überflüssigen Extras. Kurz: Er wird ein Wunder sein. Der Gerechtigkeit halber stellen wir uns dieses Design-Genie als einen Nachkommen jenes Gentleman vor, der zu Beginn unserer Geschichte so völlig entrüstet und von einem der ersten motorgetriebenen Vehikel mit Matsch bespritzt am Straßenrand zurückgelassen wurde.

Es ist jetzt wohl überflüssig weitere abstruse Modelle zu beschreiben, seien sie genial oder einfach nur geschmacklos. Der Leser, der uns bis hierher begleitet hat, wird nun frische Luft schnappen wollen, möglicherweise sogar in einem offenen Wagen. Und sollte er keinen haben, kann er immer noch davon träumen. Sehr wahrscheinlich wird er in den Straßen auf direkte Nachfolger der Modelle treffen, die wir in diesem Buch beschrieben haben; er könnte auf den feurigen Argento Vivo von Pininfarina, den Formula von Giugiaro, den legendären Audi TT Roadster, den kleinen Ghia Focus, den technisch versierten Honda SSM oder auf eine moderne Nachbildung des Volkswagen Käfers treffen.

Wahre Schönheit

Dies ist eine Reise durch die Welt der offenen Modelle, eine Reise durch die Zeit, die jedoch zu zeitlosen Modellen führt, eine gezielte Reise zu 22 „Sehenswürdigkeiten“, vom 1919er Isotta Fraschini Type 8 bis zum Chevrolet Corvette von 1997.
Wir werden versuchen Karosserie, Chassis und Technik dieser „Sehenswürdigkeiten“ zu erläutern und vor allem die Entwicklungsgeschichte der einzelnen Modelle vorzustellen. Bei manchen waren die ursprünglichen Formen häufig „nur“ die Antwort auf technische Anforderungen und manche Prototypen waren als einfache Designübungen so aufregend und überzeugend, dass Kunden, umsichtige Händler, Marketingexperten oder hartnäckige Karossiers auf ihre Produktion bestanden. Beispiele für solche Entstehungsgeschichten sind der Chevrolet Corvette, der Citroën DS, der Ferrari Dino, der Mercedes 300 SL und der Porsche 356 Speedster.
Sogar Kriege haben auf Entstehung und Aussehen einzelner offener Wagenmodelle Einfluss genommen. Zwölf Autos aus der folgenden Sammlung wurden während der 50er- und 60er-Jahre gebaut. In dieser Zeit war der Wunsch Kriegselend und -zerstörung zu vergessen groß und es entstanden phantasievolle, fröhliche Designs.
Hier noch ein geographischer Hinweis: Die kontinuierliche Modellentwicklung über all die Jahre ist mit vielen Überquerungen des Atlantiks einhergangen. Europäische und

238 *Der 1996er XK8 ist der letzte Sport Jaguar des 20. Jahrhunderts – ein würdiger Vertreter der Marke, die uns die Klasse, Eleganz und Leistung so unvergesslicher Modelle wie des E-Types und der XK-Reihe beschert hat.*

239 *Den Mercedes 540K von 1936 umgibt ein ewiger Glanz, der teilweise auf den 500K Spezial Roadster zurückzuführen ist. Dieser zählt nämlich zu den gesuchtesten Modellen in Sammlerkreisen. Leider wurde durch den Zweiten Weltkrieg die vielversprechende, glänzende Entwicklung des 540K unterbrochen.*

amerikanische Designs inspirierten die Karossiers des jeweils anderen Kontinents. Dies spiegelt sich besonders in der Produktion einiger europäischer Modelle für den nordamerikanischen Markt wider, z. B. am Alfa Romeo Spider America, am Ferrari 250 GT Spyder California, am Ferrari Daytona und am Lancia Aurelia B24 Spider America.

Wie beim historischen Teil dieses Buches können auch auf den folgenden Seiten Fehler unterlaufen sein oder Auslassungen auffallen. Einige Leser werden berechtigter Weise das Fehlen mancher Modelle beklagen. Durch den begrenzten Platz wurden wir zur Auswahl gezwungen und bitten deshalb um Verständnis.

Isotta Fraschini Type 8

Der Favorit der VIP's

Der Isotta Fraschini Type 8 inspirierte Karosseriebauer auf der ganzen Welt. Wie Maßschneider hüllten sie die Chassis in exklusive Designs, für die sie nur die feinsten Materialien verwendeten, um wirkliche Eleganz zu schaffen. Das Modell hatte besonders bei Filmstars großen Erfolg: Der weltschönste Mann, Rudolf Valentino, und die Stummfilm-Divas Clara Bow und Gloria Swanson besaßen jeweils einen Type 8. Das Auto tauchte auch in verschiedenen Kinofilmen auf, so z. B. in der unvergesslichen Schluss-Szene von „Sunset Boulevard", in der man die mächtige Silhouette des Modells in eine ungewisse Zukunft davonfahren sieht.

Das Modell gehörte auch zu den Favoriten verschiedener Königshäuser, so zählten beispielsweise die Grimaldis von Monaco, der Kaiser von Äthiopien, Aga Khan, Prinz Frederick Leopold von Preußen und König Umberto von Italien einen Isotta Fraschini Type 8 zu ihrem Fuhrpark. Und natürlich gab es Industriemagnaten wie den „Margarinekönig" Van Den Berg aus Holland, Schriftsteller wie Gabriele d'Annunzio und Politiker wie Mussolini, die sich an dem Modell erfreuten. Es war auch der Dienstwagen des italienischen Ministeriums für innere Angelegenheiten und des sowjetischen Botschafters in Rom. Sogar Papst Pius XI. bekam einen Type 8 vom italienischen Automobil-Club gestiftet.
Dies war die Kundschaft, mit der sich der Isotta Fraschini Type 8 brüsten konnte. Zusammen mit Hispano Suiza und Rolls Royce bildete die italienische Firma in den 20er- und 30er-Jahren das Trio der europäischen Hersteller von Luxuswagen.
Die Mailänder Firma „Automobili Isotta Fraschini & Co." wurde 1900, im selben Jahr wie Fiat, von dem Rechtsanwalt Cesare Isotta und seinen Brüdern Antonio, Oreste und Vincezo Fraschini gegründet. Die Firma konzentrierte sich von Anfang an auf die Konstruktion von Modellen der Spitzenklasse. Als der 1. Weltkrieg begann, wurde die Produktion auf Militärfahrzeuge

IF

und Motoren für Flugzeuge und Motorboote umgestellt. Doch sobald der Krieg beendet war, herrschte das Bedürfnis vor, Geschehenes zu vergessen und eine bessere Welt zu schaffen. Und zu diesem Ziel wollten die Besitzer von Isotta Fraschini ihr Möglichstes beitragen. Sie entschieden sich, nur ein einziges Modell zu produzieren. Dies war eine mutige Entscheidung, bedenkt man die Schwierigkeiten, die eine Umstellung der Produktion zu einem späteren Zeitpunkt bedeuten würde. Doch man hatte bei Isotta Fraschini vor dem Krieg technologisches Wissen gesammelt, das man nun ausnutzen wollte. Sie fingen wieder ganz von vorne an. Das Chassis (die Firma baute keine Karosserien) wurde für den amerikanischen Markt entworfen, weil dieser am wohlhabendsten und aufgeschlossensten für Modelle der Spitzenklasse war. Einen starken Mehrzylindermotor sollte das Modell haben; vier Zylinder reichten nicht aus, sechs Zylinder waren nicht exklusiv genug, so fiel die Wahl auf acht Zylinder. Es sollte der erste in Italien gebaute Achtzylindermotor werden. Den Auftrag für die Entwicklung bekam Giustino Cattaneo.

Cattaneo hatte während des Krieges Erfahrungen mit Flugzeugmotoren gesammelt, die ihm nun zugute kamen. Es dauerte 17 Monate und brauchte 20 Versuchsmodelle, bis im Dezember 1919 der Achtzylindermotor mit gusseisernem Motorblock und Zylinderköpfen perfekt war. Er hatte 5898 ccm Hubraum, 80–90 PS und konnte das Auto auf eine Höchstgeschwindigkeit von 121 km/h bringen.
Kurze Zeit später erschien das Chassis des Type 8 mit Motor, Kühler und Motorhaube in den Ausstellungsräumen der Firma. 1924 wurde es zum Type 8A mit auf 7,3 Liter

vergrößertem Motor und der Version „S" (besonders leistungsstark) mit 160 PS. 1931 versuchte Isotta Fraschini das Modell als Type 8B nach der Wirtschaftskrise von 1929 wieder auf dem amerikanischen Markt einzuführen. Die Unterschiede zwischen den beiden Modellversionen waren geringfügig: Am Type 8B wurde das Chassis verstärkt und als Extra eine Wilson-Schaltung mit vorwählbarer Getriebeübersetzung angeboten. Die schönsten Exemplare des Isotta Fraschini entstanden aus dem Type 8B. Zu den Standardelementen gehörten lediglich Kühlergrill und Motorhaube, der Rest der Karosserie stand der Vorstellungskraft und dem Können der Karossiers zur Verfügung. Der Kühlergrill war schwarz und hatte die klassische imposante Viereckform. Auf der Chromverkleidung des Kühlers prangte die Firmenplakette, die bis 1924 rund und danach rechteckig war. Häufig war die Plakette in der Mitte des Kühlergrills zwischen zwei feinen Chromstreifen eingefasst, die eine optische Verbindung der beiden Scheinwerfer schufen. Es gab auch einen dritten Scheinwerfer, der für einen sportlichen Touch sorgen sollte, insgesamt aber dem herrschaftlichen Aussehen der Modelle eher abträglich war und deshalb nur von wenigen Karossiers eingesetzt wurde. Die lange Motorhaube mit ihren vertikalen Belüftungsschlitzen regte dagegen die Phantasie der Karossiers enorm an. Sie schmückten das Modell mit großen Kotflügeln und die Reserveräder verschwanden häufig hinter Abdeckungen, die in der gleichen Farbe lackiert waren wie die restliche Karosserie.
Von der Windschutzscheibe bis zum Heck konnten die Karosseriebauer das Auto frei nach ihren Wünschen gestalten. Bei dem Versuch feine Details zu kreieren, die ein

Exemplar einzigartig machten, wurden keine Kosten gescheut. Die Italiener Sala, Castagna und die Farina-Werkstätten ebenso wie Touring, Figoni & Falaschi, Fleetwood, Hooper, Lancefield, LeBaron und Ramseier zählten zu den Karossiers, die am häufigsten mit dem Type 8 arbeiteten. Sie alle bauten Spezialanfertigungen und jede Version war in der Tat einzigartig. Deshalb können wir hier auch nur einen kurzen Auszug aus der prächtigen Welt des Types 8 vorstellen.
Castagna baute die berühmte „geschlossene“ Karosserie, bei der der Type 8 mittels Faltverdeck, Fenstern und Scharnieren im Baehr-System zu einem Landaulet oder Torpedo verwandelt werden konnte. Der Begriff „Landaulet“ bezeichnet ein teilweise offenes Auto, für gewöhnlich war der Fahrersitz unverdeckt. Die Türen waren sehr groß und nicht besonders elegant, aber dafür waren sie geeignet, das gewaltige Gewicht der Verdeckkonstruktion zu tragen.
Und dann gab es noch die Version von Castagna, die in dem Film „Sunset Boulevard“ zu sehen war. Das schwarze Auto wirkte sehr würdevoll, fast schon streng. Den einzigen Hauch Farbe bildete ein glänzendes Grau an den Trittbrettern, den Kotflügeln, dem Faltmechnismus des Verdecks und den Verdeckseiten, der Umrandung der Windschutzscheibe, dem Kühlergrill und den Speichen und Naben der Räder. Die hölzernen Schubladen der Werkzeugkiste waren braun. Ungefähr auf Höhe der Wagenmitte waren die Initialen „N. D.“ für Norma Desmond, der Hauptfigur, die von Gloria Swanson gespielt wurde, aufgetragen. Der Fahrersitz war unverdeckt, dahinter befand sich eine zweite Windschutzscheibe, die gleichzeitig den vorderen Abschluss des Verdecks bildete und damit den geschlossen Teil des Wagens markierte. Die Fahrgastzelle bestand aus zwei Sitzreihen. Ein besonderes Merkmal war auch das

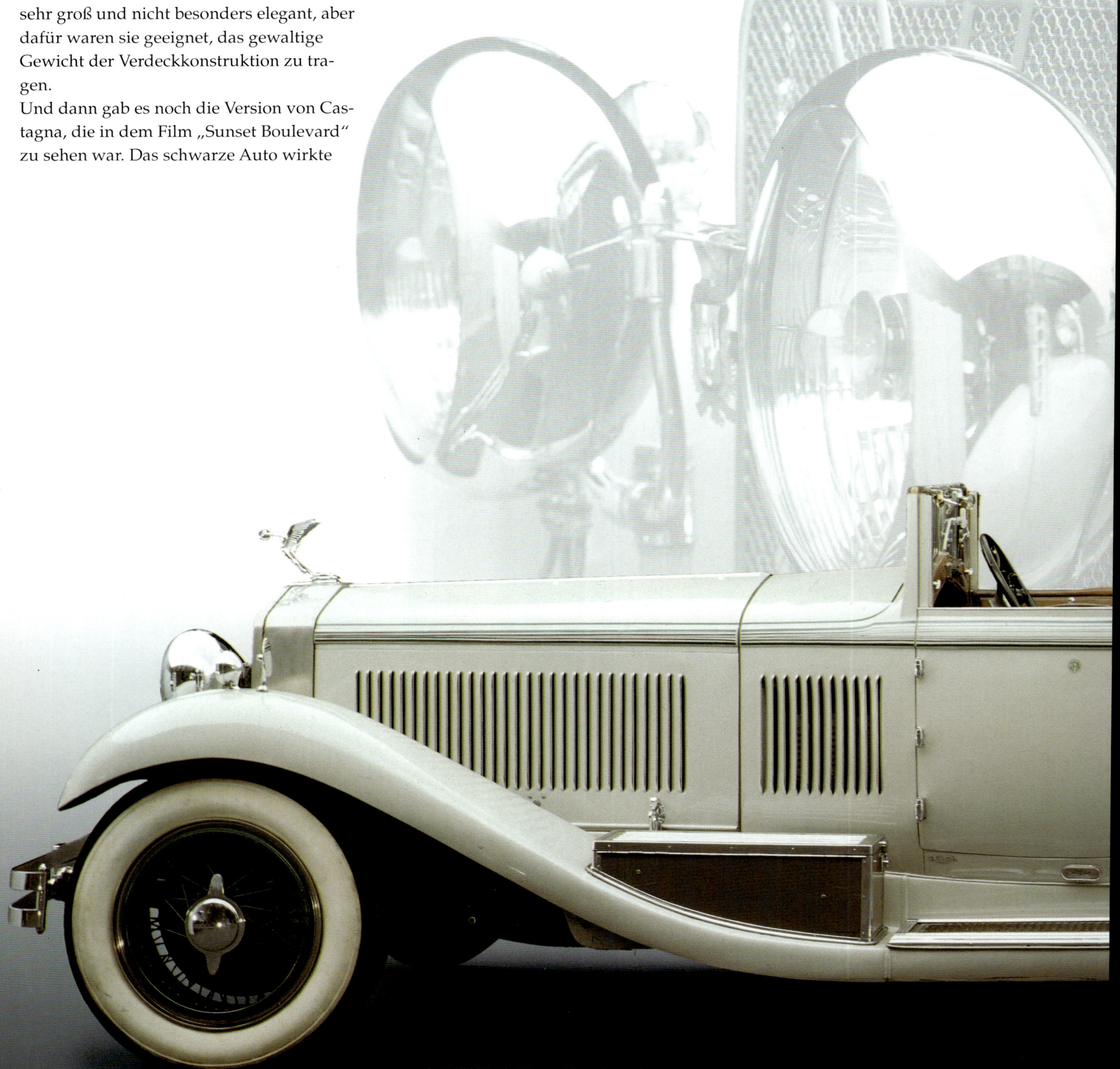

IF
CASTAGNA

Kommandobord in der Fahrgastzelle, mit dem Instruktionen, wie langsam, schnell, stopp, zurück, rechts, links, nach Hause, an den Fahrer durchgegeben werden konnten. Die Hinweise erschienen dann am Armaturenbrett rechts neben dem Steuer. Aus den Farina-Werkstätten stammte der „Ogni Tempo" Type 8A. Er zeichnete sich durch eine flache Linienführung, große Türen und eine aufrechte Windschutzscheibe aus. Seine Reserveräder waren seitlich der Motorhaube befestigt. Den 8A S (die leistungsstärkere Version) gab es als Torpedo ausgebaut mit einer geschwungeneren Linienführung als der 8A und einer Windschutzscheibe für jede Sitzreihe. Die Seiten des Wagenmittelteils waren im Bereich der Türen etwas niedriger gehalten und die Kotflügel beinhalteten gleichzeitig das Gehäuse für das Reserverad. Unvergessen ist der Roadster von Fleetwood für Rudolf Valentino. Die Form des Wagens ähnelte dem Flying Star von Touring. Seine Linienführung war geschwungen, die Motorhaube spitz zulaufend und die Kotflügel zu einem langen S ausgeformt. Feine Chromverzierungen unterstrichen die Eleganz des Modells.

Der Erfolg des Isotta Fraschini Type 8 begann bereits Ende der 20er-Jahre zu zerbröckeln. Obwohl immer noch wunderbare Versionen gebaut wurden, durchlebte das Modell bereits einen Todeskampf und dieser dauerte bis Mitte der 30er-Jahre. Die Wirtschaftskrise ließ kaum noch Platz für Luxus. Chauffeure wurden zu überflüssigen Kostenfaktoren und Neureiche zogen es ohnehin vor, ihre Autos selbst zu steuern. So begann der Untergang des italienischen Herstellers.

TECHNISCHE DATEN ISOTTA FRASCHINI TYPE 8

Produktionsjahre	1919–1935	**Bohrung x Hub (mm)**	85 x 130, 95 x 130
Chassis	Seitenstreben und Rahmenquerträger aus Stahlblech	**Hubraum (ccm)**	5898, 7370
Radaufhängung	vorn und hinten: Starrachsen und halbelliptische Blattfedern; hydraulische Stoßdämpfer	**PS**	80–160 bei 2200–2800 U/min
Räder	Speichenräder, 700 x 21	**Ventilsteuerung**	2 obengesteuerte Ventile pro Zylinder, 1 Nockenwelle
Lenkung	Schneckenlenkung	**Kraftstoffversorgung**	2 Vergaser
Spurweite vorn (mm)	1397	**Getriebe**	3-Gang-Handschaltung + Rückwärtsgang; Mittelschaltung
Spurweite hinten (mm)	1397	**Antrieb**	hinten
Radstand (mm)	3658	**Höchstgeschwindigkeit**	140–161 km/h
Motor	vorn längs; 8-Zylinder-Reihenmotor		

Mercedes S 680

Die Spuren des Ferdinand Porsche

Acht Jahre nach Ende des Ersten Weltkrieges waren die Wunden, die der Krieg in die Wirtschafts- und Sozialstruktur gerissen hatte, noch nicht verheilt. 1926 gab es zwei Ereignisse, die als direkte Folge dieses Krieges zu werten sind: erstens die Gründung der Firma Daimler Benz und zweitens die Produktion des S 680 mit Kompressormotor.

Im Jahr 1915 zwangen Aufträge der Luftwaffe die damalige Firma Daimler Motoren dazu, Flugzeuge zu bauen. Aufgrund dieser Anforderung entwickelte Paul Daimler den Kompressormotor. Später wurde diese Konstruktion auch auf Automobilmotoren übertragen, sodass 1921 bei der Berliner Automobil-Ausstellung die ersten Mercedes mit handgesteuertem Kompressor vorgestellt werden konnten. Der Kompressormotor brachte zusätzliche Leistung und eignete sich deshalb besonders für sportliche Modelle. In Verbindung mit ihrem

Technische Daten MERCEDES S 680

Produktionsjahre	1926–1930	**Spurweite vorn (mm)**	1397		1 obenliegende Nockenwelle
Chassis	Seitenstreben und Rahmenquerträger aus Stahlblech	**Spurweite hinten (mm)**	1397	**Kraftstoffversorgung**	Spezialvergaser (ab 1928: zwei Mercedes Drei-Düsen-Vergaser und Ringschwimmer)
Radaufhängung	Rohrrahmen aus Stahlblech (ab 1928 tiefer gelegt und aus Pressstahl hergestellt)	**Radstand (mm)**	3378	**Getriebe**	4-Gang-Handschaltung + Rückwärtsgang; Mittelschaltung
Räder	Speichenräder, 30 x 5 Hochdruckreifen (ab 1928: 6,50 x 20 oder 7,00 x 20 Ballonreifen mit Stahlgürtel	**Motor**	vorn längs; 6-Zylinder-Reihenmotor	**Antrieb**	hinten
		Bohrung x Hub (mm)	98 x 150	**Höchstgeschwindigk.**	166–196 (km/h)
		Hubraum (ccm)	6789		
		PS	120–250 bei 3000–3300 U/min		
		Ventilsteuerung	2 Ventile pro Zylinder,		

attraktiven Design und ihren Rennerfolgen, trugen die Daimler-Modelle mit Kompressormotor zum guten Image der Firma bei. Als der Krieg zu Ende war, wurde Daimler genauso hart wie die anderen Hersteller erstklassiger Autos von den Folgen der wirtschaftlichen Krise getroffen. Außerdem verboten die Alliierten die Flugzeugproduktion. Die schwierige Situation führte schließlich zur Fusion der Firmen Daimler und Benz, die bereits seit 1924 eng zusammenarbeiteten.

Das erste Modell, das nach der Vereinigung der Firmen herauskam, war der S 680. Er war ein Nachfahre des Modells K, das wiederum vom Prototyp 15/70/100 PS abstammte. Der Prototyp 15/70/100 PS gilt als Ursprung der S-Modelle (des SS, SSK und SSKL), die die Produktionsbänder von Daimler Benz bis zum Zweiten Weltkrieg füllten. Das Design dieses „Urmodells“ stammte von Ferdinand Porsche, der 1923 Technischer Leiter bei Daimler geworden war.

Der S 680 erbte die Karosseriemaße des Modells K, allerdings war das Chassis etwas tiefer gelegt. Der Motor wurde um 305 mm zurückgesetzt und sorgte dadurch für eine bessere Gewichtsverteilung. Der 6,8 Liter große Sechszylindermotor mit handgesteuertem Kompressor wurde von Porsche so eingestellt, dass er auch für Ren-

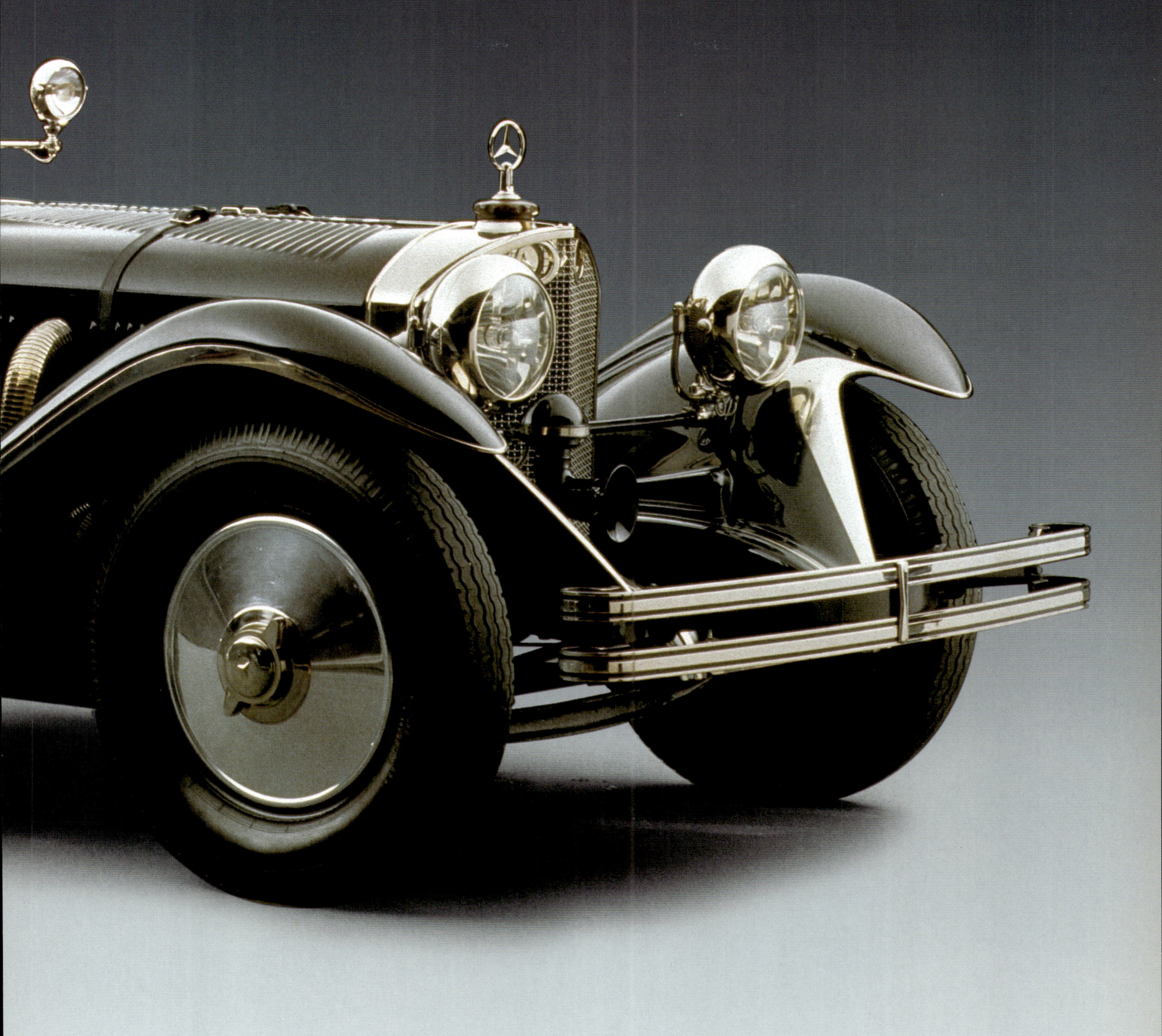

nen eingesetzt werden konnte. Er produzierte 120 PS ohne Kompressor und 170 PS mit. Nachfolgende Versionen des S 680 hatten schließlich bis zu 250 PS und wiesen verschiedene Modifikationen des Chassis, bei der Kraftstoffversorgung und bei den Reifen auf (siehe „Technische Daten").
Als offene Varianten erschienen vom S 680 ein Roadster und ein Cabriolet. Der Roadster präsentierte sich in sehr sportlicher Manier mit V-förmigem Kühlergrill in Chromverkleidung, langer Motorhaube mit außen liegender Auspuffleitung und Ledergurt. Die stromlinienförmigen Kotflügel wurden extra an die Karosserie angesetzt, ebenso das tropfenförmige Trittbrett. Die Fahrerkabine war für zwei Personen ausgelegt und sogar beim Design der Windschutzscheibe schien man noch einige Millimeter einsparen zu wollen. Der Rahmen der Windschutzscheibe war schmal gehalten und häufig wurde die Scheibe von zwei zusätzlichen Scheinwerfern eingerahmt, die sogar noch größer waren als die neben dem Kühlergrill.
Das zweitürige, viersitzige Cabriolet war entschieden schöner. Mit einem niedrigeren Wagenmittelteil, mehr Chromverzierungen und einer qualitativ hochwertigeren Ausstattung als beim Roadster hob sich diese Variante deutlich ab. Die Kotflügel waren traditionell geformt: Schlanke vordere Kotflügel gingen in ein großes Trittbrett über, das sich wiederum mit den hinteren Kotflügeln verband. Der S 680 hatte nur ein kurzes Heck; unmittelbar hinter den leicht erhabenen Rücksitzen verblieb nur wenig Platz für das Faltverdeck und schon fiel die Karosserie in Richtung hintere Stoßstange steil ab.
Aus dem Modell S 680 entwickelten sich die Modelle S 700 und S 710, die sich hauptsächlich durch die Größe des Motors (schließlich 7-Liter-Motor) unterschieden; die S-Reihe wurde 1930 eingestellt.

JULIO 1977
I RALLYE INTERNACIONAL DE VIGO
BUGATTI-CLUB

Hispano Suiza H6B

Nicht einmal Edsel Ford konnte widerstehen!

In den 20er-Jahren war der Hispano Suiza das teuerste Auto, er kostete mehr als ein Rolls Royce oder ein Isotta Fraschini. Sein Erkennungszeichen war ein Storch. Dieser Vogel zierte, wie von einem Standfoto im Flug festgehalten, den Kühlerdeckel. Bei dieser Kühlerfigur berührten scheinbar nur die kräftigen Flügel das Auto und der Körper streckte sich in der Luft – der Storch als ein Symbol für die Geburt, als Zeichen für Freiheit und Anmut.
Ab 1919 erschien der Storch auf den Autos von Hispano Suiza. Es handelte sich ursprünglich um ein Geschenk von Mark Birkigt, dem technischen Direktor von Hispano Suiza, Barcelona, an seinen Freund Georges Guyenemer, der als Pilot im Ersten Weltkrieg von einem Einsatz nicht mehr zurückkehrte. Guyenemers Flugzeug war mit einem Hispano-Suiza-Motor ausgestattet und sollte den Vogel als Symbol tragen. Die Auswahl an Markenzeichen, die besser zu Flugzeugen passten als zu Automobilen, beschränkt sich nicht nur auf Hispano Suiza: Das aufbäumende Pferd, das zunächst auf den von Enzo Ferrari gefahrenen Alfa-Romeo-Rennwagen auftauchte und später auch auf Ferraris eigene Renn- und Straßenmodelle übertragen wurde, war die Nachbildung eines Symbols, das der italienische Pilot Francesco Baracca in seinem Jagdflugzeug mit sich führte. Baraccas Eltern hatten Ferrari dieses Zeichen einen Tag nach seinem Sieg auf der Savio-Rennstrecke in Ravenna 1923 überreicht.
Die Firma „Hispano Suiza Fàbrica de Automòviles" wurde 1904 von Damian Mateu gegründet. Das technische Können des jungen und brillanten Birkigt brachte der neu gegründeten Firma sehr schnell internationale Anerkennung ein. Sie erlangte Berühmtheit, als sich König Alfonso XIII. von Spanien 1905 ein Chassis mit 20-PS-Motor kaufte und von diesem Zeitpunkt an jedes erste Exemplar eines neuen Modells an die spanische Königsfamilie geliefert werden sollte. 1911 wurde die erste Fabrik in Frankreich eröffnet und Jean Lacoste, der Vater des berühmten Tennisspielers und späteren Sportbekleidungsherstellers, übernahm die Leitung.
Während des Ersten Weltkriegs produzierte Hispano Suiza Militärausrüstung: LKW's, Industrie- und Flugzeugmotoren. Birkigt entwarf einen aeronautischen V8-Motor, mit dem die meisten Flugzeuge der Alliierten ausgestattet wurden und von dem Prototyp eines anderen Flugzeugmotors (einem V12) wurde schließlich der Sechszylindermotor abgeleitet, der das H6-Chassis antrieb. Der H6 war der beste Hispano Suiza. Er war das Auto, mit dem sich die Firma neben Rolls Royce und Isotta Fraschini an die Weltspitze der Produzenten von Luxusmodellen setzen konnte.
Das H6-Modell wurde von Birkigt mit der klaren Absicht entworfen, ein Konkurrenzmodell zu Rolls Royce zu schaffen. Die technischen Neuheiten des Modells, z. B. Trommelbremsen für alle vier Räder und mechanische Servolenkung, in Kombinati-

on mit der starken Leistung (151 km/h) und der außergewöhnlichen Elastizität des Motors weckten die Leidenschaft der Sportwagen-Liebhaber. Aber nicht nur die Anhänger schneller Autos waren begeistert, auch wohlhabende noble Kunden waren fasziniert von dem Luxus, der Exklusivität, Eleganz und Schönheit der Karosserien, die die Karossiers für dieses Chassis entwarfen.

Besonders Pariser Karossiers widmeten sich häufig dem H6 und zogen ihren Vorteil aus der Nähe zur französischen Produktionsstätte des Hispano Suiza. Million Guiet (Designer einer Sport-Torpedo-Version, die 1929 einen Auto-Schönheitswettbewerb gewann), Labourdette, Hibbard und Darrin bauten Torpedos, Cabriolets, Dual-Cowl-Versionen und Landaulets aus dem H6, allesamt einzigartige und phantasievolle Antworten auf die Anforderungen der Kundenwünsche und die Möglichkeiten, die das Chassis bot.

Ein gemeinsames Merkmal fast aller Versionen waren die vorwiegend schmalen und stromlinienförmig ausgearbeiteten Kotflügel. Die Autos hatten meist Speichenräder, gelegentlich mit Nabendeckeln, die in derselben Farbe gehalten waren wie die Karosserie. Die Bestandteile des Chassis veränderten sich offensichtlich nicht: Es war gekennzeichnet durch die lange, imposante Motorhaube, den großen aufrechten Kühlergrill mit Chromverkleidung und durch große Scheinwerfer. Den Wunsch, einen Hispano Suiza „einzukleiden“, hegten allerdings nicht nur Karossiers in Frankreich. In Großbritannien wurde der H6 von Park Ward (trotz ihrer absoluten Loyalität zu Rolls Royce) und von Mulliner and Grosvenor Carriage karossiert, in Belgien von Van den Plas und in den USA, wohin der größte Teil der Produktion geliefert wurde, von Brewster & Brunn.

Viele berühmte Persönlichkeiten, z. B. Pablo Picasso, besaßen einen H6 bzw. eines der Nachfolgemodelle H6B von 1922 oder H6C von 1924. Die B-Reihe bot keine wirklich gravierenden Veränderungen, die eine neue Modellbezeichnung erforderlich gemacht hätten. Die C-Reihe hingegen kam mit einem auf 8 Liter vergrößerten Motor auf den Markt.

Von den Maharadschas, Magnaten, Aristokraten und Filmstars, die einen Hispano Suiza H6 besaßen, war Edsel Ford, der Sohn von Henry Ford, vielleicht der außergewöhnlichste. Auch er zog den leistungsstarken und gefügigen Hispano einem würdevollen Rolls Royce, einem strahlenden Isotta, einem stattlichen Duesenberg oder einem hoch technisierten Mercedes vor.

TECHNISCHE DATEN HISPANO SUIZA H6B

Produktionsjahre	1922–1933	**Bohrung x Hub (mm)**	100 x 140
Chassis	Stahlblech-Pressrahmen	**Hubraum (ccm)**	6597
Radaufhängung	vorn: Starrachse mit H-Querschnitt und Blattfedern längs; hinten: Starrachse mit Blattfedern längs; Reibungsstoßdämpfer	**PS**	135 bei 3000 U/min
		Ventilsteuerung	2 obengesteuerte Ventile pro Zylinder
		Kraftstoffversorgung	schwerkraftbetriebene Kraftstoffpumpe
Räder	Speichenräder, 7,00 x 18 Reifen	**Getriebe**	3-Gang-Handschaltung + Rückwärtsgang; Mittelschaltung
Spurweite vorn (mm)	1499		
Spurweite hinten (mm)	1499		
Radstand (mm)	3658	**Antrieb**	hinten
Motor	vorn längs; 6-Zylinder-Reihenmotor	**Höchstgeschwindigkeit**	100–129 (km/h)

Alfa Romeo 6C 1750 Gran Sport

Kleiner Sechszylinder gewinnt mit geschlossenen Augen!

1929 wurde die italienische Automobilausstellung zum zweiten Mal als internationale Veranstaltung gefeiert, allerdings fand sie nicht, wie im ersten Jahr, in Mailand, sondern in Rom statt. Die Gründe für diesen Ortswechsel waren politischer und strategischer Natur: Zum einen wollten König Vittorio Emmanuele II. und Regierungschef Benito Mussolini der italienischen Hauptstadt wieder ihre herrschaftliche Bedeutung zukommen lassen und sie als nationales Zentrum kultureller Veranstaltungen auszeichnen; zum anderen wollten sie die Popularität des Autos auch in Mittel- und Süditalien steigern.
Die Stars dieser römischen Automobilausstellung waren die Amerikaner: Buick, Cadillac, Chevrolet, Oldsmobile, Packard, Pontiac und Studebaker. Die Ausstellungsräume waren mit Teppichen und Gobelins geschmückt, mit Gemälden, Statuen und Blumen dekoriert, damit die Ausstellungsbesucher vergaßen, dass sie sich auf einer Industrie-Messe befanden. Doch diese Atmosphäre hatte auch den Nachteil, dass wichtige Neuheiten vom Publikum leicht übersehen wurden. Der Ausstellungsstand von Alfa Romeo war unglücklicherweise auf einen der zahlreichen Korridore degradiert worden, wo die Autos entlang einer Wand hintereinander geparkt werden mussten. Und in solch einer Autoschlange wurde der 6C 1750 dem Publikum zum ersten Mal vorgestellt. Um genau zu sein: Es wurde das Chassis vorgestellt, denn eine passende Karosserie war bis zur Ausstellungseröffnung noch nicht gebaut worden. Vorläufer des 6C 1750 war der 6C 1500, ein Modell, das 1925 von Vittorio Jano auf Anfrage von Alfa Romeo produziert worden war. Dem Markttrend folgend, hatte Alfa damals ein leichtes Auto mit mittelgroßem Motor und hervorragender Leistung in Auftrag gegeben, denn in den 20er-Jahren waren kleine, wirtschaftliche Autos mit 1-Liter-Motoren im Gegensatz zu Luxusmodellen mit 2 (oder mehr) Liter großen Sechzylindermotoren sehr gefragt. Jano fasste beim 6C 1500 das Beste beider Kategorien zu einem gelungenen Kompromiss zusammen. Das Chassis des 6C 1500 hatte sein Debüt bei der Mailänder Automobilausstellung 1925 unter dem Namen „N. R." mit einem 1,5 Liter großen Sechszylindermotor. Es wurden auch Erfahrungen mit dem Rennmodell P2 gesammelt, das Alfa viele Siege und 1925 sogar den ersten Weltmeisterschaftstitel einbrachte. All diese Erfahrungen wertete Jano geschickt aus und setzte sie so um, dass er in der Lage war ein neues, leichtes und gefügiges Auto zu bauen. Die beiden wichtigsten technischen Merkmale des 6C 1500 waren: Erstens, die nicht abnehmbaren Zylinderköpfe, die sonst meist für Rennzwecke eingesetzt wurden, während normale Straßenmodelle abnehmbare gusseiserne Köpfe hatten, und zweitens, ein Kompressor, der nicht ausgeschaltet werden konnte. Zum ersten Mal wurde auch ein neues Einstellsystem für das Ventilspiel eingebaut (das System wurde von Alfa bis zum Modell Giulietta in den 50er-Jahren eingesetzt): Durch Einführen und Drehen eines speziellen Schlüssels in den Stößelkopf konnte das Spiel zwischen Nocken und Ventilstößel eingestellt werden. Diese Merkmale fanden sich auch beim 6C 1750, der als Touring,

Alfa Romeo

Sport oder Gran Tourismo (GT), als Super-Sport- oder Gran-Sport-Version erhältlich war. Die Motoren arbeiteten wahlweise mit oder ohne Kompressor. Nachdem sich Wagen mit Kompressormotor immer gut für den Rennsport eigneten, war auch der 6C 1750 so erfolgreich, wie es zuvor der P2 gewesen war. Dabei stach besonders der Gran Sport hervor. Unter seinen vielen Siegen ist die Mille Miglia von 1930 unvergesslich, die Nuvolari, begleitet von Guidotti, gewann. Nuvolari demonstrierte bei diesem Rennen sein meisterliches Fahrgenie und seine Cleverness, indem er seinen Teamkollegen Achille Varzi mit ausgeschalteten Scheinwerfern überholte! Nachdem Varzi die Lichter seines Verfolgers nicht sehen konnte, hatte er angenommen, dass dieser schon ausgeschieden sei, und war daraufhin etwas langsamer und entspannter gefahren.
Der Gran Sport war auch die Lieblingsversion der Karossiers. Die ersten 6C 1750 verließen die Alfa-Romeo-Werksanlagen lediglich als fahrendes Chassis mit Armaturenbrett, Motorhaube und ein oder zwei Reserverädern. Ihre „maßgeschneiderten“ Karosserien erhielten sie dann z. B. bei Castagna, Touring, Zagato, Young und Van den Plas. Aufgrund seines kurzen Radstands von 2718 mm konnte der Gran Sport auch als kleiner Sportwagen karossiert werden; zum Vergleich: Die Sport- und Gran-Tourismo-Modelle hatten einen Radstand von 2896 mm und der Touring von 3048 mm.

Am gefragtesten war der Gran Sport mit Karosserien von Zagato oder Touring. Die Mailänder Werkstatt von Ugo Zagato produzierte einen Zweisitzer, bei dem der Ölreservebehälter links unten in der Fahrerkabine, d. h. neben den Füßen des Beifahrers deponiert war (zu dieser Zeit war noch die Rechtslenkung üblich). Das Armaturenbrett hatte einen schwarzen Hintergrund anstelle des für die Sport-, Super-Sport- und Tourismo-Versionen üblichen weißen und die Instrumente waren mit Innenbeleuchtung statt der traditionellen Außenbeleuchtung ausgestattet. Zwischen Bremse und Kupplung saß ein rundes Gaspedal.
Fahrer und Fahrgast wurden von der geneigten Windschutzscheibe, die sich über die gesamte Breite der Motorhaube ausdehnte, vor dem Fahrtwind geschützt. Die Seitenfenster waren nicht schmal und unpraktisch, sondern sehr breit und funktionell. Oben auf dem großen verchromten Kühlergrill saß ein ovales Kühlmittelthermometer mit Chromrand; zusammen mit den beiden Scheinwerfern (drei bei der Rennversion) zählte es sicherlich zu den Hauptmerkmalen der Fahrzeugfront. An den Seiten wurden die traditionellen Kotflügel durch Trittbretter verbunden, einige Lüftungsschlitze neben den Türen sorgten für die Belüftung der Fahrerkabine, weitere an den Seiten der Motorhaube für die Kühlung des Motors. Unten neben der Tür befand sich ein Schildchen mit dem Namen

Technische Daten ALFA ROMEO 6C 1750 GRAN SPORT

Produktionsjahre	1930–1932	**Motor**	vorn längs; 6-Zylinder-Reihenmotor mit gusseisernem Motorblock
Chassis	Stahlblech-Pressrahmen; Seitenstreben und Rahmenquerträger	**Bohrung x Hub (mm)**	65 x 88
Radaufhängung	vorn und hinten: halbelliptische Blattfedern; Reibungsstoßdämpfer	**Hubraum (ccm)**	1752
Räder	Speichenräder, 28 x 5,25 Reifen	**PS**	85 bei 4500 U/min
Lenkung	Schneckenlenkung, Längs- und Querlenker; Rechtslenkung	**Ventilsteuerung**	2 x 90° obengesteuerte Ventile pro Zylinder
Spurweite vorn (mm)	1372	**Kraftstoffversorgung**	1 Zweivergaseranlage
Spurweite hinten (mm)	1372	**Kupplung**	Mehrscheibentrockenkupplung
Radstand (mm)	2718	**Getriebe**	4-Gang-Getriebe + Rückwärtsgang; Mittelschaltung
		Antrieb	hinten
		Höchstgeschwindigk.	130 km/h

des Karossiers: Zagato. Ebenfalls in Mailand, aber in den Touring-Werkstätten, wurde das wunderschöne Modell Flying Star gebaut. Viel Bewunderung erhielt die Touring-Version für das Design der Karosserieseiten. Die vertikalen Lüftungsschlitze wurden dabei durch drei horizontale Streifen ersetzt, die an den Türen ihren Abschluss fanden. Dieses Design gab dem Modell den Namen „Flying Star“. Der obere Bereich der Türen war mit Chrom verkleidet, das sich bis zum hinteren Teil der Karosserieseiten fortsetzte und ein elegantes „V“ beschrieb. Die Kotflügel wurden nicht – wie bei dem Zagato-Entwurf – verbunden, sondern endeten auf Höhe der Türen und gaben dem Modell dadurch sehr viel Ausdruck.

Mercedes 540 K Cabriolet

Der letzte Stern vor dem Krieg

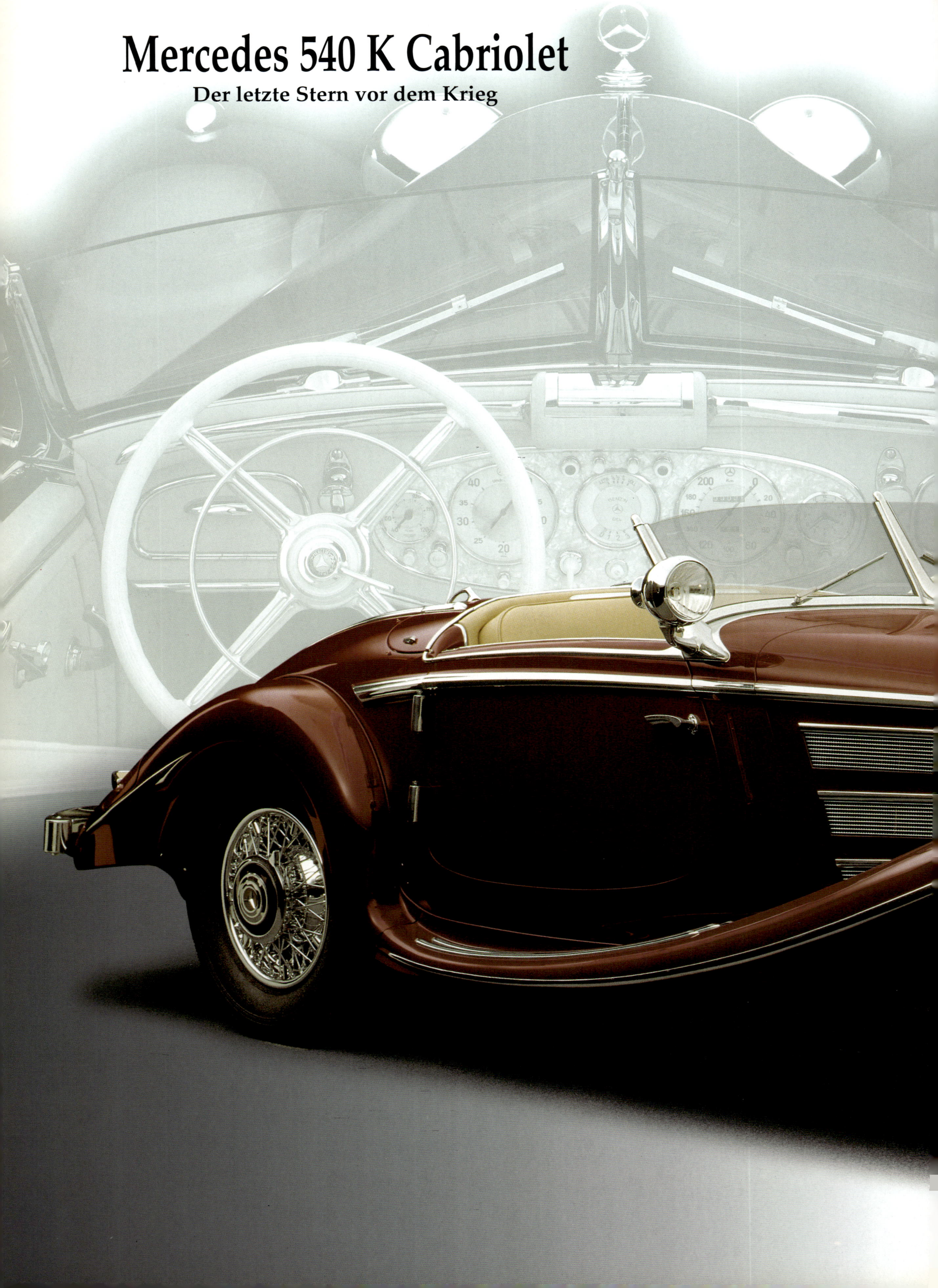

Als der Krieg fast beendet war und das Dritte Reich seinem Untergang entgegensah, glaubten viele, dass damit auch der Untergang der deutschen Automobilhersteller besiegelt war. Ihre Pläne und Projekte lagen unter Schutt und Asche. Die Fabriken, in denen noch produziert wurde, waren auf die Herstellung von Militärmaschinen umgestellt und den Arbeitern, die immer noch am Leben waren, fehlte das Nötigste, um auch weiter durchzuhalten. Mercedes zählte ebenfalls zu den vom endgültigen Untergang bedrohten Marken und man fragte sich, ob wohl die phantastischen Vorkriegsmodelle die letzten Schmuckstücke der Mercedes-Produktion gewesen sein sollten.

Glücklicherweise – vielleicht auch dank der Beharrlichkeit und Entschlossenheit der deutschen Bevölkerung – war dies nicht der Fall.

Sobald der Friede wiederhergestellt war, erschienen die „mobilen Kunstwerke" aus Vorkriegszeiten wieder auf den Straßen. Während des Krieges waren sie in Hütten und Heuschobern versteckt worden. Der prachtvolle und exklusive Mercedes 540 K zählte zu den wunderschönsten Modellen. Das „K" in der Modellbezeichnung stand bei diesem Wagen zum ersten Mal für „Kompressor" und nicht wie bei früheren Modellen für „Kurz" (kurzer Radstand). 1933 hatte Mercedes mit dem 380 eine Modellreihe begonnen, deren stilistische und technische Entwicklung ihren Abschluss im 540 K fand. Dieser hatte sein Debüt im Jahr 1936 (im selben Jahr war auch ein anderer Stern auf dem deutschen Autohimmel erschienen: der Volkswagen Käfer von Ferdinand Porsche) und er hätte wohl eine große Zukunft gehabt, wäre nicht der Krieg dazwischengekommen.

Der 540 K erbte viele technische Neuerungen des Modells 380 und dessen Nachfolger 500 K, so z. B. die Einzelradaufhängung bei allen vier Rädern und der manuell aktivierbare Kompressor. Besonders das letzte Merkmal gab dem Auto einen Dr.-Jekyll-und-Mr.-Hyde-Charakter, denn durch den Kompressor konnte es sich von einem bequemen, ruhigen Cabriolet in einen rasanten „Gran Tourismo" verwandeln.

Optisch glich der 540 K ein wenig dem 500 K Spezial Roadster, der als Traum vieler Sammler gilt. Technisch unterschied sich der 540 K kaum vom 500 K, es war fast das gleiche Auto, lediglich der Motor war größer und mit Kompressor ausgestattet:

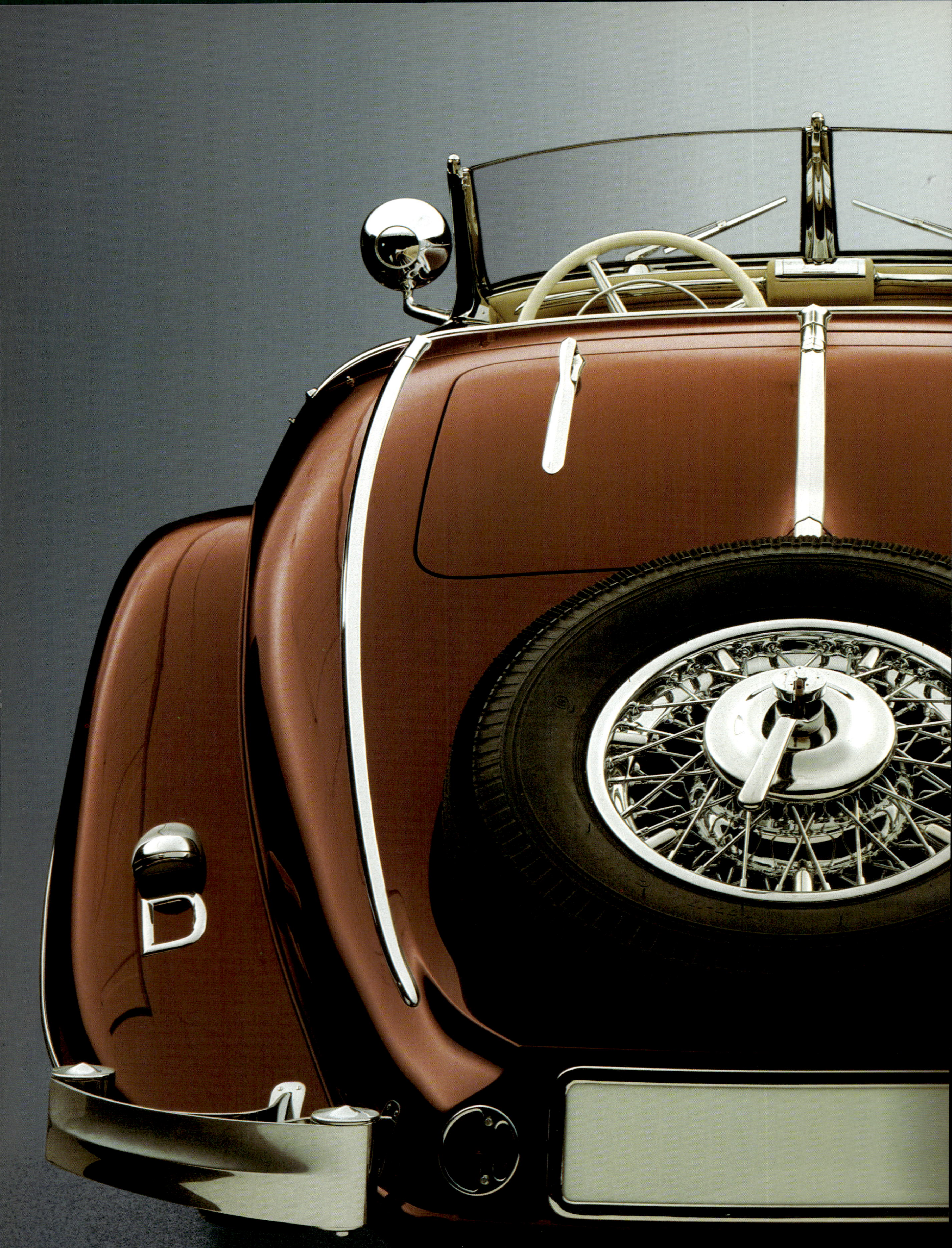
D

Der Achtzylindermotor des 540 K hatte 5,4 Liter Hubraum, gegenüber 5 Litern beim 500 K, und die Leistung steigerte sich dadurch auf 180 PS. Der 540 K wurde bis 1942 produziert. Das Nachfolgemodell, der 580, der schon 1939 auf der Berliner Automobilausstellung im Versuchsstadium vorgestellt worden war, stand produktionsmäßig bereits in den Startlöchern, als der Krieg den Dingen eine neue Wendung gab. Das Chassis des 540 K wurde für die verschiedensten Typen von Fahrzeugaufbauten verwendet, von denen allerdings das Cabriolet am interessantesten war. Die Front des 540 K bot zweifellos den beeindruckendsten Anblick; die Hälfte der 4953 mm Gesamtlänge des Autos wurden von Motorhaube und Fahrzeugvorbau eingenommen. Der Vorbau war eine einzige Sammlung von optischen Reizen und es ist schwierig zu entscheiden, welches das prägendste Merkmal war: Kotflügel, Kühlergrill oder Scheinwerfer? Die Stoßstange bestand aus zwei Teilen, deren äußere Enden nach innen gedreht und die in der Mitte durch eine Kennzeichenhalterung zusammengefasst waren. Unmittelbar hinter der Stoßstange befand sich nicht, wie man vielleicht erwarten würde, der Kühlergrill, sondern ein waagerechtes Karosserieblech, das die beiden großen, wellenförmigen Kotflügel miteinander verband. Die so entstandene ebene Fläche hinter der Stoßstange eignete sich hervorragend für die Anbringung von Rallye-Startnummern oder Auszeichnungen von Schönheitswettbewerben für Automobile, bei denen der 540 K genauso heimisch war wie auf den Rennstrecken. Der nach hinten v-förmige Kühlergrill war vollständig aus Chrom hergestellt und wirkte äußerst elegant. Das engmaschige Gittergewebe wurde teilweise von einer glänzenden Metallstrebe verdeckt, die als Halterung für die beiden großen Scheinwerfer und einen dritten kleineren Mittelscheinwerfer diente.

Ein Mercedes-Stern auf blauem Hintergrund, oben in der Mitte des Grills angebracht, rundete die geraden Formen des Kühlers ab. Direkt darüber, auf dem Kühlerdeckel, thronte ein zweiter Mercedes-Stern, der wie das Visier eines Gewehres wirkte. Mercedes war die einzige Marke, die zwei Markenzeichen so dicht nebeneinander anbrachte.

Vom Kühlergrill bis zur Windschutzscheibe zog sich der lange Motorraum, der mehr Platz bot als der Achtzylindermotor benötigte. Oben hatte die Motorhaube fast keine Verzierungen, lediglich eine schlichte Chromleiste, die vom Kühlerdeckel bis zur Windschutzscheibe lief. Die Belüftungsschlitze befanden sich an den vorderen Seitenblechen; sie waren so lang wie die

Motorhaube selbst und mit feinen Chromstreben verziert. Der Mercedes-Tradition der 20er-Jahre folgend, hatte das Modell 540 K außenliegende Auspuffleitungen, die etwas vom Motorraum abstanden, jedoch teilweise von den unmittelbar hinter den Kotflügeln platzierten Reserverädern verdeckt wurden. In lang gezogener Wellenform wölbten sich die vorderen Kotflügel über die Räder. Obenauf war jeweils eine kleine Lampe montiert, was den Eindruck einer Bootsbeleuchtung erweckte. Aus der Verbindung des vorderen mit dem hinteren Radkasten entstand das Trittbrett – eine freundliche Einladung „an Bord" zu gehen. Der Rest der Seitenansicht wurde durch die Tür bestimmt. Wiederum lief eine lange Chromleiste von der Kühlereinfassung bis zum hinteren Kotflügel. Das Wagenmittelteil war sehr hochgezogen, die Seitenfenster darüber jedoch niedrig (nur ein Viertel ihrer Breite). Die Heckpartie des 540K zeigte keine großartigen Besonderheiten, doch das war kein Nachteil, denn das Modell hatte bereits ausreichend charakteristische Merkmale.

Die großen, extraweich gepolsterten Sitze geben einen Eindruck davon, wie viel Komfort der 540 K seinen Passagieren lieferte. Für den Notfall war das Modell hinten auch mit einem schmalen Klappsofa ausgestattet, allerdings konnte sich dieses in puncto Bequemlichkeit nicht mit den Vordersitzen messen. Das Lenkrad war ausgesprochen groß und hatte vier kreuzförmig angeordnete Lenkradspeichen. Das Armaturenbrett war komplett in Weiß gehalten – sogar die Hintergründe der Instrumentenskalen und die Schaltknöpfe waren weiß.

TECHNISCHE DATEN MERCEDES 540K

Produktionsjahre	1936–1942	**Bohrung x Hub (mm)**	88 x 111
Chassis	tiefergelegt, Stahlblech-Kastenrahmen	**Hubraum (ccm)**	5401
Radaufhängung	vorn: Einzelradaufhängung, Schraubenfedern; hinten: Einzelradaufhängung, Eingelenk-Pendelachse; röhrenförmige hydraulische Stoßdämpfer	**PS**	180 bei 5800 U/min
		Max. Drehmoment (Nm)	275 bei 3600 U/min
		Ventilsteuerung	2 obengesteuerte Ventile pro Zylinder, 1 Stirnnocken im Motorblock
Räder	17″ Speichenfelgen, 7,00 x 17 Reifen	**Kraftstoffversorgung**	einzelne Zweivergaser anlage, Kompressormotor mit Membranpumpe
Spurweite vorn (mm)	1499	**Getriebe**	4-Gang-Handschaltung + Rückwärtsgang; Mittelschaltung
Spurweite hinten (mm)	1473		
Radstand (mm)	3251	**Antrieb**	hinten
Motor	vorn längs; 8-Zylinder-Reihenmotor	**Höchstgeschwindigkeit**	171 km/h

Ford Thunderbird

Vom Märchenprinz zum Frosch

Der Thunderbird war Fords Antwort auf die Corvette. Und zusammen mit der Corvette trat er für die amerikanische Autoindustrie gegen die europäischen Sportwagen an, die sich in den USA zunehmender Beliebtheit erfreuten. Die Modelle, die aus Europa nach Amerika kamen, – allen voran Jaguar – waren klein und leistungsstark und sie lieferten damit genau die gefragten Eigenschaften, die amerikanische Hersteller mit ihren Modellen nicht boten.
Von seiner Einführung im Jahr 1955 bis zu seiner Verwandlung in einen Convertible Viersitzer 1958 war der Thunderbird ein echter Konkurrent zur Corvette. Die Betonung des Komforts, die breite Angebotspalette von Zubehörteilen und der leistungsstarke Motor machten dem neuen Modell von GM eindeutig Konkurrenz. Im Gegensatz zur Corvette verschmähte man beim neuen Ford Kunststoffteile und bot elektrische Fensterheber, elektrisch verstellbare Sitze, Servolenkung und Servobremsen sowie drei Arten von Schaltgetriebe an – Handschaltung mit oder ohne Schongang oder Automatikgetriebe. Ausgerüstet war der Thunderbird ebenfalls mit einem V8-Motor. Die Verkaufszahlen zeigten schon bald, welches Modell die Kunden bevorzugten: 1955 wurde der Thunderbird 16 500-mal verkauft, die Corvette dagegen 700-mal.

Doch 1958 vollzog der Thunderbird den Wandel vom Märchenprinzen zum Frosch, vom flotten Sportwagen zum gediegenen Convertible. Die Thunderbird-Fans schrien laut auf, als das Modell mit neuer Persönlichkeit – größer, schwerer und mit gedrungener Linienführung – erschien. Vom wirtschaftlichen Standpunkt aus betrachtet, war diese Verwandlung ein großer Erfolg: Die Verkaufszahlen stiegen von 21 380 im Jahr 1957 auf 37 892 im Jahr 1958. Dies lag daran, dass der neue Thunderbird – trotz seiner völlig veränderten Ausstrahlung – seiner Zeit weit voraus war. Das Modell hatte eine selbsttragende Karosserie (eine absolute Neuheit), einen leistungsstarken Motor, bot ein großes Maß an Komfort (z. B. ein zur Seite schwenkbares Lenkrad, das leichteres Ein- und Aussteigen ermöglichte) und hatte einen fairen Preis.
Aber auch die Verkaufserfolge konnten den Reiz des Sportmodells nicht ersetzen. Der Zweisitzer hatte eine sehr ausgewogene und wohlproportionierte Karosserie mittlerer Größe und war so sportlich, wie man es sich nur wünschen konnte. Der Vorbau betonte die runden Scheinwerfer, die hinter ihren Schutzabdeckungen wie Augen ohne Brauen wirkten. Und unter den Augen befand sich ein breiter Mund – in diesem Fall eine Art Haifischmaul, ein verchromter Kühlergrill mit Rahmen

und darunter eine Stoßstange mit zwei runden, kugelförmigen Aufsätzen vor dem Grill. Auf der Motorhaube zeigten sich breite Belüftungsschlitze als flache ovale Auswölbung nach oben, ein Designelement, das als Zeichen für sportliches Temperament und als Synonym für Leistungsstärke galt. Die stark geneigte Windschutzscheibe krümmte sich an den äußeren Enden elegant nach hinten und deckte somit einen Teil der Seiten ab. An den vorderen Seitenblechen befanden sich weitere Belüftungsschlitze, die mit eleganten schrägen Chromstreifen verziert waren.

Eine leichte Falte lockerte die Seitenansicht der Karosserie auf und betonte die kleinen Heckflossen. Der Thunderbird hatte fast vollständig geschlossene Radkästen, die einen großen Teil der Hinterräder verdeckten. Das war schade, denn dadurch kamen die eleganten Weißwandreifen nicht voll zur Geltung.

Die Gestaltung der Fahrerkabine passte zur schlichten Eleganz der äußeren Karosserie. Chromeinfassungen umschlossen das Armaturenbrett, die Instrumente, Schaltknöpfe und das Radio. Das Armaturenbrett umfasste drei getrennte Komponenten: den Tachometer, der halbkreisförmig in der Mitte des Armaturenbretts platziert war, außerdem den Drehzahlmesser und die Uhr, die als kleinere, runde Instrumente links und rechts des Tachos eingebaut waren.

Ab 1956 sorgten zwei weitere Belüftungsschlitze hinter der vorderen Stoßstange für eine stärkere Innenbelüftung. Außerdem wurde das Reserverad außen montiert, um eine größere Ladefläche im Kofferraum zu gewinnen; der V8-Motor war als 5,2- oder 4,8-Liter-Version erhältlich.

Das Jahr 1957 brachte gravierendere Veränderungen am Thunderbird mit sich: Die vordere Stoßstange wurde vergrößert und neu geformt, um dem ebenfalls vergrößerten Kühlergrill Platz zu machen. Die Stoßstangen-Aufsätze verschwanden und die Heckflossen wurden extremer ausgearbeitet. Die Fahrerkabine erhielt ein neues Armaturenbrett mit leichter abzulesenden Instrumenten; die Räder wurden von 15" auf 14" verkleinert, um den Eindruck einer tiefergelegten Karosserie zu vermitteln. Auf Wunsch war ein Kompressor erhältlich, der den Thunderbird auf die Höchstgeschwindigkeit von 210 km/h brachte.

Technische Daten 1955er Ford Thunderbird

Produktionsjahre	1955–1957	**Hub (mm)**	95,3 x 83,8, ab 1956: 96,5 x 87,4
Chassis	selbsttragende Stahl-Karosserie	**Hubraum (ccm)**	4785, ab 1956 auch 5112 erhältlich
Radaufhängung	vorn: Einzelradaufhängung; hinten: halbelliptische Blattfedern	**PS**	169–177, ab 1957: 214
Räder	15", ab 1957 14"	**Ventilsteuerung**	2 Ventile pro Zylinder
Lenkung	Servolenkung	**Getriebe**	3-Gang-Handschaltung, auf Wunsch auch 3-Gang-Schaltung + Schongang oder 2-Gang-Automatik
Spurweite vorn (mm)	1397		
Spurweite hinten (mm)	1397		
Radstand (mm)	2565	**Antrieb**	hinten
Motor	vorn längs, V8	**Höchstgeschwindigk.**	191–220 (km/h)
Bohrung x			

Lancia Aurelia B24 Spider America

Ein Meisterwerk von Pininfarina

Im Nachkriegs-Italien gewannen amerikanische Trends und Designs zunehmend an Einfluss. Aus Amerika kam die Mode, der jeder folgen wollte. Amerikanische Designs beeinflussten Produkte aller Industriebereiche, die ihrerseits selbst in Amerika Erfolg haben sollten. Auch die Autoindustrie bildete dabei keine Ausnahme: Ferrari taufte einige seiner Modell-Versionen „America", Fiat baute den 1400, der einem kleinen amerikanischen Auto in „voller Chromrüstung" glich und Alfa Romeo versuchte seinen Duetto in die USA zu exportieren. An neuen Ideen mangelte es nicht.
Bei Lancia arbeitete man ebenfalls auf Hochtouren. Nach einem Jahr der Internierung in Padua, wo man an den Entwürfen für einen neuen V-Motor gearbeitet hatte, kehrten die Verantwortlichen nach Turin zurück. Der Gedanke an einen neuen V-Motor hatte Gianni Lancia schon lange beschäftigt und Designer De Virgilio das Konzept dazu bereits seit 1943 gedanklich verfasst. Später erarbeiteten sie ein Modell, das mehr war als nur eine überholte Version des Aprilia: Ihre Bemühungen gipfelten im Aurelia B10 und dem neuen 60°-V6-Motor, der 1949 gebaut wurde. Die öffentliche Präsentation des Autos fand allerdings erst ein Jahr später, bei der Turiner Automobilausstellung, statt. Der Erfolg des Modells zog die Entwicklung des B20 Coupés (1951) nach sich, führte zu weiteren technischen Verbesserungen des B10 und B20 und zu einem immer größeren und leistungsstärkeren Motor, der schließlich 2,5 Liter Hubraum und 115 PS erreichte.
Als Tüpfelchen auf dem „i" erschien 1955 der B24 Spider mit einem Design von Pininfarina. Das Modell trug die Bezeichnung „America" und war Lancias Versuch in den lukrativen US-Markt vorzustoßen.
Das Auto hatte alle Erfolg versprechenden Merkmale für den amerikanischen Markt: Es sah aus wie eine Sportlimousine, brachte eine fabelhafte Leistung (180 km/h) und hatte eine wunderschöne Linienführung. Gianni Lancia fuhr bei jeder passenden Gelegenheit mit diesem Auto und selbst Pininfarina war begeistert.

Dem englischen Stil folgend, war auch der B24 ein spartanisch ausgestatteter Sportwagen. Seine Erscheinung zeigte dabei allerdings eine Eleganz, wie sie nur bei italienischen Designs zu finden ist. Die Fahrerkabine war relativ weit nach vorne verlagert, die Windschutzscheibe wölbte sich an den Seiten nach hinten und – wie sonst bei Rennautos üblich – fehlten an den Türen außen die Griffe; um die Türen zu öffnen, musste man innen an einem Gurt ziehen. Die Seitenfenster waren fest angebracht und konnten nicht geöffnet werden; der Außenspiegel war so weit vorne auf den Kotflügel montiert, dass er vom Fahrer nicht im Sitzen justiert werden konnte. Die Seitenansicht zeigte keinerlei Verzierungen, lediglich neben der Fahrertür rechts unten war das kleine Logo der Pininfarina-Werkstätten zu sehen. Ein schmales Türblech auf jeder Seite unterbrach die sanften Bögen der Kotflügel, die vorne wie hinten mit

Beleuchtungskörpern endeten. Der B24 hatte zwei große runde Scheinwerfer mit Chromeinfassung und zwei kleine Leuchten darunter; die Beleuchtung des Hecks, jeweils ein tropfenförmiges Rücklicht und eine kleine runde Leuchte darunter, wirkte wie ein Ausrufungszeichen. Die Stoßstangen bestanden jeweils aus zwei Teilen und sahen dadurch aus wie Schnurrbärte – vorne erhoben sich die zur Mitte weisenden Enden der Stoßstangen zum Kühlergrill mit Chromrahmen und hinten umschlossen sie die seitlich beleuchtete Kennzeichenhalterung. Ein sehr sportlich anmutender Belüftungsschlitz zog sich als flache, rechteckige Erhebung über die Mitte der Motorhaube zur Front hin.

Nachdem die Türen mit Gurten von innen zu öffnen waren, erwartete man beim B24 auch ein eher bescheidenes Interieur. Doch die weichen Sitze waren mit Kunstleder überzogen und zur Ausstattung zählte ein hölzernes 3-Speichen-Lenkrad Modell Nardi. Die Instrumentierung des Armaturenbretts bestand aus einem großen runden Tachometer in der Mitte und zwei kleineren Anzeigen –Drehzahlmesser und Benzin- bzw. Ölstandsanzeige – links und rechts davon.

Auch auf der Straße überzeugte der B24. Sogar die ausländischen Konkurrenten gegenüber sonst so kritische Presse Großbritanniens schwärmte begeistert von dem brillanten Temperament des 2,5-Liter-Motors mit 118 PS.

Die Produktion des B24 begann und endete im Jahr 1955: Inklusive des Prototyps von 1954 wurden insgesamt 240 Autos dieser Version gebaut; 59 davon waren mit

Rechtslenkung und 180 mit Linkslenkung ausgestattet. Von 1956 bis 1958 waren die Cabriolets am Zug, von dieser Version wurden 521 Exemplare gebaut. Diese Autos zielten fast noch mehr auf den amerikanischen Markt ab und unterschieden sich von der Sportversion dadurch, dass sie eine durchgängige Stoßstange, Ausstellfenster und zu öffnende Seitenfenster, eine weniger abgerundete Windschutzscheibe, einen größeren Belüftungsschlitz auf der Motorhaube und nur zwei Instrumente auf dem

Armaturenbrett hatten. Es hätten mehr B24 verkauft werden können, doch die Lancias waren vorwiegend handgearbeitet, die Karosseriebleche beispielsweise von Hand gehämmert, sodass die Firma den eingehenden Bestellungen kaum nachkommen konnte. Der größte Teil der Aufträge stammte übrigens aus den USA.

Die äußere Gestalt des Cabriolets glich weitestgehend dem Sportmodell, allerdings wirkte das Cabrio etwas stattlicher und verlor dadurch ein wenig von der spartanischen Ausstrahlung des America.

Wie später auch der Alfa Romeo Duetto, so wurde der B24 ebenfalls durch das Kino berühmt. Das Modell war in dem Streifen „Verliebt in scharfe Kurven“ (Il sorpasso) von Dino Risi mit Vittorio Gassman und Jean Louis Trintignant zu sehen. In der Schlussszene des Films fährt Gassman mit Trinitgnant in Höchstgeschwindigkeit entlang einer italienischen Küstenstraße, die passender Weise den Namen „Aurelia“ trägt. Während des letzten Überholmanövers kommt das Auto von der Straße ab und stürzt über einen Abgrund. Tatsächlich ist das Auto dieser Schlussszene kein B24, sondern ein verkleideter Fiat. Zu den Dreharbeiten wurden dennoch zwei B24 benötigt, denn eines der Autos hatte wirklich einen Unfall und so musste ein zweites her, mit dem der Film fertig gestellt werden konnte.

Technische Daten LANCIA AURELIA B24 SPIDER AMERICA

Produktionsjahr	1955	**Motor**	vorn längs; V6
Chassis	Pressstahlbleche mit der Karosserie verschweißt	**Bohrung x Hub (mm)**	78 x 85,5
Radaufhängung	vorn: Einzelradaufhängung mit Schraubenfedern, die einstellbare hydraulische Stoßdämpfer umschlossen; hinten: Starrachse mit halbelliptischen Blattfedern, hydraulische Teleskopstoßdämpfer	**Hubraum (ccm)**	2451
		PS	118 bei 5300 U/min
		Max. Drehmoment (Nm)	181 bei 3000–4000 U/min
		Ventilsteuerung	Nockenwellen im Motorblock, hemisphärischer Brennraum
Räder	Scheibenräder, 165 x 400 Reifen	**Kraftstoffversorgung**	Doppelvergaser
		Kupplung	Einscheibentrockenkupplung
Lenkung	Schneckenrollenlenkung	**Getriebe**	4-Gang-Getriebe + Rückwärtsgang; Mittelschaltung
Spurweite vorn (mm)	1270	**Antrieb**	hinten
Spurweite hinten (mm)	1295		
Radstand (mm)	2489	**Höchstgeschwindigk.**	180 (km/h)

Porsche 356 Speedster

In einem Sägewerk geboren – der sportliche Nachfolger des Käfers

Große Kugelaugen, die mit unschuldigem Blick verträumt zum Himmel schauen – dies war der Eindruck, den die Scheinwerfer des Porsche 356 dem Betrachter vermittelten. Es war das erste Modell, das auch das Porsche-Markenzeichen trug und den „verträumten Blick" hatte es, ebenso wie viele technische Bauteile und Neuheiten (z. B. den luftgekühlten, heckmontierten Boxermotor), direkt vom VW-Käfer geerbt. Dieser Blick wurde übrigens auch noch auf den Nachfolger des 356, den 911, übertragen und er blieb bis 1997 unverändert erhalten, dann jedoch wurden die beiden großen Augen durch vier kleinere Scheinwerfer ersetzt, die mit den Blinklichtern gruppiert jeweils unter muschelförmigen Abdeckungen verschwanden.

Der 356 wurde in einem Gefängnis erdacht und in einem Sägewerk erbaut. 1946 musste der Österreicher Ferdinand Porsche in Frankreich eine Gefängnisstrafe für seine Zusammenarbeit mit dem Deutschen Reich während des Krieges absitzen. In der Zwischenzeit baute sein Sohn Ferry in Österreich mit wenigen Partnern das Familienunternehmen wieder auf und richtete ein altes Sägewerk als Design-Studio ein. Außerdem schaffte es Ferry, eine Million französische Francs zusammenzukratzen, um die Kaution für seinen Vater zu bezahlen. Sobald Porsche sen. wieder in Österreich war, machte er sich zusammen mit seinem Sohn daran, den 356 zu konstruieren; sie griffen dabei auf Bauteile des Käfers zurück. 1948 wurden zwei Prototypen gebaut: Bei dem ersten handelte es sich um ein Sportmodell mit Roadster-Karosserie, Rohrrahmenchassis, Mittelmotor und

Hinterradantrieb; der zweite Prototyp war funktioneller und kostengünstiger angelegt, denn es wurden Bauteile der VW-Produktion übernommen (Lenkung, Bremsen, Räder, Radaufhängung). Das Modell konnte als Coupé oder Cabriolet gebaut werden. Sein verstärktes Chassis bestand aus Pressstahlblech, das mit der Karosserie verschweißt wurde; Motor und Antrieb waren beide im Heck untergebracht. Letztlich fiel die Entscheidung für den zweiten Prototyp und dies war die Geburt des 356. Das erste Modell hatte eine Aluminiumkarosserie und einen 1,1-Liter-Boxermotor.

Von 1948 bis 1965 produzierte Porsche 79 366 Exemplare des 356. Dabei gab es verschiedene Reihen: den 356, den 356 A, 356 B, 356 C und den „GS" oder „Carrera" mit geschlossenen Karosserien (als Coupé) und als offene Modelle (Cabriolet und Roadster). Bei allen Motoren handelte es sich um Vierzylinder-Boxer, die zwischen 1,1 und 2 Litern Hubraum variierten und zwischen 40 und 130 PS Leistung brachten.
Es ist schwierig zu entscheiden, welche der 356-Reihen nun die beste oder schönste war. Die erste Reihe steht auf alle Fälle für die Ursprünge des Modells. Die A-Reihe brachte einige ästhetische und technische Veränderungen mit sich, die zur Grundlage für die weitere Entwicklung des Modells wurden. In den Reihen B und C zeigte das Modell 356 den stärksten Ausdruck, denn sie fassten Ausgereiftheit und Perfektion mit mehr Leistung, einer neuen Stahlkarosserie, Scheibenbremsen und der äußeren Gestalt eines Roadsters zusammen. GS- und Carrera-Reihe zeichneten sich durch ihre Leistung und die Siege auf den Rennbahnen und bei Langstreckenrennen aus. Diese Erfolge waren vor allem auf die neuen Motoren mit zwei obenliegenden

Nockenwellen zurückzuführen, die zunächst nur bei Rennwagen, später aber auch bei den 356-Straßenmodellen eingesetzt wurden.
Die zweifellos berühmteste Variante des 356 war der Speedster, der von 1954 bis 1958 sowohl als 356 wie auch als 356 A gebaut wurde.
Der Speedster war für den amerikanischen Markt entworfen worden. Max Hoffman, der amerikanische Porsche-Importeur, hatte vom Hersteller eine günstigere, leichtere und spartanischer ausgestattete Variante gefordert, die als Konkurrenz zu den englischen Sportwagen antreten sollte. Das Ergebnis war der um fast 90 kg leichtere Speedster. Er unterschied sich vom Cabriolet durch seine niedrigere und gekrümmtere Windschutzscheibe, durch das einfachere Ausstattungsangebot, die verstellbaren und abnehmbaren Fenster und durch das ungefütterte Verdeck. Die Amerikaner waren verrückt nach dieser Variante des 356.
Die gesamte Linienführung des Autos blieb mehr oder weniger unverändert und damit außergewöhnlich aerodynamisch. Die abgerundete Karosserie war das Leitmotiv des 356; die Seiten waren konvex und ihre gewölbten glatten Seitenbleche wurden lediglich durch die Türgriffe unterbrochen.
Bei der Reihe 356 stimmten die 16"-Räder farblich mit der Karosserie überein, während die A-Reihe 15"-Räder mit silbermetallic Lackierung hatte. Zwei längliche Öffnungen für die Hupe, die sich unmittelbar neben den kleinen Blinkleuchten über der Stoßstange befanden, und die Stoßstangenhörner, die speziell von den amerikanischen Händlern verlangt worden waren, belebten die Fahrzeugfront. In der Mitte zwischen den Scheinwerfern war der Porsche-Schriftzug angebracht und die u-förmige Motorhaube mit dem Griff darüber glich einer Nase zwischen zwei Augen. Bei den Speedster-Versionen der ersten Reihe wurde die geteilte Windschutzscheibe durch eine Chromeinfassung eingerahmt und die Scheibenwischer waren symmetrisch an den Scheibenenden angebracht. Bei der A-Reihe wurde dieses Design etwas verändert: Sie erhielt eine gewölbte ungeteilte Windschutzscheibe und die Scheibenwischer wurden traditionell eng nebeneinander platziert.
Die Fahrerkabine war sehr schlicht ausgestattet. Das Armaturenbrett der ersten Reihe beherbergte zwei große Instrumente und ein drittes kleineres. Die Modellvariante hatte ein Lenkrad mit drei Speichen. Die A-Reihe war mit einem überarbeiteten

Armaturenbrett ausgestattet, das nunmehr drei gleich große Rundinstrumente und Sicherheitspolsterung aufwies. Das Zwei-Speichen-Lenkrad bekam einen weißen Kranz und mit dem Zündschlüssel konnte nun auch der Anlasser betätigt werden.

1957 profitierte der 356 A Speedster auch von weiteren Veränderungen. So nahmen beispielsweise die runden Rücklichter eine Tropfenform an und die Frontscheinwerfer erhielten eine Chromeinfassung. Die beiden Auspuffendrohre wurden in die Stoßstangenhörner der Heckstoßstange integriert und die Kennzeichenbeleuchtung wurde nicht mehr oben, sondern unten montiert. Der Speedster erhielt ein größeres Heckfenster und auf Wunsch war auch ein abnehmbares Hardtop erhältlich. Die Türgriffe wurden neu geformt, Ausstellfenster eingeführt und der Name Porsche erschien nun auch auf den Nabendeckeln. Auf dem Armaturenbrett wanderte der Tacho weiter nach rechts und stattdessen tauchten neue Anzeigen für Benzinstand und Öltemperatur auf. Der Aschenbecher wurde unterhalb des Armaturenbretts montiert, der Schalthebel etwas zurückversetzt und die Schaltwege verkürzt.

Der Speedster war mit verschiedenen Motoren erhältlich: Der 1300 mit 44 PS (66 PS als Version S) war der kleinste, außerdem gab es den 1500 mit 55 PS (75 PS als Version S). Ab 1956 ersetzte der 1600 mit 60

PS (75 PS als Version S) den 1500 und als stärkste Ausführung erhielt der 1600 im Jahr 1958 den neuen Motor mit doppelter Nockenwelle, der von den Rennmodellen abgeleitet worden war und später als Grundlage für die GS-Carrera-Versionen diente.
Die B-Reihe des 356 wurde von 1959 bis 1963 produziert und die C-Reihe folgte von 1963 bis 1965. Bei beiden Modellen wurde der Trend zu technischen Verbesserungen immer weiter fortgeführt. Sie erhielten neue Chassis und 1961 wurde bereits der 130 PS starke 2-Liter-Carrera-Motor gebaut. Die Produktion der Speedster wurde mit der A-Reihe des 356 1958 eingestellt. Sieben Jahre später räumte das komplette 356-Programm das Feld für den Porsche 911, der bereits 1963 auf den Markt kam. Ferdinand Porsche starb 1951 und konnte sich somit leider nicht mehr an dem großen Erfolg des Modells 356 erfreuen.

Technische Daten PORSCHE 356 SPEEDSTER

Produktionsjahre	1954–1958
Versionen	1300/1300S/1500/1500S/1600/1600S/1600GS
Chassis	Pressstahlbleche mit der Karosserie verschweißt
Radaufhängung	vorn: Einzelradaufhängung, doppelte Längslenker, Querstabilisator; hinten: Einzelradaufhängung, Pendelachse, hydraulische Teleskopstoßdämpfer
Räder	Räder aus Pressstahl, 5,60 – 15 Reifen
Lenkung	Spindellenkung
Spurweite vorn (mm)	1295
Spurweite hinten (mm)	1245
Radstand (mm)	2083
Motor	Heckmotor, 4-Zylinder-Boxermotor, luftgekühlt
Bohrung x Hub (mm)	74,5 x 74 (1300/1300S), 80 x 74 (1500/1500S), 82,5 x 74 (1600/1600S), 87,5 x 66 (1600GS)
Hubraum (ccm)	1289 (1300/1300S), 1488 (1500/1500S), 1582 (1600/1600S), 1588 (1600GS)
PS	44 bei 4400 U/min (1300), 60 bei 5500 U/min (1300S), 55 bei 4400 U/min (1500), 70 bei 5000 U/min (1500S), 60 bei 4400 U/min (1600), 75 bei 5000 U/min (1600S), 115 bei 6500 U/min (1600GS)
Max. Drehmoment (Nm)	81 bei 2500 U/min (1300), 88 bei 3600 U/min (1300S), 106 bei 2800 U/min (1500), 108 bei 3600 U/min (1500S), 110 bei 2800 U/min (1600), 117 bei 3700 U/min (1600S), 126 bei 5500 U/min (1600GS)
Ventilsteuerung	2 obengesteuerte Ventile pro Zylinder, obenliegende, zentrale Nockenwelle (1300/1300S/1500/1500S/1600/1600S); 2 doppelte obenliegende Nockenwellen (1600GS)
Kraftstoffversorgung	2 Doppelvergaser
Kupplung	Einscheibentrockenkupplung
Getriebe	4-Gang-Getriebe + Rückwärtsgang; Mittelschaltung
Antrieb	hinten
Höchstgeschwindigk.	146–171 km/h

Mercedes 300 SL Roadster

Verliert seine Flügel, doch fliegt trotzdem – in Amerika

Der Mercedes 300 SL Roadster hatte zwar einen berühmten Vorfahren, trotzdem verdankte das Modell seine Existenz vor allem einer Person: Max Hoffman. Er importierte zahlreiche europäische Marken, darunter auch Mercedes, nach Amerika.
Der 300 SL Roadster war die offene Version des gefeierten Flügeltüren-Coupés, dessen Türen sich beim Öffnen wie die Flügel eines Vogels nach oben schwangen. Die Serienproduktion des 300 SL kam erst in Gang, nachdem Max Hoffman nach Stuttgart geflogen war und einen Kaufvertrag über 1000 Exemplare dieses Typs unterzeichnet hatte. Wäre dies nicht geschehen, hätte Mercedes niemals eine Straßenversion des 300 SL gebaut.
Diese Vertragsunterzeichnung von Hoffman war sehr gewagt und sicherte ihm einen Ehrenplatz in der Automobilgeschichte. Doch Hoffman war kein Neuling im Geschäft und hatte schon einige Sportwagen auf dem amerikanischen Markt neu eingeführt, so z. B. den Porsche 356 Speedster, den Alfa Romeo Giulietta Spider und den BMW 507. Häufig wurden die Modelle speziell für die amerikanischen Anforderungen ausgerüstet.
Das Management von Mercedes zog eine Straßenversion des 300 SL zunächst nicht in Betracht, weil die ursprüngliche Aufgabe des Modells bereits erfüllt war: Mit dem 300 SL hatte Mercedes der Welt zeigen wollen, dass die Marke nach den Katastrophen des 2. Weltkriegs wieder an die Spitze des Rennsports zurückgekehrt war. Außer dem Werksgelände in Mannheim waren alle Fabrikanlagen im Krieg zerstört worden und die Mannheimer Werkstätten wurden von den Alliierten benutzt, um deren eigene Fahrzeuge zu reparieren. Doch sobald Mercedes alle nötigen Genehmigungen erhalten hatte, nahm die Firma die Produktion mit dem Vorkriegsmodell 170 wieder auf.
1951 änderten zwei Ereignisse den Verlauf der weiteren Firmengeschichte: erstens, die Produktion der neuen 220er-, 300er- und 300-S-Modelle und zweitens, die Erlaubnis wieder am Rennsport teilzunehmen. Bei Rennen setzte Mercedes zunächst das Modell 300 S mit seinem verlässlichen, allerdings nicht gerade brillanten 3 Liter großen Sechszylindermotor ein. Die Karosserie des Modells musste neu entworfen werden, denn sie war im Vergleich zu den Konkurrenten von Jaguar und Ferrari viel zu schwer. Die Techniker von Mercedes erarbeiteten ein neues, insgesamt knapp 70 kg schweres Chassis mit einer gerüstarti-

gen Stützkonstruktion, die aus dünnen Stahlrohren bestand. Um eine angemessene Verwindungssteifigkeit zu erzielen, musste die Stützkonstruktion auch seitlich hochgezogen werden, wodurch der Platz für die Türen eingeschränkt wurde. Und dies schaffte wiederum die Basis für das charakteristischste Merkmal des Autos: Anstelle von Standardtüren mit seitlichen Scharnieren wurden die Türscharniere am Dach befestigt und die Türen nach oben geöffnet. Die Karosserie bestand aus Aluminium und der Motor wurde um 50° geneigt eingebaut.

Damit war die Rennversion 300 Sport Leicht startklar. 1952 fuhr das Modell einen Sieg nach dem anderen ein. Es gewann auch bei der Carrera Panamericana – eine Gelegenheit, bei der sich der 300 SL auch dem amerikanischen Publikum vorstellen konnte.

Ein Jahr später entschied das Mercedes-Management, den 300 SL in den Ruhestand zu schicken, denn die Firma wollte nun in den Formel-1-Rennsport einsteigen. Bei der Entscheidung den 300 SL aufzugeben, hatte Mercedes allerdings die amerikanische Begeisterung für das Modell unterschätzt. Seit der Carrera Panamericana hatten so viele Kunden nach einer Straßenversion des 300 SL gefragt, dass Max Hoffman, der den Markt gut einzuschätzen wusste, den Vertrag über 1000 Exemplare einigermaßen beruhigt unterzeichnen konnte.

Dies war die Geschichte, die dem Mercedes 300 SL Roadster vorausging. Das Straßenmodell behielt den 3 Liter großen Sechszylindermotor unverändert, aber das Fahrgestell mit Stützkonstruktion wurde gegen ein Rohrrahmen-Chassis ausgetauscht. Obwohl das Modell dadurch wieder an Gewicht zunahm, steigert dies auch den

Komfort. Das ursprüngliche Karosseriedesign musste natürlich erhalten bleiben und obendrein sollte das Modell auch die exklusive Eleganz eines Mercedes ausstrahlen. Der Roadster hatte sein Debüt 1954. Mit 29 000 Mark war sein Preis ausgesprochen hoch, er kostete damit mehr als ein 12-Zylinder Ferrari, aber immerhin noch weniger als sein Nachfolgemodell von 1957 (34 500 DM), das bis 1963 produziert wurde.

Bei der Karosserie hatte Mercedes besonderen Wert auf Komfort und typisch amerikanische Ausstattungsmerkmale gelegt. Aufgrund des fehlenden Daches war die Linienführung des Roadsters etwas schnittiger als beim Coupé, das Heck wurde um 51 mm verlängert. Es gab weitere Unterschiede zum Flügeltüren-Coupé: Die Front zeigte eine Beleuchtungskombination mit integrierten Blinkern und Nebelscheinwerfern im Gegensatz zu den ursprünglich runden Scheinwerfern und separaten Blinkleuchten. Der Kühlergrill war immer noch rechteckig, wies dabei allerdings abgerundete Ecken auf. In der Mitte des Kühlergrills war ein großer Mercedes-Stern aus Chrom angebracht; Stoßstangen waren auf Wunsch erhältlich. Der Vorbau des Roadsters hatte einen sportlichen Touch, die relativ lange, geschwungene Motorhaube zog sich weit nach vorne, fast bis zum Kühlergrill hin; sie hatte zwei sanfte Wellen, die längs vom Ansatz der Windschutzscheibe fast bis zum Ende der Motorhaube liefen. Ein Hardtop mit großem Heckfenster konnte ebenfalls bestellt werden.

Die Seitenansicht war wunderschön: Zwei dezent hervorgehobene Karosseriefalten über den Radkästen deuteten die Kotflügel für vorne und hinten an. Rautenförmige Belüftungsöffnungen zwischen vorderem

Kotflügel und Tür sorgten für die Kühlung des Motors und der Fahrerkabine; zwei Chromstreifen unterstrichen die dynamisch ausgeformte Belüftungskonstruktion und ließen das Seitenprofil sogar noch schlanker erscheinen. Nachdem das Modell kein fest installiertes Dach hatte, mussten traditionelle Türen eingesetzt werden, die das Ein- und Aussteigen natürlich wesentlich bequemer machten.
Die geringfügige Verlängerung des Hecks bewirkte ein ausgewogenes Längenverhältnis zwischen Heck- und Frontpartie. Der Kofferraum beherbergte das Reserverad und den Benzintank. Es wurden sogar spezielle Koffer für den 300 SL angeboten. Einen Blickfang bildeten, sofern vorhanden, die Stoßstangen mit ihren mächtigen Hörnern. Die Rückleuchten wölbten sich in zwei schmalen Leisten über die abgerundeten Ecken des Hecks zu den Seiten hin und erinnerten an ein etwas verkniffenes Lächeln.
Die Fahrerkabine präsentierte sich in klassischer Eleganz und luxuriös. Ein neues System, bei dem der Lenkradkranz zur Seite gedreht werden konnte, erleichterte das Ein- und Aussteigen. Das Armaturenbrett war etwas anders angelegt als beim Coupé: Zwischen Drehzahlmesser und Tachometer (mit Anzeige bis 270 km/h) befand sich ein rechteckiges Fenster, in dem Wasser- und Öltemperatur, Öldruck und Benzinstand angezeigt wurden. Für Bequemlichkeit sorgten die wohlgeformten Ledersitze.
Die Leistung des 300 SL Roadsters war überragend: Seine 217 km/h Höchstgeschwindigkeit konnten auf 251 km/h gesteigert werden, indem die Hinterachsübersetzung verändert wurde.

Technische Daten MERCEDES 300 SL ROADSTER

Produktionsjahre	1957–1963	**Motor**	vorn längs, 50° geneigt, 6-Zylinder-Reihenmotor
Chassis	Stützkonstruktion aus Stahlrohren	**Bohrung x Hub (mm)**	85 x 88
Radaufhängung	vorn: Einzelradaufhängung, doppelte Querlenker, Schraubenfedern, Stabilisator; hinten: Einzelradaufhängung, Eingelenk-Pendelachse mit Schraubenfedern, hydraulische Teleskopstoßdämpfer	**Hubraum (ccm)**	2996
		PS	215 bei 5800 U/min
		Max. Drehmoment (Nm)	275 bei 4600 U/min
		Ventilsteuerung	2 hängende Ventile pro Zylinder, 1 obenliegende Nockenwelle
Räder	15" Stahlfelgen, 6,70 x 17 Reifen	**Kraftstoffversorgung**	direkte Einspritzung
Lenkung	Kugelumlauflenkung	**Getriebe**	4-Gang-Handschaltung + Rückwärtsgang; Mittelschaltung
Spurweite vorn (mm)	1372		
Spurweite hinten (mm)	1422	**Antrieb**	hinten
Radstand (mm)	2388	**Höchstgeschwindigk.**	217–251 (km/h)

1960er Cadillac Eldorado Biarritz

Exzess – koste es, was es wolle!

Der Name Eldorado stammt von der spanischen Bezeichnung „el dorado“ für das sagenumwobene „Goldland“, das die spanischen Eroberer irgendwo im Gebiet zwischen Amazonas und Orinoko vermuteten und wo das Gold einfach zum Aufsammeln auf dem Boden liegen sollte. Auf seine Art „golden“ war der stattliche Cadillac auch. 1953 wurde er in einer limitierten Serie gebaut, denn man wollte das Ende des Koreakrieges markieren und gleichzeitig den 50. Geburtstag von General Motors feiern. Die wichtigste Aufgabe des Modells war es jedoch, die Kundenaufmerksamkeit auch auf das Angebot preiswerterer Cadillacs zu lenken. So stand der Eldorado in den Fenstern der Cadillac-Ausstellungsräume wie ein attraktiver Tänzer vor den Türen eines Nachtclubs und versuchte Passanten hineinzulotsen. Die Öffentlichkeit hatte den Eldorado bereits zu sehen bekommen, als Präsident Dwight D. Eisenhower zu seiner Vereidigungszeremonie vorfuhr und bei GM hatte man die Hoffnung, dass die Kunden durch die Neugier auf dieses Auto in die Verkaufsräume strömen würden und schließlich zum Kauf eines günstigeren Cadillacs bewegt werden könnten.

Der Eldorado wurde an wenige reiche Kunden verkauft. Sein Preis war sehr hoch – er kostete doppelt so viel wie eine Limousine Serie 62 und fünfmal so viel wie ein Chevrolet Coupé. Dafür war die Ausarbeitung des Modells großartig. Luxus, Eleganz und Extravaganz im Stil der amerikanischen

Autos der 50er-Jahre prägten ihn. Die Formen waren ausladend, die Linienführung streng, die Winkel spitz und die Kanten scharf. Seine Heckflossen waren extrem lang und er hatte ausgeprägte Stoßfänger mit Stoßstangenhörnern und Chromverzierungen.
1953 war der Eldorado das Topmodell von GM und er sollte noch viele Jahre in Produktion bleiben. Mit der Zeit passte sich die äußere Gestalt des Modells neuen Trends an und die technische Ausstattung entwickelte sich stetig weiter, während der Name – wie beim Thunderbird, der Corvette und dem Mustang – immer erhalten blieb.
Das Design des Eldorados basierte auf dem Convertible der Serie 62. Das Auto sollte ein sportliches Aussehen bekommen, deshalb wurde die Windschutzscheibe gesenkt und an den äußeren Enden zu den Seiten gekrümmt, eine Veränderung, die später bei allen Cadillacs vorgenommen wurde und in den folgenden Jahren bei amerikanischen Autos allgemein üblich war. Die Höhe der Türen wurde etwas verkürzt, um den Mittelteil der Karosserie möglichst flach zu halten und dadurch schlanker wirken zu lassen. Das zusammengefaltete Verdeck verschwand in der Karosserie und wurde von einem Metallblech, höhengleich mit dem Kofferraumdeckel, abgedeckt. Die Fahrerkabine war vollständig mit Leder ausgekleidet, inklusive des Armaturenbretts, und der Umfang der serienmäßigen Ausstattung sollte auch in den folgenden Jahren andere Autos vor Neid erblassen lassen: elektrisch verstellbare Sitze, elektrische Fensterheber und Antenne, Radio, hydraulisch betriebenes Verdeck, Servobremsen und -lenkung sowie Automatikgetriebe. Alle Eldorado-Serien hatten diesen Luxus und einen V8-Motor.
In den Jahren 1953 bis 1966 wurde diese erste Generation der Eldorado Convertibles mit Hinterradantrieb kontinuierlich überarbeitet, bis die Herstellung schließlich eingestellt wurde. 1971 startete die Produktion eines vollständig neuen Modells mit Vorderradantrieb.
Jedes Jahr profitierte der Admiral der Cadillac-Flotte von Verbesserungen der Karosserie, Technik und Innenausstattung. Die Karosserieformen wurden schmaler, die Heckflossen verlängert, dann auf ein ungewöhnliches Maß verkürzt, der Kühlergrill, die Belüftungsöffnungen und die Stoßfänger überarbeitet, der Motor wurde leistungsstärker und die Zahl und Konstruktion der Vergaser variierte. Es wirkte fast so, als trieben die Designer des Eldorados ein Verwirrspiel mit der Öffentlichkeit, um die Tatsache zu verschleiern, dass das Auto sich immer weniger von seinem Basismodell, der Serie 62, unterschied und dabei jedes Jahr teurer wurde. Das Ergebnis waren Verkaufszahlen, die 1955 ihren Höhepunkt erreicht hatten und ab 1956, mit Einführung der Convertible-Variante

Technische Daten 1960er CADILLAC ELDORADO BIARRITZ

Produktionsjahr	1960	**Bohrung x Hub (mm)**	101,6 x 98,4
Chassis	selbsttragende Karosserie	**Hubraum (ccm)**	6382
Radaufhängung	vorn: Einzelradaufhängung, deformierbare Querlenker, Schraubenfedern; hinten: Starrachse und Blattfedern längs; hydraulische Teleskopstoßdämpfer, pneumatische Niveauregulierung auf Wunsch	**PS**	325 bei 4800 U/min
		Max. Drehmoment (Nm)	584 bei 3100 U/min
		Ventilsteuerung	2 Ventile pro Zylinder, 1 zentrale Nockenwelle
		Kraftstoffversorgung	Vierfach-Fallstromvergaser
Räder	Stahlfelgen, 8 x 15 Reifen	**Getriebe**	Hydramatic, 4 Gänge + Rückwärtsgang; Lenkradschaltung
Lenkung	Kugelumlauflenkung mit Servounterstützung	**Antrieb**	hinten
Radstand (mm)	3251	**Höchstgeschwindigkeit (km/h)**	177
Motor	vorn längs, 90°-V8-Motor		

„Biarritz" und des Coupés „Deville", stetig fielen. Versuche, die Verkäufe zwischen 1958–59 neu zu beleben, scheiterten.
Ab 1958 wurde eine pneumatische Niveauregulierung als Sonderausstattung eingeführt, die – ungeachtet der Zuladung – für gleichmäßigen Bodenabstand der Karosserie sorgte. Es handelte sich um ein sehr ausgeklügeltes System, das aber kaum Käufer fand.
Die 1959er-Version des Biarritz hob sich noch deutlicher von den vorausgegangenen Eldorados ab. Es waren drastische Veränderungen an Technik und Karosserie vorgenommen worden: Der auf 6,4 Liter Hubraum vergrößerte Motor brachte nun 325 PS; Automatikgetriebe und Chassis waren ebenfalls verändert worden. Das Auto wurde niedriger, breiter und länger (5563 mm), die vergrößerte Windschutzscheibe krümmte sich mehr zu den Seiten und erhielt zusätzlich Ausstellfenster. Die höheren und scharfkantigeren Heckflossen begannen nun bereits an der Fahrerkabine und zogen sich bis zum Heck, wo sie das aeronautische Design der Rücklichter betonten.
Die Linienführung des 1959er Eldorado Biarritz war sensationell. Die Frontansicht bedeckte ein Schauspiel aus Chrom. Die vier Scheinwerfer wurden von kleinen, rund ausgeformten „Dächern" aus Karosserieblech überragt, die an den Seiten der Motorhaube eine dezente Falte bildeten. Der Rest der Front bestand aus dem Kühlergrill, der sich wie ein kariertes Gitter von einer Seite zur anderen ausdehnte. Die mächtige Stoßstange beherbergte zusätzliche Scheinwerfer und die Kennzeichenhalterung. Die Seitenansicht des Modells erstreckte sich glatt und scheinbar endlos bis zum Heck. Ein außergewöhnlich langer Chromstreifen (4877 mm!) zog sich vom vorderen Radkasten ohne Unterbrechung über Tür und Seitenblech bis zur Einfassung der Rücklichter.
Das Heck wirkte wie eine Kopie der Frontansicht: Zwei zusätzliche Rücklichter waren in die Stoßstangenaufsätze integriert und über die Breite des Hecks zog sich ein Gitter im selben Design wie beim Kühlergrill.
Das Interieur zeigte dieselbe Eleganz wie die äußere Gestalt des Biarritz. In die Lederbezüge der bequemen Sitze waren Flächen eingearbeitet, die farblich genau mit der Karosserielackierung übereinstimmten. Das Armaturenbrett unterschied sich von früheren Versionen durch die Anordnung der Instrumente; die großen Schaltknöpfe für die elektrischen Fensterheber und die Sitzverstellung befanden sich in den Türen.
Das Modell war ausgesprochen komfortabel und die Leistung konnte sich, ungeachtet der zwei Tonnen Gewicht, mit 177 km/h durchaus sehen lassen. Aber der Eldorado Biarritz war nicht zum Rasen, sondern für gemütliche Vergnügungsfahrten geschaffen.

Citroën DS 21Cabriolet

Der revolutionäre „Hai"

André Citroën, der Gründer der Firma, hat den DS nicht mehr erlebt, aber er wäre mit Sicherheit stolz und vielleicht sogar ein wenig erstaunt gewesen, dass dieses Modell, das den 20 Jahre älteren revolutionären „Traction Avant" ersetzte, genauso innovativ und sensationell war. Die Enthüllung des DS bei der Pariser Automobilausstellung im Jahr 1955, 20 Jahre nach Citroëns Tod, war die vielleicht größte Ehrung, die dem Gedenken des Firmengründers zuteil werden konnte. An jenem 6. Oktober 1955 wurde vielen Fachleuten und Auto-Fans bewusst, dass sie einen wichtigen Augenblick der Automobilgeschichte selbst miterlebten. Der Bildhauer Flaminio Bertoni hatte eine vollständig neue, futuristisch geformte Karosserie erschaffen, die in einigen Bereichen besondere Eigenheiten aufwies. Vor allem die durchgängige Stromlinienförmigkeit und das Fehlen des Kühlergrills setzten neue Maßstäbe für Design und Aerodynamik. Aus technischer Sicht war die verstellbare hydropneumatische Höhenregulierung bei allen vier einzeln aufgehängten Rädern eine Revolution, die Straßenlage und Fahrkomfort in eine völlig neue Dimension erhob. Über ein Steuerungselement am Armaturenbrett konnte der Abstand der Karosserie zum Boden den jeweiligen Bedingungen angepasst werden: tief – für normale Straßenverhältnisse, hoch – für unebene Beläge und ganz hoch – zum Reifenwechseln. Der herkömmliche Wagenheber wurde überflüssig und durch einen Sicherungsständer, auf den das Auto gestützt werden konnte, ersetzt. Zu den weiteren Neuheiten zählten automatische Kupplung, Servobremsen und – zum ersten Mal bei einem Modell der Großserienproduktion – Scheibenbremsen vorne.

Fünf Jahre später, an der Schwelle einer wirtschaftlichen Hochkonjunktur, wiederholte sich die Szene. Wieder war die Pariser Automobilausstellung Schauplatz für das Debüt eines großen Citroën – der Cabrio-Version des DS 19. Ohne das feste Dach wirkte die Linienführung des Wagens noch schnittiger, es glich fast einem Motorboot. Es war ein Modell, das den großen amerikanischen Convertibles durchaus Konkurrenz machen konnte. Obwohl bereits die Limousine des DS 19 ein revolutionäres Design hatte, konnte die Karosserie des Cabrios die geschlossene Version an Persönlichkeit noch übertreffen. Für manchen Geschmack hatte das neue Modell sogar zu viel Ausdruck und so regten sich widersprüchliche Gefühle: Einige verliebten sich sofort in das Cabrio und andere fanden es scheußlich. Seine unge-

LHM

wöhnliche Form trug ihm den Spitznamen „Hai" ein, denn es hatte eine extrem lange Motorhaube, die sich bis zur Stoßstange hinunterzog, einen hohen Wagenmittelteil und leicht gewölbte Seiten ohne jegliche Verzierungen. Das Heck war fast nur halb so lang wie die Motorhaube und verjüngte sich nach hinten zu einem sehr schmalen Abschluss.

Das DS Cabriolet war eine Arbeit des französischen Karossiers Henry Chapron, der bereits bei der Pariser Automobilausstellung im Jahr 1958 einen Prototyp des DS unter dem Namen „La Croisette" präsentiert hatte. Der Prototyp war von den Besuchern begeistert aufgenommen worden und so hatte Chapron Citroën gebeten, ihn mit entsprechenden Chassis zu beliefern. Citroën hatte jedoch kein Interesse an einer Zusammenarbeit. Chapron gab nicht auf: Er kaufte 25 neue Limousinen bei verschiedenen Händlern und baute sie in 25 Cabriolets um. Damit wollte er Citroën dazu bewegen, ein Chassis mit verstärkten Seitenstreben zu entwerfen, das sich für den Aufbau des Cabriolets eignete. Die Rechnung ging auf: Schließlich vertraute Citroën Chapron die Produktion des Autos an und der DS 19 erschien 1960 auf dem Markt.

Die erste Version unterschied sich von den nachfolgenden durch die mit Chrom eingefassten Belüftungsschlitze an den vorderen Kotflügeln, die fehlenden strömungsgünstigen Abdeckungen der Scheinwerfer (sie tauchten erst 1965 bei den lenkergesteuerten Scheinwerfern auf) und durch die mit zentralen Radmuttern an den Achsen verschraubten Räder. Alle DS-Modelle hatten jedoch von Anfang an Einspeichenlenkräder, Innenrückspiegel, Schalthebel an der Lenksäule und äußerst bequeme Polstersitze. Der Motor des 1960er DS war von dem des Traction Avant abgeleitet und hatte vier Zylinder, 2 Liter Hubraum und 75 PS, er brachte das Auto auf 142 km/h Höchstgeschwindigkeit.

Neben dem 1960er DS erschien bei Citroën auch das Modell „ID" mit etwas weniger Leistung (66 PS) und einer schlichteren Verarbeitung. 1962 wurde der DS auf den neuesten Stand gebracht. Er bekam einen 82-PS-Motor, der Vorbau des Wagens wurde auf seiner Unterseite mit Luftleitblechen ausgestattet, es wurden Stoßstangenhörner aus Gummi installiert und das Armaturenbrett verändert. 1965 erhöhte sich die Leistung des Motors noch einmal (90 PS/170 km/h), doch dann fand die Ablösung der 19er-Reihe durch den DS 21 statt und dieser war mit einem anderen, 2,1 Liter großen Motor mit 109 PS für 187 km/h Höchstgeschwindigkeit ausgerüstet. Einige Veränderungen an der Karosserie und der Fahrerkabine wurden auch 1967 vorgenommen, beispielsweise die Anbringung von Kopfstützen, und 1969 erhielt das Armaturenbrett drei Rundinstrumente. Als letzte Neuerung zählt die Einführung der Kraftstoffeinspritzung 1970.

Die Produktion des DS Cabriolets wurde 1971 eingestellt, aber Chapron baute mit der Genehmigung von Citroën bis zum Jahr 1974 noch einige sehr seltene Exemplare des DS 23 (141 PS, Kraftstoffeinspritzung, 196 km/h) zusammen.

Insgesamt wurden nur 1325 DS-Cabriolets gebaut – eine geringe Zahl, die darin begründet lag, dass diese Version teurer war als die Limousine. Heute sind die DS-Cabriolets dafür sehr gesucht.

Technische Daten 1960er Citroen DS 21 Cabriolet

Produktionsjahre	1965–71	**Bohrung x Hub (mm)**	78 x 100
Chassis	selbsttragende Karosserie	**Hubraum (ccm)**	2175
Radaufhängung	vier einzeln aufgehängte Räder, hydropneumatisch mit integrierten Stoßdämpfern, Stabilisator und Neigungsausgleich	**PS**	109 bei 5500 U/min
Räder	185–15 Reifen	**Max. Drehmoment (Nm)**	174 bei 2500 U/min
Lenkung	Zahnstangenlenkung mit Servounterstützung	**Ventilsteuerung**	stirnseitige Nockenwelle
Spurweite vorn (mm)	1499	**Kraftstoffversorgung**	Doppelvergaser
Spurweite hinten (mm)	1295	**Kupplung**	Einscheibentrockenkupplung mit automatischer hydraulischer Betätigung
Radstand (mm)	3099	**Getriebe Lenkradschaltung**	4 Gänge + Rückwärtsgang; Antrieb vorn
Motor	vorn, 4-Zylinder-Reihenmotor	**Höchstgeschwindigkeit (km/h)**	187

DS 23

Ferrari 250 GT Spyder California (mit kurzem Radstand)

Eine Schönheit mit Chrom verziert

Es wurden nur 106 Exemplare dieses großartigen Sportwagens oder „Spyder" – wie er offiziell bei seiner Präsentation im Dezember 1957 genannt wurde – gebaut. Ähnlich wie beim Film engagierte Produzent Ferrari Automobili aus Modena für seinen Knüller „Ferrari 250 GT California Spyder" eine Starbesetzung: Design – Pininfarina, Karosseriebau – die Meisterkarossiers von Scaglietti ebenfalls aus Modena, Räder – Borrani und Lenkrad – Nardi. Das Ergebnis, eine Komposition aus Metallblechen, Chrom, Zylindern und Pferdestärken, wurde sofort zum Kultgegenstand.
Der Erfolg des California kam nicht, wie bei vielen anderen Autos, erst „postum", nein, bekannte Persönlichkeiten standen für dieses Modell Schlange. Die letzte Version mit langem Radstand beispielsweise ging an Pininfarina persönlich; ein Modell mit kurzem Radstand wurde an den französischen Filmregisseur Roger Vadim verkauft, der es Brigitte Bardot überließ; ein weiterer California gehörte Vittorio Emanuele, einem Mitglied der italienischen Königsfamilie, doch das Auto wurde durch einen Unfall zerstört. Der amerikanische Schauspieler James Coburn hatte ebenfalls einen und der letzte California, der im Februar 1963 gebaut wurde, ging an Luigi Chinetti, den amerikanischen Ferrari-Importeur.
Viele Kunden wollten ihr Modell als Sonderanfertigung. Die sechs California mit kurzem Radstand hatten Karosserien, die komplett aus Aluminium bestanden, um beim 24-Stunden-Rennen von Le Mans teilzunehmen. Ein anderer Spyder wurde mit einer speziellen Konsole auf dem Getriebetunnel ausgestattet, während ein Schweizer Kunde auf die seitlichen Belüftungsschlitze verzichten und die Instrumente alle vor sich auf dem Armaturenbrett haben wollte. Wie der Name bereits andeutet, wurde der Spyder California für den amerikanischen Markt entworfen, denn dort fand Ferrari für seine Modelle die meisten Abnehmer. Anfang der 60er-Jahre war die Firma erst zehn Jahre alt, doch diese kurze Zeit hatte ausgereicht, um bereits zur Legende zu werden. Die Geschichte begann mit Enzo Ferrari, dem ehemaligen Rennfahrer für Alfa Romeo, und dessen Erfolgen in der Formel 1. Bereits beim britischen Grand Prix im Jahr 1951 siegte ein Ferrari vor den sonst unschlagbaren Alfa Romeos, die im Jahr zuvor und auch 1951 den Weltmeistertitel einfuhren. Ferrari gewann die Meisterschaft 1952 und 1953, das Jahr darauf erreichten sie Platz 2 hinter einem Mercedes, gesteuert von Manuel Fangio. Es folgte die Produktion von Straßenmodellen die auf Erfahrungen aus dem Rennsport zurückgriffen und von „Pinin" Farina, eingekleidet wurden.
Der Spyder kam im Dezember 1957 zusammen mit dem 250 Cabriolet Pinin Farina zum ersten Mal auf den Markt. Es gab Ähnlichkeiten zwischen den beiden Modellen, doch der Erfolg des Spyders brachte die Produktion des Cabriolets schon ein Jahr später zum Stillstand.
Die ersten Spyder hatten einen Radstand von 2565 mm, der 1960 auf 2388 mm verkürzt wurde. Es gab wenige Unterschiede zwischen den beiden Varianten, am wichtigsten war sicherlich die Tatsache, dass der Spyder mit kurzem Radstand weniger wog, eine breitere Spurweite und eine tiefergelegte Karosserie hatte sowie Belüftungsschlitze auf der Motorhaube.
Die Anziehungskraft des California lag jedoch nicht am Abstand seiner Radachsen, es waren vielmehr eine Reihe äußerer und innerer Details, die die Schönheit des Modells ausmachten. So waren z. B. die Seiten leicht konvex geformt, die Reifen breit und das Verdeck verschwand hinter den Sitzen, wodurch die Karosserie noch schnittiger wirkte. Und gleich an der äußersten Spitze des eindeutig aggressiven Vorbaus, der keinen Zweifel über die Leistung des mehr als 200 PS starken Zwölfzylinders aufkommen ließ, präsentierte sich das Auto auffällig mit Chrom geschmückt. Zu den

Chromverzierungen gehörten: der breite, haifischmaulförmige Kühlergrill mit dem aufbäumenden Pferd des Ferrari-Logos in der Mitte, die Grilleinfassung und die zusätzlichen Leuchten, die durchgängige Stoßstange und Stoßstangenhörner, die Umrandung der runden, in die Kotflügel eingelassenen Scheinwerfer, die von einer auffälligen gewölbten Plexiglasabdeckung geschützt wurden, sowie die Einfassung der relativ aufrecht montierten Windschutzscheibe. Verchromt waren auch die Türgriffe und die seitlichen Belüftungsöffnungen. Die verchromten Aluminium-Speichenräder mit Kanneluren und Flügelmuttern auf den Nabendeckeln waren vier Kunstwerke von Borrani. Das Heck präsentierte sich mit kleinen, natürlich in Chrom gefassten, rechteckigen Reflektoren und schmalen, hohen Rücklichtern, die den Abschluss der dezenten Heckflossen bildeten. Insgesamt war die Heckpartie des Spyders höher angelegt als die Frontpartie, was durch den gewölbten Kofferraum noch betont wurde. Und schließlich waren auch die jeweils paarweise angeordneten Auspuffendrohre und der Griff des Kofferraumdeckels verchromt.

Das Interieur bildete einen krassen Gegensatz zu den spartanischen, unbequemen Fahrerkabinen englischer Sportwagen. Es bestand aus Leder, Holz und Chrom (!) in perfekter Verarbeitung. Die Ledersitze waren gepolstert und tief ausgeformt, sodass der Körper im Sitz nicht verrutschen konnte, die Neigung der Rückenlehne wurde über zwei Einstellräder justiert.

Das Armaturenbrett war eine absolute Neuheit: Unmittelbar vor dem Fahrer befanden sich nur Drehzahlmesser und Tachometer, die übrigen Instrumente waren rechts davon, im Mittelteil des Armaturenbretts platziert. Diese Instrumentenanordnung entwickelte sich in den folgenden Jahren zu einem Merkmal reinrassiger Sportwagen. Die beiden Hauptinstrumente waren mit einem Chromrand verziert, hatten eine Art „Sonnendach" zum Schutz gegen Lichtreflexionen und Ziffernblätter mit zweifarbigem, schwarz-weißem Hintergrund. Die Instrumentenzeiger waren rot und die Tachometerskala reichte bis 300 km/h! Design und Produktion des Lenkrads stammten von Nardi. Ein eleganter Holzkranz, drei verchromte Lenkradspeichen und das gelbe Ferrari-Emblem in der Mitte waren alles, was der California-Fahrer brauchte, um seinen 220–240 PS starken V12-Motor mit der Höchstgeschwindigkeit von 250 km/h zu steuern.

Die übrigen Instrumente, Anzeigen für Öltemperatur und -druck, Wasser, Benzin und eine Uhr, befanden sich unter dem Rückspiegel im Mittelteil der Konsole und waren natürlich auch in Chrom eingefasst. Darunter saß ein Satz schwarzer Schalter, die sich vor dem schwarzen Lederhintergrund der Konsole kaum abhoben. Mit ihnen wurden die Scheibenwischer, Außen- und Innenbeleuchtung, Hupen (eine für den Stadtverkehr und eine lautere für hohe Geschwindigkeiten), die Uhr und eine zusätzliche elektrische Kraftstoffpumpe betätigt. Diese Kraftstoffpumpe diente zur Unterstützung der beiden am Motor befindlichen Pumpen und sollte den Vergasern bei einem Kaltstart helfen.

TECHNISCHE DATEN FERRARI 250 GT SPYDER CALIFORNIA

Produktionsjahre	1960–1962
Chassis	einteilig aus elliptischen
Stahlrohren	Radaufhängung vorn: Einzelradaufhängung, deformierbare Querlenker, Schraubenfedern; hinten: Starrachse und halbelliptische Blattfedern; hydraulische Stoßdämpfer
Räder	16″ Speichenräder, 6,00–15 Reifen

Lenkung	Schneckenlenkung
Spurweite vorn (mm)	1372
Spurweite hinten (mm)	1346
Radstand (mm)	2388
Motor	vorn längs, 60°-V12-Motor
Bohrung x Hub (mm)	73 x 58,8
Hubraum (ccm)	2953
PS	220–240 bei 7000 U/min
Max. Drehmoment (Nm)	–

Ventilsteuerung	2 Ventile pro Zylinder, einzelne obengesteuerte Nockenwelle
Kraftstoffversorgung	3 Vergaser
Getriebe	4-Gang-Handschaltung + Rückwärtsgang; Mittelschaltung
Antrieb	hinten
Höchstgeschw. (km/h)	250

1961er Jaguar E-Type 3,8

Die Königin Englands

Im März 1961 stand eine der wichtigen internationalen Veranstaltungen der Autoindustrie bevor.
Mittwoch, der 15. März, sollte Eröffnungstag sein. In der Nacht zuvor trat ein neues Auto die Reise nach Genf an. Das Auto kam aus den Jaguar-Werkstätten in der Browns Lane, Coventry, Großbritannien, und nahm um Mitternacht die Fähre von Dover nach Calais, anschließend durchquerte es in der nebligen Dunkelheit Frankreich. Fahrer des Sportwagens mit der langen Motorhaube und dem muschelförmigen Heck war Bob Berry, stellvertretender Werbeleiter bei Jaguar. Er fuhr ein Rennen gegen die Zeit. Durch die verspätete Lieferung einiger Bauteile hatte das Auto die Jaguar-Werkstätten erst im allerletzten Moment verlassen können. Bob Berry kam mit dem Auto noch rechtzeitig an, es blieb gerade so viel Zeit, die Karosserie trocken zu wischen und ein wenig zum Glänzen zu bringen. Die Mühen waren aber nicht vergeblich gewesen, die Dankbarkeit und Treue des Publikums hielt sich schließlich 14 Jahre lang und die Liebe zu dem Auto ist heute noch ungebrochen!
Der E-Type stieg direkt zum Olymp der automobilen Sensationen auf und wurde als das Jaguar-Modell mit der höchsten stilistischen Ausdruckskraft gefeiert. In Fortführung der starken Reihe der Jaguar-Sportwagen, die 1948 mit dem XK 120 begründet wurde, hieß der E-Type zuerst Modell „XKE". Er hatte eine absolut neuartige, originelle Linienführung und vereinte wertvolle Erfahrungen mit den Rennmodellen C-Type und D-Type in sich.
Das Straßenmodell E-Type profitierte von vielen technischen Entwicklungen aus dem Rennsport: Es hatte die doppelte Nockenwelle, den Sechszylinder-Reihenmotor mit 3,8 Litern Hubraum und 265 PS, drei Vergaser zur Kraftstoffversorgung, Rohrrahmen-Chassis mit selbsttragender Karosserie, Scheibenbremsen, ein selbstsperrendes Differential und eine besondere Geometrie bei der Hinterradaufhängung. Selbstverständlich war auch die Leistungsfähigkeit erhaben – genauso stark wie bei den Jaguars, die das 24-Stunden-Rennen von Le Mans von 1951–57 gewonnen hatten.
Das Design des neuen Jaguars stammte von Malcom Sayer, einem Flugzeugingenieur, der bereits den C-Type, D-Type und XJ13 entworfen hatte. Der E-Type sollte nach einem Auftrag von Sir William Lloyd die berühmte XK-Reihe ablösen, die bereits seit neun Jahren auf dem Markt war. Die originelle Linienführung der Karosserie entstand dabei mehr als das Ergebnis von Studien zur Aerodynamik, denn als neues stilistisches Thema. Die Coupé-Variante erschien zeitgleich mit dem Roadster. Mit geschlossenem Verdeck oder aufgesetztem Hardtop wirkte die nach hinten versetzte Fahrerkabine wie der Gefechtsturm auf einem U-Boot. Offensichtlich war es unmöglich für den Fahrer des E-Types, die volle Länge der Motorhaube zu überblicken, unter der man zumindest einen Achtzylindermotor und jede Menge Power erwartete.
So war denn auch die Motorhaube das herausragendste Merkmal des Modells. Gleichzeitig mit der Motorhaube wurden auch die Kotflügel angehoben und somit der Blick auf das technische Innenleben und sogar auf die Reifenlaufflächen des E-Types freigegeben. Die Wölbung in der Mitte der Motorhaube sicherte die ungehinderte Luftzufuhr für die drei Vergaser und die links und rechts davon angeordneten Belüftungsschlitze unterstützten die Motorkühlung. Vom Kühlergrill zurückversetzt und weit in die gewölbten Kotflügel versenkt, saßen die Scheinwerfer hinter einer schützenden Plexiglasabdeckung. Obwohl der Kühlergrill keinen Chromrand oder aufdringliche Verzierungen hatte, sah er aus wie ein Maul. Sein einziger Chromschmuck war ein schmaler Streifen, der den Grill waagerecht durchtrennte und in dessen Mitte das Jaguar-Markenzeichen eingefasst war.
Es ist nicht eindeutig zu sagen, was mehr zur außergewöhnlichen Schönheit der Seitenprofile beitrug, die elegante, klare Form der Seitenbleche oder ihre großzügige Ausdehnung. Die Türgriffe und der verchromte Außenspiegel schienen die Seitenansicht

fast zu stören und nur praktische Argumente konnten ihre Anwesenheit rechtfertigen. Die ausgewogenen Seiten liefen vorne wie hinten spitz zusammen und betonten dadurch auch die klassischen Speichenräder mit ihren massiven Radmuttern auf den Naben.
Das Heck war ebenfalls ein Meisterwerk. Selten hatte ein Sportwagen so viel Leistung und Temperament allein in der Heckpartie zum Ausdruck gebracht. Die abschließende, spitz zulaufende Form ließ wenig Raum für Verzierungen und erlaubte lediglich die Anbringung einer relativ zierlichen Stoßstange mit schmalen Rücklichtern darüber.
Ein echter Härtetest war das Einsteigen: Nachdem die Rahmenlängsträger im Bereich der Türen 305 mm hoch waren, musste man sich förmlich in die Sitze fallen lassen. Überraschenderweise ließen sich die dünn gepolsterten Ledersitze weder vor- noch zurückschieben und auch die Rückenlehne war nicht verstellbar. Dies konnte schon bei einem Fahrer durchschnittlicher Größe zum Problem werden, denn er war gezwungen mit stark angezogenen Knien fahren. Auch seitlich bot der E-Type nur wenig Bewegungsfreiheit, denn ein gewaltiger Getriebetunnel beanspruchte viel Platz. Und als hätte dies nicht genügt, sorgte die vom Getriebe abgestrahlte Hitze für zusätzliche Unannehmlichkeiten. Deshalb war es besonders gut, dass der Austausch der flachen Getriebeverkleidung durch eine gewölbte Abdeckung, die etwas mehr Platz schaffte, zu den ersten Veränderungen des Modells zählte.
Lenkrad und Armaturenbrett betonten das sportliche Temperament des Autos. Das Lenkrad bestand aus einem Holzkranz und drei Stahlspeichen. Zwei Hauptinstrumente (Tachometer und Drehzahlmesser inklusive Uhr) befanden sich vor dem Fahrer, die übrigen Anzeigen waren in der Mitte der mit Aluminium verkleideten Konsole eingebaut. Es handelte sich dabei um Rundinstrumente mit Anzeigen für Wassertemperatur, Ölstand, Tankfüllung und ein Amperemeter. Zündschlüssel, Anlassdruckknopf und kleine Stahlhebelschalter waren ebenfalls in die mittlere Konsole integriert. Die Aluminiumverkleidung bedeckte auch den Getriebetunnel und die Handbremse.
Das Modell E-Type gab es in den 60er-Jahren und in der ersten Hälfte der 70er-Jahre. Erste Veränderungen – abgesehen vom Getriebetunnel – wurden 1964 vorgenommen: Der 3,8-Liter-Motor wurde durch einen 4,2-Liter-Motor ersetzt, der erste Gang synchronisiert, die Sitze stärker ausgepolstert und die Aluminiumverkleidung durch Leder ausgetauscht. 1967 wurde die sogenannte „one and a half"-Serie eingeführt, bei der die Plexiglasabdeckung der Scheinwerfer verschwand und die eleganten Hebelschalter aus Stahl auf dem Armaturenbrett gegen unscheinbare Kippschalter ausgetauscht wurden. Die zweite Serie kam 1968 auf den Markt: Der Kühlergrill war größer und mit einem Gitter ausgestattet; die Rücklichter hatten eine neue, leider unschöne Form und waren, amerikanischen Vorschriften folgend, nun unterhalb der Stoßstange angebracht. Die dritte und letzte Serie erschien 1971. Bei ihr wurde der Kühlergrill erneut vergrößert und das verlängerte Chassis war mit einem neuen 5,3 Liter großen V12-Motor bestückt.
1975 wurde die Produktion des Jaguar E-Types eingestellt. Die zweite Ölkrise hatte Jaguar in ernste Probleme gestürzt und man konzentrierte sich deshalb verstärkt auf den neuen XJS. Für einen Sportwagen wie den E-Type war kein Platz mehr.

Technische Daten 1961er Jaguar E-Type

Produktionsjahre	1961–1963
Chassis	Rohrrahmen, selbsttragende Stahlkarosserie
Radaufhängung	vorn: Einzelradaufhängung, Drehstabfeder, Stabilisator; hinten: Einzelradaufhängung, tiefe Dreiecklenker, doppelt geknickte, schwingend gelagerte Achswelle, doppelte Schraubenfeder; hydraulische Teleskopstoßdämpfer
Räder	15″ Speichenräder, 6,40–15 Reifen
Lenkung	Zahnstangenlenkung
Spurweite vorn (mm)	1245
Spurweite hinten (mm)	1245
Radstand (mm)	2413
Motor	vorn längs, Sechszylinder-Reihenmotor
Bohrung x Hub (mm)	87 x 106
Hubraum (ccm)	3781
PS	265 bei 5500 U/min
Max. Drehmoment (Nm)	353 bei 4000 U/min
Ventilsteuerung	2 obengesteuerte Ventile pro Zylinder, doppelte obenliegende Nockenwelle
Kraftstoffversorgung	3 Flachstromvergaser
Getriebe	4-Gang-Handschaltung + Rückwärtsgang; Mittelschaltung
Antrieb	hinten
Höchstgeschw. (km/h)	242

1962er MG B

„Limitiert" auf 500 000

Anfang der 60er-Jahre lag in England viel Spannung in der Luft, frischer Wind wehte durch sämtliche Bereiche gesellschaftlichen Miteinanders und Einstellungen, Gewohnheiten und die Mode vollzogen einen radikalen Wandel. Der Minirock tauchte auf und vier Jungen aus Liverpool, die sich „The Beatles" nannten, machten bereits erfolgreich Musik.

Der Buchstabe „B" klang auch im Autobereich sehr verheißungsvoll, da zu dieser Zeit der MG B, Nachfolger der „A"-Reihe und englischer Sportwagen par excellence, seine ersten Schritte im Markt unternahm. Der MG B war sehr schlicht ausgestattet, hatte eine einfache Linienführung, einen fairen Preis und brachte gute Leistung. Obwohl der Autohersteller aus Abingdon bei seinem neuesten Modell immer noch keine Zugeständnisse an den Luxus machte, war der MG B immerhin etwas bequemer als der MG A. Das Wichtigste war jedoch sein sportliches Temperament, denn das war es, was die Kunden von einem MG erwarteten.

Die Arbeiten an dem neuen Sportwagen begannen bereits 1957. MG beauftragte den italienischen Karossier Pietro Frua, eine etwas komfortablere Version des „A" mit versenkbaren Seitenfenstern und größerem Kofferraum zu bauen. Das Ergebnis war eine Kopie des Maserati 2000, ebenfalls ein Modell von Frua, und konnte das Management der British Motor Corporation (BMC) nicht überzeugen. MG gehörte der BMC, die sich nach Chrysler, Ford und General Motors als viertgrößter Autoproduzent der Welt bezeichnen durfte. Fruas Modell war zu schwer, zeigte nur bescheidene Leistung und hatte vor allem zu wenig sportlichen Charakter, sodass sich BMC entschied, mit dem Entwurf einer neuen Karosserie noch einmal ganz von vorne zu beginnen. Das Projekt wurde Donald Hayter von der Pressed Steel Co. anvertraut. Die Früchte Hayters Bemühungen fanden schließlich Anklang: Der lakonische Kommentar „Der Prototyp hat allgemeine Zustimmung gefunden" von Seiten des BMC-Managements gab den Auftakt für die Karriere des MG B.

Der erste MG B verließ im April 1962 das Montageband. Er hatte Linkslenkung, denn er war als Teil einer Ladung von 500 Exemplaren für den amerikanischen Markt bestimmt. Die einfache, klare Linienführung und das Fehlen überflüssiger Verzierungen machten ihn beim Publikum sofort beliebt. Verglichen mit dem „A" war der „B" weniger geschwungen und affektiert. Der MG A hatte einen geneigten Kühlergrill, der sich der Wölbung der Motorhaube anpasste; die Breite des Grills wurde durch die beiden Stoßstangenhörner eingegrenzt und reichte nicht einmal bis zu den Scheinwerfern. Die Seitenbleche des Modells waren flach und gerade gehalten, ohne Chromverzierungen oder zumindest Türgriffe (die Türen wur-

den über Gurte an der Innenverkleidung geöffnet); das einzig auffällige Merkmal waren die konkav gewölbten hinteren Kotflügel.
Das neue Modell unterschied sich deutlich von seinem Vorgänger: Die Frontpartie wurde von einer Motorhaube geprägt, die durch den breiten Kühlergrill mit seinen aufrechten Chromstreben verkürzt wirkte. An den beiden äußeren Enden des Grills schlossen sich die Blinkleuchten an und etwas zurückversetzt, leicht in die Kotflügel eingelassen, waren die runden Scheinwerfer eingebaut. Auf der durchgängigen Chromstoßstange wurde das Kennzeichen festgeschraubt und – für den amerikanischen Markt – auch Stoßstangenhörner vor dem Grill angebracht. Die Motorhaube war sehr lang und schien einen riesigen Motor zu beherbergen, hatte jedoch keine Belüftungsschlitze oder andere demonstrative Anzeichen für starke Leistung. Das Seitenprofil war etwas mehr „ausstaffiert" als beim Vorgängermodell, es hatte einen Chromstreifen, der auf Höhe des vorderen Radkastens kerzengerade über die gesamte

Technische Daten 1962er MG B

Produktionsjahre	1962–1967
Chassis	selbsttragende Karosserie
Radaufhängung	vorn: Einzelradaufhängung, deformierbare Querlenker, Schraubenfedern; hinten: Starrachse, halbelliptische Blattfedern; hydraulische Stoßdämpfer
Räder	14″ Speichenräder, 5,60–14 Reifen
Lenkung	Zahnstangenlenkung
Spurweite vorn (mm)	1219
Spurweite hinten (mm)	1245
Radstand (mm)	2286

Motor	vorn längs, Vierzylinder-Reihenmotor
Bohrung x Hub (mm)	80,2 x 88,9
Hubraum (ccm)	1798
PS	95 bei 5400 U/min
Max. Drehmoment (Nm)	147 bei 3000 U/min
Ventilsteuerung	2 Ventile pro Zylinder
Kraftstoffversorgung	3 Vergaser
Getriebe	4-Gang-Handschaltung + Rückwärtsgang; Mittelschaltung
Antrieb	hinten
Höchstgeschwindigkeit (km/h)	171

Länge der Seite verlief; unterhalb des Streifens waren seitliche Blinkleuchten angebracht und oberhalb Türgriffe (eine absolute Neuheit bei MG). In der Mitte des leicht gewölbten Kofferraums prangte stolz das MG-Markenzeichen. Die Rücklichter waren untereinander angeordnet und mit einer Chromumrandung eingefasst, während der verchromte Tankdeckel etwas zur Seite rückte. Die Fahrerkabine erwies sich im Vergleich zum „A" als erheblich bequemer, was vor allem auf den Einsatz der selbsttragenden Karosserie – eine weitere Neuheit für MG – zurückzuführen war. Das Interieur war schlicht gehalten: Das Armaturenbrett war spärlich mit Schaltern und Anzeigen ausgerüstet und zeigte nicht den geringsten Versuch eines ergonomischen Designs. Quadratische Instrumente und Anzeigen wurden planlos mit runden und rechteckigen gemischt. Das Lenkrad dagegen war sehr originell: Drei Speichen, die jeweils aus drei dünnen Metallrohren bestanden, trafen sich in der Lenkradnabe, wo das MG-Markenzeichen auf rotem Hintergrund thronte. Abgesehen von der seitlichen Verkleidung der Ledersitze war das rote MG-Logo der einzige Farbtupfer der vorwiegend schwarzen Innenausstattung.

Aus heutiger Sicht liest sich das Angebot der verfügbaren Extras sonderbar: Am merkwürdigsten war sicherlich die Heizung, gefolgt von Zigarettenanzünder, Aschenbecher und Außenrückspiegeln.

Der MG B hatte einen 1,8 Liter großen Vierzylindermotor, der ursprünglich für eine neue Austin Limousine entwickelt worden war (Austin gehört ebenfalls zu BMC). Mit seiner Leistung hatte dieser Motor keine Schwierigkeiten den rund 900 kg schweren Sportwagen auf die Höchstgeschwindigkeit von 170 km/h zu bringen. Die erste Reihe des MG B wurde 1967 eingestellt, es folgten zwei weitere Modellreihen, die neue Details und leichte ästhetische und technische Veränderungen mit sich brachten. Die Produktion des MG B wurde 1980 eingestellt – nicht etwa, weil ein neues Modell den „B" abgelöst hätte, sondern weil 500 000 Exemplare gebaut worden waren. Und dies war genau die erforderliche Menge, um die Kosten der Produktionsanlage für die Monocoque-Karosserie auszugleichen. Abgesehen davon sollten die Werksanlagen in Abingdon geschlossen und die Marke MG eingestellt werden – zum Glück nur zeitweise. Der „B" kehrte nach einer Zwangspause von 10 Jahren unter der Bezeichnung „RV8" mit einem 4 Liter großen Rover-Motor zurück. Die Marke „MG" wurde in der zweiten Hälfte der 90er-Jahre mit dem Model MG F wieder zu neuem Leben erweckt, nachdem man ihr Markenzeichen während der 80er-Jahre gelegentlich auf Sportversionen von Austin-Morris Limousinen finden konnte.

1964er Ford Mustang

Iacoccas Siegerpferd

Als der Mustang 1964 in Amerika auf den Markt kam, gingen an seinem ersten Verkaufstag bereits 22 000 Bestellungen ein. Der Ansturm auf die Ford-Verkaufsstellen war so groß, dass sich in Chicago ein Händler sogar gezwungen sah, die Türen seiner Ausstellungsräume zu schließen. Er befürchtete, die Masse der drängelnden Interessenten könnte sich verletzen.

In weniger als vier Monaten waren die 400 000 Exemplare, deren Verkauf man für das erste Jahr angestrebt hatte, bereits beim Kunden. Zwei Jahre nach Markteinführung des Modells gab es 472 Mustang-Clubs mit mehr als 32 000 Mitgliedern. Dies war der herzliche Empfang für den Ford Mustang, der – ebenso wie der Chevrolet Corvette – als Synonym für den amerikanischen Sportwagen steht.

Der Name „Mustang“ kokettiert mit den Eigenschaften jener kleinen, starken Pferde mit feurigem Temperament – genau die Qualitäten, die Lee Iacocca, der Präsident von Ford, seinem neuen, preisgünstigen Sportwagen mitgeben wollte. Nachdem die Produktion des Thunderbird Zweisitzers (1955–57) eingestellt worden war, hatte kein anderes amerikanisches Modell der 60er-Jahre diese gesammelten Eigenschaften. Auch der teurere Corvette, der Corvair Corsa und verschiedene europäische Modelle konnten diese Lücke nur teilweise schließen.

Iacocca war 1945 bei Ford eingestiegen und konnte dank seiner überzeugenden Marketingstrategien in der Firmen-Hierarchie rasch bis zum Vize-Präsidenten aufsteigen. Er hatte ein sehr eingebungsvolles Verständnis für den Automobilmarkt und sobald er McNamara als Präsident von

Ford abgelöst hatte, änderte Iacocca den Firmenkurs radikal.
Die Geschichte des Mustang begann mit der Idee zu einem kleinen, preiswerten offenen Modell namens „Cardinal", das vier Türen, einen niedrigen Benzinverbrauch und durchschnittliche Leistung haben sollte. Das Konzept wurde grundlegend verändert und als neues Projekt unter der Bezeichnung „T-5" – später Mustang – überarbeitet. Es entstand der Prototyp eines höchst leistungsstarken Sportwagens mit einem V4-Motor, der vor der Hinterachse saß, langer Motorhaube und kurzem Heck.
Iacocca mochte den Prototyp und gab grünes Licht für die Produktion – allerdings als Viersitzer mit V6- oder V8-Motor. In weniger als sechs Wochen wurde ein Tonmodell gefertigt und auf den Namen „Cougar" getauft. Diesmal mochte Iacocca das Auto, aber nicht den Namen, deshalb entschied man sich bei Ford wieder für die vorherige Bezeichnung „Mustang" (der Name Cougar tauchte 1997 bei dem Prototyp zu einem Ford Coupé wieder auf).
Die Linienführung des endgültigen Mustang wich kaum von der des Prototyps ab: Die Karosserie ruhte auf dem Chassis der gediegenen Falcon Limousine. Die Frontpartie war sehr lang und hatte eine eckige Motorhaube; der rechteckige Kühlergrill trat im Gegensatz zu den runden Scheinwerfern deutlich hervor. Er hatte ein feines Chromgitter, das von einem waagerechten und senkrechten Chromstreifen akzentuiert wurde. In der Mitte des Kühlergrills, auf dem Kreuzungspunkt der beiden Chromstreifen, befand sich der galoppierende Mustang, „eingefangen" in einem rechteckigen Chromrahmen. Unterhalb der Stoßstange waren das Kennzeichen, zwei schwarze Stoßstangenhörner und die Blinker angebracht. Quer über die vordere Abschlusskante der Motorhaube stand der Name „Ford" in Großbuchstaben geschrieben.
Eine tiefe Falte verlief entlang der Seitenbleche und endete vor dem hinteren Radkasten in Form von angedeuteten Belüf-

tungsschlitzen. Die Übergänge vom Seitenblech zum Heck formten winzige Heckflossen. Das Heck selbst hatte jeweils drei senkrechte, nebeneinander angeordnete Rückleuchten und die hintere Stoßstange glich der vorderen.
Auf der Karosserie markierte eine Chromeinfassung hinter der Fahrerkabine den Ansatzpunkt des Verdecks; eine Schutzabdeckung für das Faltverdeck in der gleichen Farbe wie die Innenverkleidung war mit Verschlüssen auf der Karosserie fixiert. Der Mustang hatte Weißwandreifen und konische Radkappen. Das Interieur des Modells war eher nüchtern – ein krasser Gegensatz zu den lederbezogenen Armaturenbrettern, die noch zehn Jahre zuvor üblich waren. Das Lenkrad mit tiefliegender Nabe und drei gelochten Speichen sowie die tief ausgeformten Sitze signalisierten die Sportlichkeit des Autos. Das verchromte Radio und die Schalter für die Klimaanlage ragten aus dem Armaturenbrett hervor.
Für den Mustang waren viele Sonderausstattungsmerkmale erhältlich, die es jedem Besitzer erlaubten, sein Modell individuell zu gestalten und ihm einen sportlicheren oder luxuriöseren Touch zu geben. Es gab beispielsweise vier verschiedene Motoren, die bis 1966 angeboten wurden: den 2,8 und den 3,3 Liter großen Sechszylinder-Reihenmotor oder den 4,3 und 4,7 Liter großen V8-Motor, die eine Leistung zwischen 101 und 289 PS boten – genauso, wie es sich Lee Iacocca vorgestellt hatte.
Der Mustang ist ein Chamäleon unter den Autos: Seine verschiedenen Modellgenerationen haben Rezessionen, Ölkrisen, Veränderungen in der Mode und bei den Kundenwünschen unbeschadet überstanden. Der Mustang bildet einen Meilenstein in der amerikanischen Automobilgeschichte zusammen mit dem Eldorado, der Corvette und dem Thunderbird.

TECHNISCHE DATEN 1964ER FORD MUSTANG

Produktionsjahre	1964–1966
Chassis	Rohrrahmen, selbsttragende Karosserie
Radaufhängung	vorn: Einzelradaufhängung, Torsions- und Querstabilisator, Schraubenfedern; hinten: Starrachse, halbelliptische Blattfedern; hydraulische Teleskopstoßdämpfer
Räder	13'', 6,50–13 Reifen
Lenkung	Zahnstangenlenkung
Spurweite vorn (mm)	1422
Spurweite hinten (mm)	1422
Radstand (mm)	2745

Motor	vorn längs, 90°-V8-Motor
Bohrung x Hub (mm)	101,6 x 72,9
Hubraum (ccm)	3781
PS	265 bei 5500 U/min
Max. Drehmoment (Nm)	353 bei 4000 U/min
Ventilsteuerung	2 obengesteuerte Ventile pro Zylinder, zentrale Nockenwelle
Kraftstoffversorgung	Vierfach-Vergaser
Getriebe	Automatik, 3 Gänge + Rückwärtsgang; Mittelschaltung
Antrieb	hinten
Höchstgeschwindigkeit (km/h)	204

Alfa Romeo Spider 1600 Duetto

Italienisches Design legt in Amerika die Reifeprüfung ab

Der Duetto war eines der berühmtesten Modelle von Alfa Romeo und außerdem die italienische Antwort auf die klassischen englischen Sportwagen mit ihren abgerundeten Formen. Das Design stammte von Pininfarina, er war verantwortlich für das konvexe Seitenprofil, das man einige Jahre zuvor in ähnlicher Form beim Jaguar E-Type zum ersten Mal bewundern konnte. Der Duetto hatte seinen ersten Auftritt beim Genfer Autosalon 1966 unter dem eher nichtssagenden Namen „Spider 1600". Doch bei Alfa Romeo suchte man zu diesem Zeitpunkt noch nach einer phantasievolleren Bezeichnung und entschied sich dabei zu einer ungewöhnlichen Maßnahme: Die Öffentlichkeit sollte in einem Wettbewerb den Namen des Modells auswählen. Zu gewinnen war ein knallroter Spider 1600. Der Wettbewerb war ein großer Erfolg und mehr als 140 000 Meldungen gingen bei Alfa Romeo ein. Am häufigsten wurde in dem Wettbewerb der Name „Pinin/Pininfarina" angegeben, der an den erst kurz zuvor verstorbenen Designer erinnern sollte. Bei Alfa entschied man sich aber für „Duetto". Unglücklicherweise gab es bereits einen Süßwarenfabrikant, der Kekse mit diesem Namen herstellte und deshalb den sich sträubenden Autohersteller zwang, die Bezeichnung des Modells wieder aufzugeben. In der Folge wurde der Spider 1600 unter zwei Spitznamen bekannt: Der verbreitetere Spitzname stammte von den Arbeitern der Alfa-Werksanlagen, die das Modell „Sepia-Knochen" nannten und damit auf die Gestaltung des Hecks anspielten. Der zweite Spitzname, „Graduate", wurde dem Auto in Amerika verliehen. Dort war es im gleichnamigen Kinofilm („Reifeprüfung") zu sehen.

Der Duetto war der erste von vier Alfa Spider-Generationen, die bis 1990 produziert wurden. Sie waren hauptsächlich an der Form ihrer Hecks zu unterscheiden. Die Karosserie wirkte schlank, besonders bei offenem Verdeck, und die Überhänge, d. h. die Teile des Aufbaus, die von den Rädern bis zum vorderen bzw. hinteren Karosserieende reichen, waren symmetrisch angelegt. Das Seitenprofil wurde – abgesehen von seiner konvexen Form – von einer spitz zulaufenden Vertiefung geprägt, die Mitte des vorderen Radkastens begann und sich bis zu den Rücklichtern zog. Diese Form ließ die Seitenbleche etwas leichter erscheinen und sorgte zusätzlich für größere Steifigkeit der Karosserie. Der Außenspiegel hatte eine schützende Chromummantelung und war soweit von der Windschutzscheibe entfernt angebracht, dass er vom Fahrersitz aus nur schwer ausgerichtet werden konnte.

Der Kühlergrill in der Mitte der Front fungierte zusammen mit den beiden seitlichen Teilen, in denen Blinker und Belüftungsöff-

nungen untergebracht waren, als Stoßstange. Die Scheinwerfer waren tief in die Motorhaube eingelassen und formten dadurch eine auffällige Aushöhlung, die von einem abnehmbaren Perspex-Aufsatz überdacht wurde; der Aufsatz erleichterte Reinigung und Wartung und konnte auch durch eine Chromumrandung ersetzt werden.
Das Heck bildete das „Leitmotiv" des Duettos. Seine gewölbte Form in Kombination mit dem flachen Abschlussblech wirkte sehr harmonisch und war äußerst innovativ für diese Zeit. Die beiden verchromten Stoßstangen waren mit gummibesetzten Stoßstangenhörnern ausgerüstet und beherbergten kleine runde Reflektoren. Die Rücklichter saßen an den äußeren Enden des Hecks und stießen auf die spitzen Ausläufer der seitlichen Vertiefungen. Das Segeltuch-Faltdach wurde nur in Schwarz geliefert und der Verdeckschutz sowie das große Heckfenster bestanden aus Vinyl. Das Faltdach wurde mit einem Velcron-Verschluss an der Windschutzscheibe befestigt – damals ebenfalls eine Novität. Alternativ zum Softtop konnte ein schwarzes Hardtop mit Kunstlederüberzug bestellt werden. Schwarz war auch die dominierende Farbe der relativ komfortablen Fahrerkabine, die hinter den beiden Sitzen sogar ein wenig Stauraum für Gepäck bot. Ähnlich wie die spartanisch ausgestatteten englischen Sportwagen hatte auch der Duetto nur die nötigsten Instrumente und Anzeigen. Auf dem Armaturenbrett vor dem Fahrer befanden sich durch Plastikabdeckung vor Lichtreflexionen geschützt: Tachometer, Drehzahlmesser, Tages- und Gesamtkilometerzähler inklusive der üblichen Armaturenbeleuchtung. Rechts davon, auf dem Mittelteil der Konsole, waren die drei Rundanzeigen für Benzinstand, Öldruck und Wassertemperatur untergebracht und darunter das Radio und die Bedienelemente für die Klimaanlage installiert. Die Knüppelschaltung wurde zunächst mit Plastik- und später mit Leder-Manschette geliefert. Das Lenkrad hatte drei Metallspeichen und die Sitze waren mit weichem Leder bezogen.
Die Technik des Duettos stammte vom Giulia TI. Der Motor war vorne längs eingebaut, das Auto hatte Hinterradantrieb, hinten eine Starrachse und vorne einzeln aufgehängte Räder. Der Vierzylindermotor mit 1,6 Liter Hubraum und doppelter Nockenwelle produzierte 109 PS. Die Höchstgeschwindigkeit des Duettos war mit 183 km/h größer als die seiner Rivalen Fiat 1500 Cabriolet und MG B mit 161 km/h und gleichwertig mit dem Porsche 912 Targa.
Zwischen 1966 und 1968 wurden 6235 Exemplare des Spiders 1600 gebaut, dann kamen die beiden Modellvarianten 1750

Technische Daten ALFA ROMEO SPIDER 1600 DUETTO

Produktionsjahre	1966–1968	**Bohrung x Hub (mm)**	78 x 82
Chassis	selbsttragende Karosserie aus Stahlblech	**Hubraum (ccm)**	1570
Radaufhängung	vorn: Einzelradaufhängung, Querlenker, Schraubenfeder, Stabilisator; hinten: Starrachse, Längslenker, T-Stabilisator, Schraubenfeder; hydraulische Teleskopstoßdämpfer	**PS**	110 bei 6000 U/min
		Max. Drehmoment (Nm)	139 bei 2800 U/min
		Ventilsteuerung	2 obengesteuerte Ventile pro Zylinder, Doppelnockenwelle, Doppelkette
		Kraftstoffversorgung	2 Flachstrom-Doppelvergaser
Räder	Räder aus Pressstahl, 155–13" Reifen	**Kupplung**	Einscheibentrockenkupplung
Lenkung	Kugelumlauf- oder Schneckenrollenlenkung	**Getriebe**	5 Gänge + Rückwärtsgang; Mittelschaltung
Spurweite vorn (mm)	1295	**Antrieb**	hinten
Spurweite hinten (mm)	1245	**Höchstgeschwindigkeit (km/h)**	183
Radstand (mm)	2235		
Motor	vorn längs, Vierzylinder-Reihenmotor		

Veloce und 1300 Junior auf den Markt. Rein äußerlich konnte der 1750 vom 1600 durch das veränderte Design der Nabendeckel, die Platzierung des Außenspiegels und das Alfa-Logo am Heck unterschieden werden. Beim 1300 fehlten die Scheinwerferabdeckungen, auch er hatte andere Nabendeckel und die seitlichen Blinkleuchten waren weiter vorne angebracht.
Das Interieur des 1750 Veloce war eleganter ausgestattet als das des 1600, so hatte ersterer beispielsweise stärker gepolsterte Sitze und ein Holzlenkrad. Der 1300 dagegen war bedeutend spärlicher ausgestattet.
Der Motor des 1750 hatte dieselbe Bauweise wie der des 1600, war jedoch auf 1779 ccm Hubraum vergrößert worden und brachte 10 PS mehr Leistung (119 PS statt 109). Die Verbesserung der Höchstgeschwindigkeit war dadurch jedoch nur minimal (191 statt 183 km/h). Der Vierzylindermotor des 1300 Junior hatte 1290 ccm Hubraum, 89 PS und brachte das Auto auf eine Höchstgeschwindigkeit von 171 km/h.
1968 wurde die zweite Generation des Duetto eingeführt. Es war die Reihe mit „kurzem Heck“: Die Stoßstange war jetzt einteilig und die angebotenen Motoren hatten 1,6–2 Liter Hubraum. Die dritte Reihe, die „aerodynamische“ Variante, wurde von 1982–89 produziert und hatte auffällige Spoiler und andere Aufsätze, die aus ästhetischer Sicht nicht überzeugend wirkten. Obwohl sich an der Motorengröße dieser Reihe nichts änderte, so änderte sich doch deren Leistung. Von 1989 bis 1994 war die letzte Generation des Spiders in Produktion.
Besonderer Beliebtheit erfreuten sich die Spider in Amerika. Von den 102 700 produzierten Exemplaren dieses Wagens wurden dort mehr als die Hälfte verkauft. Die erste Version, die in Amerika angeboten wurde, war der „1750 Veloce USA“, der dem „Sepiaknochen“-Modell von 1968 entsprach. Es wurden lediglich einteilige Stoßstangen verwendet, die Scheinwerferabdeckungen entfernt und eine Kraftstoffeinspritzung eingebaut. Der „2000 Veloce USA“ erwies sich als Bestseller – von ihm wurden 22 059 Autos verkauft, das entsprach 20 Prozent der Gesamtproduktion.

Ferrari 365 GTS/4 Daytona

Der Sportwagen mit Augenlidern aus Plexiglas

In Amerika war der Daytona Spider so begehrt, dass viele ihr Coupé in eine Sportversion verwandelten, indem sie das Dachblech entfernten und durch ein Faltverdeck ersetzten. Diese Verwandlung konnten die Techniker von Ferrari nicht gutheißen, denn sie befürchteten, dass durch das Entfernen des Daches die Eigenschaften des Wagens insgesamt beeinträchtigt würden. Doch dies war nur eine Seite des „Daytona-Phänomens“, das von Anfang an von kontroversen Diskussionen begleitet wurde. Es begann bereits bei der Namensgebung: Der Name „Daytona“ war ausgewählt worden, um den erstaunlichen Sieg der Ferraris P4 und 412 P beim 24-Stunden-Rennen von Daytona zu feiern. Es war Ferraris erster Versuch die Weltmeisterschaft der Sport-Prototypen zu gewinnen. Der Name des neuen GT's aus Maranello sickerte an die Öffentlichkeit durch, noch bevor das Modell offiziell präsentiert wurde und Enzo Ferrrari reagierte sofort, indem er den Namen „Daytona“ verstieß und das Auto stattdessen „365 GTB“ nannte. Nach der damals üblichen Codierung bei Ferrari zeigte dieser Name den Hubraum pro Zylinder an (365 x 12 = 4380 ccm – der Hubraum des Prototyps, der beim Serienmodell auf 4390,3 ccm erweitert wurde); das Kürzel GTB stand für „Gran Tourismo Berlinetta“ (die GT-Limousine) bzw. GTS für „Gran Tourismo Spider“ (die GT-Sportversion); die 4 bezeichnete den Viersitzer. tion. In Kombination mit seinem sportlichen Aufbau schien der Miura neue stilistische und technische Maßstäbe für GT's im Hochleistungsbereich zu setzen.

Doch Enzo Ferrari erklärte: „Der Ochse sollte immer vor den Karren gespannt werden“, und sobald der Daytona auf der Straße war, untermauerten seine Fahreigenschaften diese Aussage. Das Modell fuhr extrem schnell, ruhig und ausdauernd; es zeigte deutlich, dass ein Heckmotor – obwohl er sicherlich half, Hochleistung zu produzieren – in keinem Falle unentbehrlich war, solange man wusste, wie man richtig Autos baut. Außerdem waren die Hitze- und Geräuschprobleme, die durch einen Heckmotor verursacht werden konnten, von Ferrari ebenfalls bedacht worden und so blieb die Firma ihrer bisherigen Philosophie treu.

Doch Namensänderung hin oder her – für Ferrari-Fans blieb dieses Auto immer der „Daytona“.

Die Entwicklung des Daytona wurde von der Marktsituation angeheizt; Ende der 60er-Jahre war der Konkurrenzdruck von Maserati, Iso Rivolta, Aston Martin und De Tomaso so groß, dass ein Ersatz für den Ferrari 275 GTB/4 dringend erforderlich war. Es bedurfte zwei Jahre fieberhaften Arbeitens, bis der Prototyp 1968 präsentiert werden konnte und die unmittelbaren Reaktionen waren kritisch: Obwohl der Daytona äußerlich eine aufregende und innovative Karosserieform von Meisterkarossier Pininfarina zeigte, war er technisch mit seinem Frontmotor eher traditionell.

Es sah so aus, als fehlte Ferrari der Mut zum nächsten Schritt. Nur einen Steinwurf von Maranello entfernt, in Sant'Agata Bolognese, ging zur gleichen Zeit der Lamborghini Miura mit Heckmotor in Produk-

Am Ende behielt Enzo Ferrari mit seiner Einstellung Recht, der Daytona entwickelte sich zu einem allgemein anerkannten Prestige-Modell. Trotzdem sollte es der letzte Ferrari mit Frontmotor in den nächsten 25 Jahren bleiben.

Die Sportversion des Daytona wurde 1969 gebaut und bei der Frankfurter Automobilausstellung zum ersten Mal vorgestellt. Das offene Modell war bezeichnender als das Coupé für den Stil der sportlichen Autos gegen Ende der 60er-Jahre, die vorwiegend von Automodellen mit eleganten, eckigen, schmalen Karosserien ohne aufwändige Verzierungen und „Schnörkel“ geprägt waren. Der Daytona Spider wurde von 1969–1973 gebaut; die Produktion umfasste 121 Autos, von denen 96 nach Amerika geliefert wurden. Die zu Sportversionen

Technische Daten FERRARI 365 GTS/4 „DAYTONA“

Produktionsjahre	1969–1973
Chassis	Stahlrohrrahmen, einteilig
Radaufhängung	vorn u. hinten einzeln aufgehängte Räder, deformierbare Querlenker, Schraubenfedern; hydraulische Stoßdämpfer
Räder	15″ Speichenräder, 215/70–15 Reifen
Lenkung	Zahnstangenlenkung
Spurweite vorn (mm)	1397
Spurweite hinten (mm)	1397
Radstand (mm)	2388
Motor	vorn längs, 60° V12-Motor

Bohrung x Hub (mm)	81 x 71
Hubraum (ccm)	4390
PS	352 bei 7500 U/min
Max. Drehmoment (Nm)	–
Ventilsteuerung	2 Ventile pro Zylinder, doppelte obenliegende Nockenwelle
Kraftstoffversorgung	6 Vergaser
Getriebe	5-Gang-Handschaltung + Rückwärtsgang; Mittelschaltung
Antrieb	hinten
Höchstgeschwindigkeit (km/h)	282

verwandelten Coupés trieben die Zahl der Daytona Sportmodelle zusätzlich in die Höhe. Dabei gab nicht nur das tolle Aussehen des Sportwagens, sondern auch sein Schwindel erregend hoher Preis manch skrupellosem Ferrari-Besitzer den Anstoß, zur Säge zu greifen und seinem Coupé das feste Dach zu rauben.
Abgesehen von dem Verdeck unterschied sich der Daytona Sport von dem Coupé auch durch Borrani Speichenräder mit Flügelmuttern auf den Radnaben (anstelle der sternförmigen Felgen des Coupés) und durch eine weniger geneigte Windschutzscheibe. 1975, als die Produktion des Daytona bereits eingestellt war, präsentierte Karossier Michelotti auf der Turiner Automobilausstellung eine Sportversion mit elektrisch versenkbarem Dach.
Ein charakteristisches Merkmal des Daytona war die Plexiglasabdeckung über den Frontscheinwerfern. Es war eines von Pininfarinas bevorzugten Details, das er bei vielen Serienmodellen einsetzte.
Die Plexiglasabdeckung musste allerdings Anfang 1969 bereits wieder entfernt werden, weil amerikanische Sicherheitsbestimmungen die Unterbringung der Scheinwerfer in versenkbaren Metallgehäusen verlangten. Das bedeutete zweifellos einen großen Verlust stilistischer Raffinesse. Und was noch schlimmer war, mit den Jahren entschieden sich sogar Daytona-Besitzer der ersten Generation für die Metallgehäuse, wenn sie gezwungen waren, ihre Scheinwerfer nach einem Unfall zu ersetzen, weil die Metallverkleidung günstiger war als die Plexiglasabdeckung!
Trotz der versenkbaren Scheinwerfer hatte die Frontpartie des Daytona eine sehr sportliche Ausstrahlung. Der in Rechtecke unterteilte Kühlergrill saß hinter der zweiteiligen Stoßstange und die glatte Oberfläche der Motorhaube wurde lediglich von zwei Belüftungsöffnungen unterbrochen.
Die Blinkleuchten gingen an den äußeren Enden der Front in die Seitenteile über und die Mitte der Seitenansicht markierte eine deutliche Falte, die vom vorderen Radkasten um das Heck herum zum vorderen Radkasten der zweiten Seite verlief. Ein weiteres gelungenes Detail waren die in die Türverkleidung eingelassenen Türgriffe.
Am Heck des Modells waren besonders die runden Rücklichter bemerkenswert, die später beim 308 sogar noch größer wiederkehren sollten. Die Rückleuchten saßen auf einer abgeschrägten Oberfläche, über die ein Minispoiler, in erster Linie geformt aus einem Überhang des Kofferraumdeckels, hinausragte. Zwischen den Leuchten, auf dem untersten Abschnitt des Kofferraumdeckels, wurde das Kennzeichen angebracht. Unter der Mitte der beiden hinteren Stoßstangen waren jeweils die Rückfahrscheinwerfer eingebaut, darunter befanden sich die vier großen Auspuffendrohre. Sie waren das auffälligste äußere Zeichen für die Power des 325 PS starken V12-Motors, der ein unverwechselbares Dröhnen von sich gab. Mit diesem Motor konnte der Sportwagen die Höchstgeschwindigkeit von 282 km/h fahren – für ein offenes Modell ein absolut verrücktes Tempo.
Die Fahrerkabine war traditionellerweise mit einer verschwenderischen Fülle von Leder, acht chromumrandeten Rundinstrumenten vor dem Fahrer und seitlich angeordneten Bedienelementen für die Klimaanlage ausgestattet. Die von den beiden Sitzen flankierte Mittelkonsole wirkte wie eine riesige Brücke, auf der sich der verchromte Aschenbecher, das Radio, weitere Schaltknöpfe, der Schaltknüppel und die Handbremse fast verloren. Die Schalensitze waren mit verstellbaren Kopfstützen, perforierten Polstern für die Luftzirkulation und hohen Seiten ausgelegt, die dem Fahrer bei schnellen Kurvenfahrten Halt geben sollten.

Ferrari Dino 246 GTS

Ferrari inkognito

Es mussten viele schwierige Entscheidungen getroffen werden bei der Produktion des Ferrari Dino! Enzo Ferrari war sehr besorgt, dass das Modell nicht erfolgreich sein oder gar dem guten Firmen-Image schaden könnte. Er hatte kein besonders gutes Gefühl beim Bau dieses Autos mit Mittelmotor, denn es mangelte an Erfahrungen mit solchen Konstruktionen.
Im Bereich des Rennsports hatte Enzo Ferrari bereits nachgegeben – nach den Erfolgen von 1961 in England waren die Rennwagen von der Ferrari-Rennabteilung auf Heckmotoren umgerüstet worden. Doch laut Enzos Anordnung blieben die Straßenmodelle weiterhin tabu. Den Erfolg dieses Konzepts demonstrierte der Daytona, ein GT mit unglaublicher Leistung und ausgezeichneten Fahreigenschaften. Der Frontmotor sichert ein gewisses Maß an Komfort, den ein Mittelmotor niemals bieten kann. Bei letzterem steigt durch die Nähe des Motors zur Fahrerkabine sowohl die Temperatur als auch der Geräuschpegel in der Kabine, was selbst für den leidenschaftlichsten Verfechter des Mittelmotors nur bis zu einem gewissen Punkt erträglich ist. Außerdem bringt die technisch bedingte schlechte Belüftung des Motors Probleme mit der Motorkühlung mit sich.

Die Zeit und Pininfarina konnten den sturen Ferrari-Chef letztlich umstimmen. Enzo Ferrari billigte schließlich den Bau eines kleinen GT mit Mittelmotor, aber nur unter der Bedingung, dass dieses Auto nicht das Ferrari-Markenzeichen tragen durfte. Der neue Wagen sollte rund um den „Dino-Motor" gebaut werden.
Vittorio Jano, der berühmte Designer von Alfa Romeo, hatte den Auftrag erhalten, mit der Unterstützung von Enzos Sohn Alfredo – bekannt unter dem Spitznamen Dino – einen V6-Motor zu bauen. Dinos früher Tod durch einen Verkehrsunfall hatte Enzo Ferrari später dazu bewegt, den Motor nach seinem Sohn zu benennen.
Die endgültige Version des V6 war ein im 65°-Winkel angeordneter 2,4-Liter-Motor mit 195 PS. Die für den amerikanischen Markt bestimmten Motoren wurden zusätzlich mit einer Abgasreinigungsanlage ausgestattet.
In der Zwischenzeit arbeitete Pininfarina mit dem Dino 85 Rennchassis von Ferrari und es dauerte drei Jahre, in denen vier Prototypen gebaut wurden, bis man sich schließlich für einen als Serienmodell entscheiden konnte. Erst 1969 kam das Dino 246 GT Coupé auf den Markt, das eine gemeinschaftliche Produktion von Fiat und Ferrari war. Aus diesem Grund wurde der Dino auch zu einer eigenen Marke und bekam ein rechteckiges Logo mit blauem Schriftzug auf gelbem Untergrund. Dies war eine Marketing-Trick, der später, in den 90er-Jahren, bei japanischen Autoherstellern wieder auftauchte.
Der Dino lief der Ferrari-Tradition zuwider, auch wenn der Sechszylinder unter der Motorhaube das unverwechselbare Dröhnen eines Motors aus Maranello vernehmen ließ. Nach dem 246 GT von 1969 folgte die L-, M- und 1971 auch die E-Reihe, die den Ursprung für den GTS Sport bildete. Der GTS hatte ein verstärktes Heck, um die durch das fehlende Dach geminderte Karosseriesteifigkeit auszugleichen, und konnte von der geschlossenen Version nur anhand des Verdeckverschlusses im Inneren der Fahrerkabine und der Rolljalousien anstelle der Sonnenblenden unterschieden werden.
Die E-Reihe war am besten verarbeitet und ausgestattet, auch wenn die Fahrerkabine dabei so schlicht wie möglich gehalten war. Als Sonderausstattungen wurden beispielsweise elektrische Fensterheber, Lederbezüge, Klimaanlage, „Daytona-Sitze" und Kotflügelverbreiterung in Verbindung mit Breitreifen angeboten. Die Karosserie war das Ergebnis der Weiterentwicklungen und Verbesserungen der drei vorausgegangenen Reihen: Der konvex geformte Vorbau endete tief unten mit einem breiten Kühlergrill in der Mitte zwischen der zweigeteilten Stoßstange. Diese Konstellation hatte zur Folge, dass der Grill bei jeder noch so leichten Kollision beschädigt werden konnte. Die Begrenzungsleuchten und Blinker saßen oberhalb der Stoßstangen und die

runden Scheinwerfer waren tief in die Kotflügel eingelassen. Die Motorhaube hatte links und rechts jeweils eine rechteckige, dreigeteilte Belüftungsöffnung, die Windschutzscheibe war stark geneigt und mit einer Einfassung versehen, die dieselbe Farbe wie die Karosserie hatte. Die Türen zeigten jeweils eine tiefe Einbuchtung, die in den Lufteinlass des hinteren Kotflügels überging. Unterhalb der seitlichen Einbuchtung war das Türschloss eingesetzt, das bei der Coupé-Variante allerdings in den unteren Fensterrahmen integriert war. Im Gegensatz zur kleinen Limousine hatte die Sportversion hinten keine Seitenfenster. Das abnehmbare Kunststoff-Hardtop wurde nur in Schwarz geliefert. Die Ausstellfenster vorne waren mit Chromrand versehen und die drei Belüftungsöffnungen für die Innenbelüftung hinter den Seitenfenstern schmückte ein Chromgitter. Die Seitenteile zwischen Dachaufsatz und übriger Karosserie formten sich zum Heck hin zunächst als kleine Heckflossen, die im weiteren Verlauf von der gewölbten Form der Kotflügel und des abgerundeten Hecks aufgenommen wurden. Unmittelbar hinter dem Heckfenster waren weitere Belüftungsschlitze zur Motorkühlung in die Motorhaube eingearbeitet. Ähnlich wie der Daytona hatte das Heck ebenfalls je zwei runde Rücklichter. Auch die hintere Stoßstange war zweigeteilt und verchromt; der GTS hatte Leichtmetallfelgen.

Die Produktion des 246 GTS wurde bis 1974 fortgesetzt und erreichte eine Gesamtzahl von 1274 Exemplaren. Von allen Dino-Reihen wurden insgesamt 3661 Autos gebaut. Die Verkaufszahlen ließen die Zweifel und Unsicherheiten, die Enzo Ferrari zu Beginn dieses Projekts plagten, als unbegründet erscheinen. Trotzdem hatten die Dinos mit ihrem Motor hinter der Fahrerkabine – ein Merkmal, das für Ferraris bis in die 80er-Jahre charakteristisch sein sollte – nicht so einen unwiderstehlichen Reiz wie der unvergessliche 250 GT Spyder California und der 365 GTS/4 Daytona.

TECHNISCHE DATEN FERRARI DINO 246 GTS

Produktionsjahre	1972–1974
Chassis	Rohrrahmen
Radaufhängung	vorn: Einzelradaufhängung, deformierbare Querlenker, Schraubenfedern; hinten: Starrachse und halbelliptische Blattfedern; hydraulische Stoßdämpfer
Räder	14" Leichtmetallfelgen, 205–70 VR 14 Reifen
Lenkung	Zahnstangenlenkung
Spurweite vorn (mm)	1397
Spurweite hinten (mm)	1422
Radstand (mm)	2311
Motor	hinten quer, 65° V6-Motor
Bohrung x Hub (mm)	92,5 x 60
Hubraum (ccm)	2419
PS	195 bei 7500 U/min
Max. Drehmoment (Nm)	–
Ventilsteuerung	2 Ventile pro Zylinder, 2 obenliegende Nockenwellen
Kraftstoffversorgung	3 Vergaser
Getriebe	5-Gang-Handschaltung + Rückwärtsgang; Mittelschaltung
Antrieb	hinten
Höchstgeschwindigkeit (km/h)	241

Ferrari

BMW Z1

Es sollte nur ein Prototyp werden!

Anfang der 80er-Jahre war das Angebot an offenen Wagenmodellen deprimierend. Nach den wundervollen Autos der 50er- und 60er-Jahre wirkte der Markt plötzlich wie leer gefegt. Es war fast so, als hätte es die offenen Wagen niemals gegeben!
Es dauerte bis zum Ende der 80er-Jahre, bis endlich Autos auf den Markt kamen, die für die meisten Leute auch erschwinglich waren. Zu den Firmen, die als erstes aus ihrer unkreativen Starre erwachten, zählte BMW. Auf der Frankfurter Automobilausstellung 1987 präsentierte der bayerische Autohersteller den Z1, den Prototyp eines kompakten Sportwagens. Es handelte sich um einen Zweisitzer ohne Überrollbügel und mit einem futuristisch anmutenden Türsystem, bei dem die Türen elektrisch nach unten glitten.
Die Öffentlichkeit zeigte sich von dem Modell begeistert, so sehr, dass BMW beschloss, eine Mini-Reihe von 1000 Exemplaren zu bauen. Ein Jahr nach seinem Debüt in Frankfurt ging der Z1 in Produktion. Das „Z" in der Modellbezeichnung stand für „Zukunft" und die „1" erweckte die Hoffnung, dass dies erst der Anfang einer Reihe von Z2-, Z3-, ... Modellen sei, die zukünftig folgen sollten. BMW setzte die Produktion des Z1 fort, bis 1991 8000 Autos gebaut waren – achtmal so viele wie ursprünglich geplant.
Die Anziehungskraft, die der Z1 ausübte, verdankte er einem Team junger Designer, die es sich zum Ziel gesetzt hatten, den Mythos der offenen Sportwagen der 60er-Jahre wieder auferstehen zu lassen deren sportliche Konzepte sie nun mit modernen Technologien aufgreifen wollten. Außer dem ausgefeilten elektromechanischen Türsystem setzten sie beispielsweise Karosserieelemente aus thermoplastischem Materi-

MICHELIN
BMW
BMW Z1

BMW Z1

al ein, die bei Beschädigung einzeln ausgetauscht werden konnten.
Der Z1 war kaum 3960 mm lang, doch dies reichte aus, um eine Menge origineller ästhetischer Details unterzubringen: Die Front war spitz zulaufend und verjüngte sich von den Seiten; sie wurde von den direkt anschließenden Stoßfängern mit dem integrierten Kühlergrill, den beiden Belüftungsöffnungen und den eingebauten Zusatz- und Blinkleuchten verstärkt. Unmittelbar über der Beleuchtung in der Stoßstange waren die Scheinwerfer in die Motorhaube eingelassen und wurden von einer Abdeckung geschützt. Bei den Abblendlichtern handelte es sich um Ellipsoid-Scheinwerfer, die hinter der Schutzabdeckung etwas weiter hervorragten als die rechteckigen Fernlichter. Zwei elegante Riefen zogen sich über die Motorhaube in einem Bogen zu den Seiten der Windschutzscheibe, neben der links und rechts jeweils ein stromlinienförmiger Außenspiegel angebracht war. Die Windschutzscheibeneinfassung wurde durch einen dicken Rundholm verstärkt, der gleich zwei Funktionen erfüllte: Zum einen ersetzte er den fehlenden mittleren Überrollbügel und zum anderen diente er als Einsteighilfe für Fahrer und Beifahrer beim „Herunterlassen" in die tiefen Sitze. Die Schalensitze hatten häufig dieselbe Farbe wie das Auto und mit ihren integrierten Kopfstützen und der verstärkten Rückenlehne umschlossen sie den Passagier förmlich. Für die Konsole wurden die Materialien und Zubehörteile der normalen BMW-Serienproduktion verwendet, gleiches gilt für die anderen technischen Bauteile und den fein abgestimmten leisen Sechszylindermotor mit seinen 2,5 Litern Hubraum und 170 PS.
Das Lenkrad hingegen war ein originelles Detail des Z1. Es bestand aus drei dicken Speichen, einer verhältnismäßig kleinen Lenkradnabe und hatte Daumenstützen am Lenkradkranz. Auf dem ausgesprochen kleinen Armaturenbrett befanden sich vier Rundinstrumente, die mit einer aufgeklebt wirkenden Sonnenblende vor Lichtreflexionen geschützt wurden. Einzig auffälliges Detail der Messinstrumente war der rote Zeiger des Drehzahlmessers, die übrigen Zeiger und Skalen waren weiß.
Die Seitenprofile des Z1 betonten die Keilform des Modells. Der Wagenmittelteil war bereits so hochgezogen, dass er fließend in das stabile Heck überging. Die Stoßstange mit den beiden integrierten ovalen Auspuffendrohren beherrschte die Heckpartie. Zwischen Kofferraum und Stoßstange befand sich ein Luftauslass für die Luftströme, die aus dem in Sandwich-Bauweise gestalteten Chassis herausgeleitet wurden. Die Rückleuchten des Z1 waren so in die Außenkanten des Hecks eingebaut, dass sie auch von der Seite sichtbar waren.

ABS

Technische Daten BMW Z1

Produktionsjahre	1988–1991
Chassis	Monocoque-Chassis in Sandwich-Bauweise aus Kunststoff mit Karosserie aus thermoplastischen Materialien
Radaufhängung	vorn: Einzelradaufhängung, positiver Lenkrollradius, Kompensation der Transversalkräfte, Bremsnickausgleich; hinten: Einzelradaufhängung, Dreilenkerhinterachse (1 Längslenker, 2 Querlenker), Anfahrttauchreduzierung und Bremsnickausgleich, getrennte Stoßdämpfer und Federn; hydraulische Teleskopstoßdämpfer
Räder	16″ Leichtmetallfelgen, 225/45 VR 16 Reifen
Lenkung	Lenkritzel und Zahnstange mit geschwindigkeitsabhängiger hydraulischer Servounterstützung
Spurweite vorn (mm)	1448
Spurweite hinten (mm)	1448
Radstand (mm)	2438
Motor	vorne längs, Sechszylinder-Reihenmotor
Bohrung x Hub (mm)	84 x 75
Hubraum (ccm)	2494
PS	170 bei 5800 U/min
Max. Drehmoment (Nm)	222 bei 4300 U/min
Ventilsteuerung	2 Ventile pro Zylinder
Kraftstoffversorgung	elektronische Kraftstoffeinspritzung
Kupplung	Einscheibentrockenkupplung
Getriebe	5-Gang-Getriebe + Rückwärtsgang; Mittelschaltung
Antrieb	hinten
Höchstgeschw. (km/h)	225

Chrysler Viper RT/10

Außen Viper – innen Kobra

Als der Viper-Prototyp 1989 bei der Detroiter Automobilausstellung vorgestellt wurde, durchfuhr viele Autofans am Chrysler-Stand der Gedanke etwas Vertrautes zu sehen. Das Ausstellungsstück mit dem unmissverständlich drohenden Namen „Viper" kamen ihnen seltsam bekannt vor. Der aggressive Roadster präsentierte sich mit einer harmonisch runden Linienführung, die nicht die kleinste Ecke oder Kante entdecken ließ, und mit einer extralangen Motorhaube, unter der sich zweifellos ein mächtiger Motor verbergen musste. Kein Zweifel bestand für die grübelnden Besucher auch daran, dass dieses Modell einen großen Vorfahren gehabt haben musste.
Und dieser Vorfahre war 27 Jahre alt, es handelte sich um den Cobra Shelby von 1962. Vom bekannten amerikanische Rennfahrer Carol Hall Shelby stammte die Idee ein Renn- und Straßenmodell mit amerikanischem V8-Motor und englischem AC-Chassis zu produzieren.
Bei General Motors, wo man zu dieser Zeit bereits die Corvette baute, wurde das Konzept abgelehnt. So wandte sich Shelby an Ford und geriet dort genau in die Phase, in der Lee Iacocca sein Power-Programm einführte. Shelbys Idee wurde bei Ford begeistert aufgenommen und das Ergebnis war der Cobra Shelby von 1962 auf Basis eines 4,3 Liter großen Ford V8-Motors. Das Auto blieb bis 1968 in Produktion und der Motor wurde im Laufe der Zeit zunächst auf 4,8 und später auf 7 Liter vergrößert.
Rund 20 Jahre später tauchte die Form und Philosophie des Cobra-Modells wieder auf. Die treibenden Kräfte hinter dem Modell waren – wieder einmal – Shelby, der als Betriebsleiter bei Chrysler tätig war, und Tom Gale, der Leiter der Chrysler Design-Studios. Beide wurden von Chrysler-Präsident Bob Lutz unterstützt, der ein Auto auf dem Markt haben wollte, das die amerikanische Tradition der „Straßenmonster" repräsentiert. Die Produktion einer limitierten Auflage des Vipers begann 1992.
Die Ähnlichkeit zum Modell Cobra beruhte in erster Linie auf der Karosserie und dem Stahlrohrkonzept des Chassis. Der Motor dagegen folgte Iacoccas Vorstellungen: Es wurde ein V10-Motor mit einer Zylinderanordnung im 90°-Winkel und 8 Liter Hubraum eingesetzt.
Für das Modelljahr 1998 wurde der Viper verschiedenen Veränderungen unterzogen, die mit dem GTS Coupé eingeführt wurden. Zu den technischen Neuheiten zählen die von 364–400 PS auf 450 PS erhöhte Leistung des V10-Motors und die Einführung der Radaufhängung mit Aluminiumlenkern, die das Auto um 30 kg leichter machen. Zu den optischen Veränderungen gehören die Verkleinerung des haifischmaulförmigen Lufteinlasses der Front, die Einführung der elektrischen Fensterheber und elektromagnetischen Schlösser sowie die neuen geschmiedeten Leichtmetallräder. Außerdem ist ein Hardtop in derselben Farbe wie die Karosserie erhältlich.
Die Drohung des Viper ist deutlich spürbar: Die Absichten und Möglichkeiten des leistungsstarken V10-Motors „schreien" dem Betrachter mit jedem Detail der Karosserie und der Fahrerkabine entgegen. Die Frontansicht des Modells gleicht wahrlich einer Viper. Zu den bemerkenswerten Details gehört auch der Stoßfänger, der gigantische Lufteinlass in der Mitte der Front und die runden Blinkleuchten, die in die Stoßfänger integriert und hinter einer Schutzabdeckung verborgen sind.
An den Seiten wird die konvexe Form der Motorhaube fortgeführt, lediglich unterbrochen von einer bogenförmigen Entlüftungsöffnung, die sich über die komplette Höhe der Seite erstreckt und zwischen vorderem Kotflügel und Türblech befindet. Deutlich sichtbar sind auch die Verkleidung der seit-

lichen Auspuffendrohre und die gewaltigen 17'' Räder, die ein Dreispeichen-Design aufweisen und dadurch zur Kühlung der Bremsanlage beitragen. Das Heck präsentiert sich im Vergleich zum Vorbau und den Seiten weniger „exhibitionistisch“, es ist auch nur halb so lang wie die Frontpartie. Die einzigen Merkmale sind die schmalen, an den Seiten abgerundeten Rückleuchten, die sich über die äußeren Rundungen des Hecks bis zu den Karosserieseiten erstrecken.

Die Fahrerkabine des Viper ist weniger auffällig als seine äußere Gestalt, aber mindestens genauso interessant. Fahrer und Beifahrer finden in zwei dick gepolsterten Schalensitzen Platz. Die Hauptinstrumente auf dem Armaturenbrett befinden sich vor dem Fahrer und sind mit einzelnen Sonnenblenden zum Schutz gegen Lichtreflexe ausgestattet, vier weitere kleinere Instrumente sind in das Armaturenbrett rechts neben dem Lenkrad eingelassen. Als einziges Zugeständnis an einen normalen Serienwagen können die Schalter für die Klimaanlage gewertet werden ... sie sorgt in diesem „Reptil“ für ein wenig menschliches Wohlbefinden!

Technische Daten CHRYSLER VIPER RT/10

Produktionsjahre	1992 bis heute
Chassis	Rohrrahmen mit Karosserie aus Verbundmaterialien
Radaufhängung	vorn und hinten: Einzelradaufhängung, Schraubenfedern, asymmetrische Anordnung der oberen und unteren Lenker, Querstabilisatoren; Gasdruckstoßdämpfer
Räder	Leichtmetallfelgen, vorn: 17 x 10JJ, hinten: 17 x 13JJ; Reifen vorn: 275/40 ZR 17, Reifen hinten: 335/35 ZR
Lenkung	Zahnstangenlenkung mit Servounterstützung
Spurweite vorn (mm)	1499
Spurweite hinten (mm)	1524
Radstand (mm)	2413
Motor	vorn längs, 90° V10-Motor
Bohrung x Hub (mm)	101,6 x 91,6
Hubraum (ccm)	7986
PS	364–400 bei 5000–5150 U/min*
Max. Drehmoment (Nm)	603–623 bei 3600 U/min*
Ventilsteuerung	2 Ventile pro Zylinder
Kraftstoffversorgung	elektronische Mehrpunkt-Einspritzung
Kupplung	Einscheibentrockenkupplung
Getriebe	6 Gänge + Rückwärtsgang; Mittelschaltung
Antrieb	hinten
Höchstgeschwindigkeit (km/h)	267–270*

* abhängig vom Absatzmarkt

CHRYSLER

Jaguar XK8

Vielleicht sollte man ihn F-Type taufen!

1996 baute Jaguar das erste vollständig neue Auto seit 21 Jahren, es war gleichzeitig der erste neue Sportwagen seit 25 Jahren. Auch der Motor war eine völlige Neukonstruktion und damit der vierte Motor in der Geschichte dieses berühmten englischen Herstellers, der 1989 von Ford aufgekauft worden war. Bei dem Motor handelte es sich um Jaguars ersten Achtzylindermotor und er war der würdige Nachfolger des Sechszylinders der 1948er XK-Reihe, der selbst 45 Jahre überdauert hatte und später, bei der AJ6-Reihe, von einem Motor mit Mehrventiltechnik abgelöst worden war. Als dritten Motor hatte Jaguar 1971 einen V12 für den amerikanischen Markt entwickelt. Eine Neuerung des 1996er XK8 war auch das 5-Gang-Automatikgetriebe. Die nüchterne Feststellung, dass der Jaguar XK8 ein vollständig neues Modell war, macht die Wichtigkeit dieser Aussage noch nicht ausreichend deutlich. Die entscheidende Frage nämlich lautete: Wenn alles an dem Auto neu war, welche revolutionären stilistischen und formalen Veränderungen würde es aufweisen? Die Antwort: Gott sei Dank, keine! Die Ähnlichkeit zum Meisterwerk E-Type ist offensichtlich und der Einfluss des XK 120 nicht spürbar. Der XK8 ist mehr Jaguar als manches Modell zuvor, er ist der verlorene Sohn einer ruhmreichen Vergangenheit und ein würdiger Vertreter

der englischen Marke auch für das kommende Jahrtausend.

Der XK8 ist im Grunde der Erbe des E-Types. Der XJS, der zwischen diesen beiden Jaguar-Modellen auf den Markt kam, schien nur ein Übergangsmodell zu sein, das die Aufgabe hatte, die Zuneigung und Geduld der Jaguar-Getreuen aufrechtzuerhalten.

Die Übernahme durch Ford leistete einen entscheidenden Beitrag zur Großartigkeit des XK8. Dank Fords starker finanzieller Unterstützung konnten die nötigen Investitionen getätigt werden, um das 1992 gestartete Projekt X100 voll zu entwickeln. Das Ergebnis war ein neuer Sportwagen, der perfekt zur Jaguar-Designphilosophie passte.

In nur 30 Monaten war der XK8 fertig. Es wurden umfangreiche Test durchgeführt, um das Auto in jeder Beziehung zu perfektionieren: Zuverlässigkeitstest unter härtesten Bedingungen fanden auf der ganzen Welt statt – insgesamt 800 000 km fuhr das Auto bei arktischen Temperaturen durch Kanada und in größter Hitze durch die Wüsten von Arizona. Auf einer 13 km langen Rundstrecke in Italien wurde der XK8 über 40 000 km unter Vollgasbedingungen ohne größere Stopps getestet. Das Cabriolet wurde zusätzlichen Test im Windkanal mit künstlichem Regen unterzogen, um zu gewährleisten, dass das Verdeck wasserdicht und schallgedämpft ist.

Unter ästhetischen Gesichtspunkten hebt sich der XK8 von dem reichen Angebot der luxuriösen offenen Konkurrenz-Modelle mit seiner Linienführung deutlich ab; die einzige Ähnlichkeit weist höchstens der Vorbau des Jaguars zu dem des Aston Martin DB7 auf. Es scheint fast so, als wollten die Sportwagen der Oberklasse den Begriff des „englischen Stils“ neu definieren.

Die Karosserie des XK8 zeigt eine absolut harmonische Formgebung. Die Chromver-

Technische Daten JAGUAR XK8

Produktionsjahre	1996 bis heute
Chassis	selbsttragendes Stahl-Chassis mit Knautschzone vorn und hinten
Radaufhängung	vorn: Einzelradaufhängung, Trapezlenker, Bremsnickausgleich, Schraubenfedern, Stabilisator; hinten: Einzelradaufhängung mit unterem Längslenker aus Spritzguss und Achswellen, die gleichzeitig als obere Querlenker dienen, Anfahrtauchreduzierung und Bremsnickausgleich, Stabilisator, Schraubenfedern; hydraulische Teleskopstoßdämpfer
Räder	8″ x 17″ Leichtmetallfelgen, 245/50 ZR 17 Reifen
Lenkung	Zahnstangenlenkung mit geschwindigkeitabhängiger Servounterstützung
Spurweite vorn (mm)	1499
Spurweite hinten (mm)	1499
Radstand (mm)	2565
Motor	vorn längs, 90° V8-Motor
Bohrung x Hub (mm)	86 x 86
Hubraum (ccm)	3996
PS	281 bei 6100 U/min
Max. Drehmoment (Nm)	373 bei 4250 U/min
Ventilsteuerung	4 Ventile pro Zylinder, doppeltte obengesteuerte Nockenwelle, variable Zündeinstellung
Kraftstoffversorgung	elektronische Einspritzung
Getriebe	elektronischgesteuerte 5-Gang-Automatik + Rückwärtsgang; Mittelschaltung
Antrieb	hinten
Höchstgeschwindigkeit (km/h)	249

zierungen können an den Fingern einer Hand abgezählt werden: Lediglich der haifischmaulförmige Kühlergrill wird von einem waagerechten Chrombalken in zwei Teile geteilt und die Auspuffendrohre und die Radioantenne sind mit Chrom verziert. Der Vorbau des XK8 ähnelt einem Reptil und man wird bei seinem Anblick spontan an den Chrysler Viper oder seinen Halbbruder, den AC Cobra, erinnert.

Die Motorhaube und Kotflügel sind dezent gewölbt; die Beleuchtungskombinationen, die aus kleinen, runden Scheinwerfern und Blinkleuchten bestehen, sind vom Kühlergrill abgerückt in die Kotflügel eingelassen und werden von einer elliptischen Abdeckung geschützt. Auf der Motorhaube befindet sich das klassische Jaguar-Markenzeichen mit dem springenden Jaguar und der Aufschrift „Jaguar 4 litre", die verrät, welcher Schatz unter der Motorhaube versteckt ist: der neue V8-Motor, komplett aus Aluminium. Ein Motor so leistungsstark wie man ihn sich nur wünschen kann.

Der vordere Stoßfänger bildet die Verlängerung der sanft abfallenden Motorhaube. Neben dem Kühlergrill sind zwei runde Zusatzleuchten elegant in den Stoßfänger eingelassen. Der Rahmen der stark geneigten Windschutzscheibe ist verstärkt, um die Passagiere bei einem Überschlag mit dem Wagen zu schützen. An den unteren Seiten der Windschutzscheibe sind die stabilen Außenrückspiegel verankert. Die Seitenprofile des XK8 sind leicht nach außen gewölbt und die Radkästen beherbergen mächtige 17" Räder. Am Heck tritt die Stoßstange etwas vor und klappt zu den Seiten um, wo sie in Richtung des hinteren Radkastens immer dünner und spitzer wird, bis sie am unteren Radkasten endet. Die Rücklichter spiegeln die elliptische Form der Frontscheinwerfer wider. Das elektrische Verdeck des Jaguar XK8 lässt sich in weniger als 20 Sekunden öffnen oder schließen. Ein Verdeckschutz in der Farbe des Interieurs schützt das Softtop im geöffneten Zustand. Ein Hardtop ist für dieses Modell nicht erhältlich, doch das Faltverdeck mit seinem Stahlrahmen bietet ausreichend Komfort.

Die Fahrerkabine gleicht einem prächtigen Wohnzimmer und bietet Bequemlichkeit für zwei, wenn nötig auch kurzfristig für vier Personen. Leder und Holz bedecken jeden Millimeter des Armaturenbretts und umschließen auch die Anzeigen und Rundinstrumente. Um das Ein- und Aussteigen zu erleichtern, wird das Lenkrad automatisch zum Armaturenbrett gezogen.

Chevrolet Corvette 1997

Der wahre amerikanische Sportwagen

Die Geschichte dieses Autos wird geprägt von unzähligen Ideen, Männern, Projekten und Modellen. Außerdem ist sie der Ursprung zweier Legenden: der Corvette und des Ferrari. Natürlich sind diese Legenden grundverschieden, während sich die erste um ein Auto dreht, rankt die zweite um den Welt-Rennsport, einen bestimmten Mann und seine roten „Vollblutpferde".
„Überraschung" war das Element, das die Geschichte der Corvette von Anfang an am meisten bestimmte. Dieser ausgezeichnete amerikanische Sportwagen wurde 1953 ursprünglich als eine einmalige stilistische Übung angefertigt, um im Tanzsaal des New Yorker Waldorf Astoria Hotels ausgestellt zu werden. Mit diesem Modell wollte General Motors zeigen, dass die Firma durchaus in der Lage war, ein Auto im Stil der englischen Sportwagen zu bauen, die zu dieser Zeit in den USA heiß begehrt waren. Ansonsten stand der Entwurf im deutlichen Widerspruch zu den typischerweise übergroßen Serienmodellen von GM mit ihren gewaltigen Heckflossen.
Der Name „Corvette" tauchte ganz zufällig auf. Bei GM suchte man nach einem Namen, der die temperamentvolle Persönlichkeit des neuen Sportwagens betonen und gleichzeitig als Synonym für Power, Geschwindigkeit und Dynamik stehen sollte. Ein Fotograf von General Motors schlug die Bezeichnung „Corvette" vor und bezog sich damit auf ein kleines, schnelles Marinekriegsschiff, das als Geleitschiff und zur Verteidigung gegen Unterseeboote eingesetzt wurde. Das GM-Management war begeistert.
Die Corvette hatte ihren ersten großen Auftritt als strahlend weißes Convertible. Ihre Linienführung war schlicht, die Motorhaube sehr lang, das Heck kurz und das Auto insgesamt klein. Die großen Unterschiede zwischen der Corvette und den üblichen amerikanischen Serienmodellen der 50er-Jahre wurden besonders durch eine Tatsache betont: Die Karosserie der Corvette bestand aus Fiberglas. Dieses Material hatte den Vorteil, dass es in jede Form gebracht werden konnte, die der Designer sich wünschte, dass seine Leichtigkeit die Fahrzeugleistung verbesserte und dass es rostbeständig war.
Überraschenderweise wurde das Modell vom Publikum mit überschäumender Begeisterung begrüßt. Das Interesse an der Corvette war so groß, dass sich die Firmen-

CORVETTE
5.7L
USE ONLY DOT 3 BRAKE FLUID
WARNING
CORVETTE

leitung dazu entschloss, mit dem Sportwagen in Produktion zu gehen. Bereits 1953 schwebte die Corvette auf einer Welle des Erfolges, das Modell zählte zu den begehrtesten Sportwagen und galt zudem als technologisch fortschrittlich.

Natürlich wurden am Anfang auch einige Fehler gemacht, zum Beispiel bei der Auswahl des Motors für das Debüt der Corvette. Es wurde ein verhaltener Sechzylinder-Reihenmotor mit 150 PS eingebaut, der später auch bei der Serienproduktion zum Einsatz kam. Der Motor passte ganz und gar nicht zu den sportlichen Ambitionen der Corvette. Diese falsche Entscheidung bremste die anfänglichen Verkäufe und dämpfte die ursprüngliche Begeisterung, die das Modell ausgelöst hatte.

Doch General Motors korrigierte diesen Fehler und das gründlich! Ein Team unter der Leitung von Zora Arkus-Duntov entwickelte eine weitere Legende: den leichten kompakten V8-Motor – ein Orchester aus Kolben und Zylindern. Dieser gefeierte Motor hatte eine Lebensdauer wie die Corvette selbst und auch heute sind noch über 60 Millionen dieser Motoren in Betrieb.

Der neue Motor trieb die Verkaufszahlen in die Höhe und der Rest ist Geschichte. Auch die nachfolgenden Generationen der Corvette sind unvergesslich: Den 1963er Sting Ray mit seiner atemberaubenden Linienführung gab es auch als Coupé. Die dritte Generation stammte aus dem Jahr 1968. Chefdesigner Bill Mitchell versuchte bei diesen Corvette-Versionen das Bild der klassischen Coca-Cola-Flasche aufzugreifen und formte eine schlanke Taille, breite Kotflügel und eine lange Motorhaube. Zeitgleich kam auch das T-Top auf den Markt, das Coupé mit abnehmbarem Hardtop. Von 1976 bis 1986 war dies die einzige offene Variante der Corvette, die angeboten wurde. Die vierte Generation war auf reine Leistung ausgelegt und bekam ein neues Stahlchassis, während der kompakte V8-Motor weiterhin unverändert eingesetzt wurde.

1996 sollte etwas Originelles geschaffen werden, das jedoch gleichzeitig die charakteristischen Merkmale dieses über 40 Jahre alten Autos respektierte. Man befürchtete, dass radikale Veränderungen von den Corvette-Liebhabern nicht geschätzt würden. Das Ergebnis war die fünfte Generation des Modells, die zunächst nur als Coupé und Targa, 1997 auch als Cabriolet erschien. Der kompakte V8-Motor wurde auf den neuesten Stand gebracht und es entstand der erste Chevrolet-Motor komplett aus Aluminium: ein 5,7 Liter großer V8-Motor, der 344 PS produziert. John Cafaro, der Chef-Designer im Corvette-Projekt, bewältigte die schwierige Aufgabe eine „Legende" zu überarbeiten erfolgreich. Unter Berücksichtigung der unantastbaren ästhetischen Merkmale, wie die Proportion von Front- und Heckpartie (lange Motorhaube – kurzes Heck), die herausfahrbaren Scheinwerfer und die vier runden Rücklichter, formte Cafasso eine geschmeidigere, schlankere und aggressivere Karosserie als bei den Vorgängermodellen.

Die Frontansicht der Corvette ähnelt einem Reptil (bei den Modellen der 90er-Jahre finden sich häufig Anspielungen auf die Tierwelt, z. B. beim Chrysler Viper, Ford Puma oder Opel Tigra); die Motorhaube weist sanfte Wölbungen auf und beherbergt die Scheinwerfer. Die Corvette hat keinen Kühlergrill, dafür aber zwei lange, schmale Lufteinlässe, in deren äußere Enden jeweils Fern- und Blinklicht eingebaut sind. In der Mitte zwischen den Lufteinlässen verdeckt das vordere Kennzeichen eine Blende mit der Aufschrift „Corvette" – für jene, die Zweifel haben könnten.

Es ist schwierig zu unterscheiden, wo die Motorhaube endet und die Stoßstange oder die Kotflügel beginnen, der Gesamteindruck ist jedenfalls unbestreitbar attraktiv. Auf jeder Seite befindet sich hinter dem weit ausgeschnittenen vorderen Radkasten ein breiter senkrechter Belüftungsschlitz. Die Türgriffe sind in die Türoberfläche eingelassen und – in derselben Farbe wie die Karosserie – hervorragend getarnt. Der Mittelteil der Karosserie steigt zum Heck hin leicht an. Das Heck selbst ist eine ebenso beeindruckende Demonstration von Stärke wie die Front. Es hat keine Stoßfänger und die vier runden, in den Karosserieabschluss eingelassenen Rücklichter bestimmen in bewährter Corvette-Manier das Bild. Auffällig sind die rechteckigen Rückfahrscheinwerfer unmittelbar neben der Kennzeichenhalterung. Die tief unten liegenden Belüftungsschlitze und die vier großen Auspuffendrohre berühren fast den Boden.

In der Fahrerkabine sind die Sitze geradezu eingezwängt zwischen der riesigen Mittelkonsole und den Türen. Der Fahrer liegt fast horizontal in seinem Sitz und auch der Rest des Fahrzeuginneren wirkt sehr sportlich. Alle Instrumente und Kontrollleuchten befinden sich vor dem Fahrer und sind durch eine Sonnenblende geschützt, die die gleiche Krümmung aufweist wie das Lenkrad.

Technische Daten CHEVROLET CORVETTE 1997

Produktionsjahre	1997 bis heute
Chassis	Stahlchassis mit Fiberglaskarosserie
Radaufhängung	vorn: Einzelradaufhängung, obere Lenker aus geschmiedetem Aluminium, untere Lenker aus Druckguss, Einblattquerfeder und Stahlstabilisator; hinten: 5-Lenker-Einzelradaufhängung mit Spurwinkel- und Radsturzeinstellung, Lenker und Gelenke aus gegossenem Aluminium, Einblattquerfeder, Stabilisatoren und Spurstange aus Stahl
Räder	gegossene Leichtmetallfelgen, vorn: 8,5 x 17, hinten: 9,5 x 18; Reifen vorn: 245/45 ZR 17, Reifen hinten: 275/40 ZR 18
Lenkung	Zahnstangenlenkung mit geschwindigkeitsabhängiger Servounterstützung
Spurweite vorn (mm)	1575
Spurweite hinten (mm)	1575
Radstand (mm)	2642
Motor	vorn längs, V8-Motor
Bohrung x Hub (mm)	102 x 88
Hubraum (ccm)	5666
PS	344 bei 5400 U/min
Max. Drehmoment (Nm)	414 bei 3200 U/min
Ventilsteuerung	2 Ventile pro Zylinder
Kraftstoffversorgung	sequentielle elektronische Einspritzung
Getriebe	Automatik, 4 Gänge + Rückwärtsgang + Schongang oder 6-Gang-Handschaltung; Mittelschaltung
Antrieb	hinten
Höchstgeschwindigkeit (km/h)	277

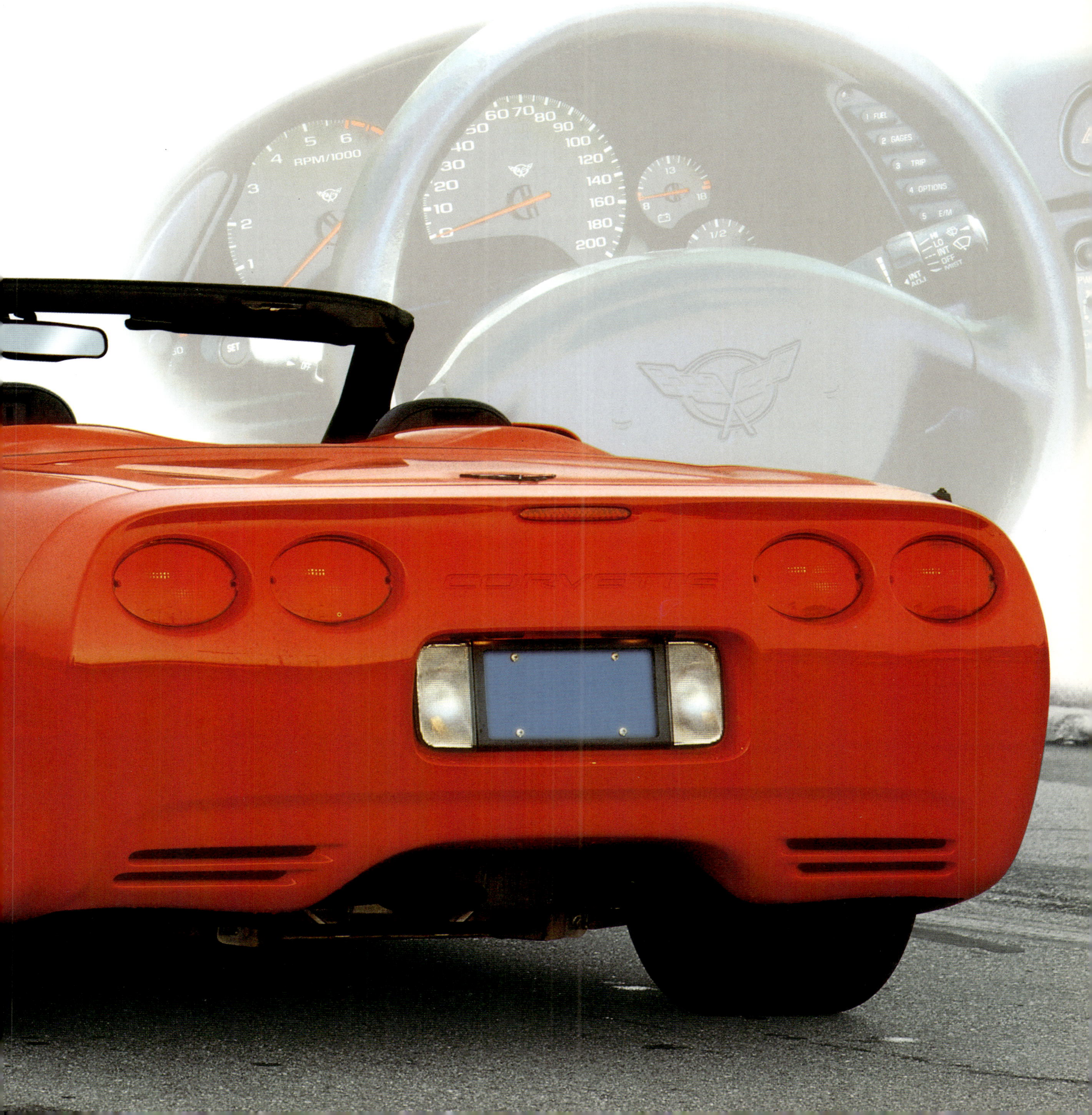

Glossar

- **Ballooning/Balloneffekt** – Folge von Luftströmungen, die bei höheren Geschwindigkeiten den hinteren Teil des Verdecks „aufblasen" und ausbeulen. Dieser Effekt entsteht durch die Verdichtung der anströmenden Luft, die über die konvexe Form der Windschutzscheibe bzw. des Verdecks geleitet wird. Das Verdeck wird durch die Luftströmung nach oben gesaugt.

- **Baquet** – Franz. wörtlich „Holzbottich", Automodell zu Beginn des Jahrhunderts. Vergleichbar den pferdegezogenen Kutschenwagen der Jahrhundertwende, waren die europäischen Baquets mit erhöhten Sitzen in zwei oder drei Reihen (entweder Einzelsitze oder Sitzbänke) ausgestattet. Grundsätzlich fehlten vorne die Türen und die Windschutzscheibe, häufig auch das Verdeck. Baquets hatten meist Vierzylindermotoren mit 3–4 Litern Hubraum. In Amerika wurde häufig der Begriff „Touring" (Tourer/-Tourenwagen) verwendet. Siehe auch: Phaeton.

- **Barchetta** – Offener, ein- oder zweisitziger (Einzelsitze) Rennwagen ohne Türen oder Verdeck mit stromlinienförmiger Karosserie.

- **Bateau** – Zu Beginn des Jahrhunderts Bezeichnung für die schiffsrumpfähnliche Form des Hecks offener Rennwagen. Siehe auch: Bootsheck.

- **Bootsheck (amerik. Boattail)** – Konisch zulaufende Karosserieform des Hecks, die einem Schiffsbug ähnelt; häufig auch bei Rennmodellen eingesetzt.

- **Break** – Motorisierter Kutschenwagen ohne seitliche Verkleidung und mit einem auf herausnehmbaren Streben befestigten Sonnendach. Die Breaks zählen zu den sehr einfachen Fahrzeugen, die um die Jahrhundertwende eingesetzt wurden.

- **Bullnose** – In den 20er-Jahren in England gebräuchliche Bezeichnung für einen Kühler, der in seiner Form der Nase eines Bullen gleicht.

- **Chummy** – Name für einen offenen Wagen, der in Großbritannien in den 20er-Jahren und später üblich war. Es handelte sich dabei üblicherweise um einen Zwei-plus-Zwei (2 + 2), einen Sportwagen mit nur knappem Raum hinter den vorderen Sitzen, der notfalls Platz für zwei Mitfahrer bot.

- **Convertible** – Ab 1927 in den USA Bezeichnung für einen Wagen mit einziehbarem Stoffverdeck, das fest mit dem Wagenkasten verbunden bleibt und nicht – wie bei einigen Roadster-Modellen – abnehmbar ist. Weitere Kriterien sind Seitenfenster (die sich öffnen lassen) und das Fehlen von Seitenpfosten bzw. jeglicher Art Stützkonstruktion oberhalb des Mittelteils der Karosse, abgesehen von der Windschutzscheibe. Der typische Convertible hat zwei Türen und wird deshalb „Convertible Coupé" genannt. Die Viertürer heißen „Convertible Sedans". In beiden Fällen haben vier bis fünf Personen im Wagen Platz.

- **Convertible Coupé (umwandelbares Coupé)** – Zweitüriges Convertible. In den 30er-Jahren wird in den USA die Bezeichnung häufig gleichbedeutend mit dem Begriff Kabriolett verwendet, wobei nicht der moderne Gebrauch der Bezeichnung Kabriolett gemeint ist.

- **Convertible Sedan (umwandelbare Limousine)** – Viertüriges Convertible.

- **Drophead Coupé** – Ab 1930 britische Bezeichnung für das amerikanische „Convertible Coupé" bzw. für das „Kabriolett" des europäischen Festlands.

- **Dual Cowl** – Wagenkonstruktion, bei der die Fahrgastkabine (Cockpit) durch Metallbleche und eine zusätzliche Windschutzscheibe in zwei Abteile aufgeteilt wird. Diese Konstruktion findet sich häufig bei luxuriösen Kabrioletts der 30er-, 40er- und 50er-Jahre.

- **Fechtmaske** – Bezeichnung für einen Kühlergrill, der in den 30er-Jahren entworfen wurde und in seiner seiner Form und dank seines dicht gewebten Grills einer Fechtmaske gleicht.

- **Hardtop** – Abnehmbares Dach, mit dem ein Faltverdeck ersetzt werden kann. Es wird aus Kunststoff gefertigt und hat gewöhnlich dieselbe Farbe wie die Karosse. Die Heckfenster bestehen aus Plexiglas oder Glas.

- **Kabriolett (Cabriolet)** – Diese Bezeichnung hat mit den Jahren in verschiedenen Ländern einen starken Bedeutungswandel erfahren. In den 20er- und 30er-Jahren bezeichnete das Wort Kabriolett auf dem europäischen Festland ein offenes Wagenmodell mit Verdeck, zwei Türen und vier Sitzen. In England wurde ein entsprechendes Modell mit dem Namen „Drophead Coupé" bezeichnet, während man dort unter einem Kabriolett einen offenen Viertürer verstand. Die amerikanische Entsprechung für das europäische Kabriolett heißt „Convertible Coupé". Heute bezeichnet der Begriff Kabriolett Automodelle mit offenem Verdeck, die von Limousinen oder Coupés (mit festen Dächern) abstammen. Man kann darunter aber auch einen offenen Zweitürer mit zwei Sitzreihen (4–5 Sitzen) verstehen.

- **Landau(er)** – Eine teilweise offene Limousine. Geöffnet war gewöhnlich die Vorderpartie, wo der Fahrer saß.

- **Landaulet** – Ein Landau, bei dem sich die hintere Dachpartie (festes Dach oder Faltverdeck) öffnen bzw. zusammenfalten ließ.

- **Phaeton** – Französischer Begriff, abgeleitet aus der griechischen Mythologie von der Sagengestalt Phaethon, dem Sohn des Sonnengottes Helios. Der Phaeton ist ein offener Viersitzer; wird zu Beginn des Jahrhunderts häufig anstelle der Bezeichnung „Baquet" verwendet. In den 30er-Jahren ist in Amerika der Begriff Phaeton auch gleichbedeutend mit „Convertible Sedan" oder „Convertible Phaeton". Der Ausdruck „Double Phaeton" ist ebenfalls gebräuchlich.

- **Ragtop** – gleichbedeutend mit Softtop, dem Stoffverdeck; ist das Gegenteil von einem Hardtop.

- **Roadster** – Dieser Begriff unterlag ebenfalls einem Bedeutungswandel. Anfang des Jahrhunderts galten Roadsters in den USA und teilweise in Europa als Nachfolger, manchmal auch als Zeitgenossen, der „Runabouts". Allerdings waren die Roadster leistungsstärker und mit einem Klappsitz ausgestattet. Sie hatten kein Verdeck. Im angelsächsischen Raum wurde die Bezeichnung Roadster mit den Jahren gleichbedeutend mit dem allgemeinen Terminus Sportwagen. Grundsätzlich ist der Roadster auch heute ein sportliches Fahrzeug, ein kleiner, leistungsstarker Zweisitzer.

- **Runabout** – Kleiner, leichter Zweisitzer. Die Bezeichnung Runabout wurde hauptsächlich in Amerika zur Beschreibung eines offenen Wagens ohne Verdeck und mit einem Minimum an Karosserie gebraucht. Runabouts waren sehr schlicht gemacht, preisgünstig und hatten im allgemeinen einen Einzylindermotor.

- **Sedanca** – Eine Form des frühen Karosseriedesigns, bei der sich das Verdeck lediglich über die im Fond des Wagens sitzenden Passagiere erstreckte.

- **Softtop** – siehe „Verdeck"

- **Spider** – Auf dem europäischen Festland gleichbedeutend mit dem englischen Begriff „Roadster". Im 19. Jahrhundert zunächst Bezeichnung für eine kleine, einspännige Kutsche, im Zeitalter des Automobils dann Begriff für einen offenen Zweisitzer oder ein Zwei-plus-Zwei-Modell. In Europa wird die Bezeichnung Spider auch dann verwendet, wenn von einem offenen Wagen die Rede ist, der nicht von einem Coupé abgeleitet, sondern als eigenständiges Modell entworfen worden ist.

- **Spriegel (Dachbogen)** – Starrer Bogen aus Metall oder Holz, der Bestandteil des starren oder halbstarren Verdeckrahmens ist.

- **stromlinienförmig** – bedeutet schlicht aerodynamisch. Dieser Begriff spielt besonders bei der Beschreibung der Kabrioletts der 50er- und 60er-Jahre eine herausragende Rolle. Die Stromlinienförmigkeit wurde in Amerika allerdings schon in das Design der futuristischen Modelle der 30er-Jahre miteinbezogen, die sich teilweise an der Formgebung in der Luftfahrt orientierten. Stromlinienförmiges Design bedeutet, an einer Karosserie alle Teile so zu formen, dass sie möglichst wenig Luftwiderstand bieten.

- **Targa** – Kreuzung zwischen einem Spider und einem Coupé, ausgerüstet mit breitem Überrollbügel und abnehmbarem festem Dachteil. Es gibt auch Varianten mit festem Mittelsteg, bei denen das Dach in zwei Hälften herauszunehmen ist (so genannte T-Tops).

- **Tonneau-Cover** – Abdeckplane (Spritzdecke), die über das Cockpit geparkter Roadster mit offenem Verdeck gespannt wird, um vor Regen zu schützen.

- **Torpedo** – Offener Wagen mit langem Radstand. Torpedos waren die Nachfolger der Tourer und Phaetons. Die Karosse bestand aus flachen Abdeckbechen, die Türen waren niedrig gehalten. Das Verdeck war im mittleren Teil des Wagens direkt hinter dem Fahrersitz an einem Zapfen befestigt und wurde durch Stützpfosten und Spriegel in Position gehalten.

- **Tourer, Tourenwagen** – In Amerika zu Beginn des Jahrhunderts das Pendant zum europäischen „Baquet". In den 20er-Jahren wandelte sich die Bedeutung des Begriffs in den USA zu einem offenen, viertürigen Viersitzer, der zur unteren Mittelklasse im Markt zählte.

- **Überrollbügel** – Metallbügel zum Schutz des Autos bei Überschlagen. Ist der Überrollbügel in der Mitte der Fahrgastzelle anstelle der Mittelpfosten angebracht, so kann er entweder sichtbar, als durchgehender Bogen, oder als verdeckter Bügel eingebaut sein, der erst herausspringt, wenn sich das Auto überschlägt. Hinter den Kopfstützen montierte Überrollbügel können aus Teilen bestehen und wahlweise fest oder verdeckt installiert sein.

- **Verdeck** – Der Verdeckstoff wird über das Verdeckgestänge, das in erster Linie aus metallenen Rahmenteilen, Spriegel (Dachbögen), Federn, Bügeln, Gelenken, Scharnieren und Hebeln besteht, längs und quer straff gespannt. Lange Zeit bestanden die Verdecke aus gewachstem Segeltuch, man findet dies gelegentlich heute noch. Üblicherweise werden jedoch heutzutage Kunststoffe verwendet. Die Verdecke sind häufig zweilagig gearbeitet, manchmal bestehen sie auch aus zwei getrennten Teilen. Die Verdecke der modernen Kabrioletts können heute in ca. 25 Sekunden (natürlich abhängig vom eingebauten Mechanismus) teilweise oder vollständig elektrisch geöffnet und geschlossen werden.

- **Verdeckstoff** – Teil des Verdecks, das entweder aus Leder, Kunststoff oder Segeltuch besteht.

- **Vis-à-vis** – Früher Wagentyp, bei dem sich die Passagiere auf zwei Sitzreihen gegenübersaßen.

Dank

Pressestellen:

- Augerma
- BMW Italia
- Chrysler Italia
- Citroën Italia
- De Tomaso
- Ford Italia
- Jaguar Italia
- Mercedes Italia
- Nissan Italia
- Peugeot Italia
- Porsche Italia
- Renault Italia
- Rover Italia
- Sidauto
- Suzuki Italia
- Toyota Italia

Petra Nemeth und Karin Ammach, BMW Mobile Tradition,

Massimo Castagnola, Fiat Archiv,

Robert Denham, Studebaker National Museum,

John Emery, Auburn Cord Duesenberg Museum,

Sig.ra Figini, Quattroruote,

Cathy Latendresse und Alene Soloway Henry Ford Museum & Greenfield Village,

Isotta Fraschini Fabbrica Automobili S.p.A.,

Philip Hall, The Sir Henry Royce Memorial Foundation,

Thomas A. Kayser, Gilmore CCCA Museum,

Leo W. Lincourt, Corvette American Hall of Fame,

Lotus

Laura Mancini, GM Medien Archiv,

Aston Martin Lagonda Limited,

Stefano Mazza,

Charles Morgan,

Francesco Pagni, Pininfarina Collection,

Klaus Stekkönig und Jens Torner, Porsche,

Elvira Ruocco, Archivio Storico Alfa Romeo,

The Triumph Sports Six Club,

Loris Tryon Blackhawk Automotive Museum,

Weimper Mercedes-Benz Classic Archives Team

Register

b = Bildunterschrift
k = Kapitel

A

B

C

D

E

F

G

H

I

J

K

L

M

Bildnachweis

Dennis Adler/Autostockhaus: Seiten 172 oben, 172-173, 287, 299 unten.

Alfa Romeo Historisches Archiv: Seiten 48 Mitte, 48 unten, 113 oben, 124 unten, 124-125, 135 unten links, 196-197, 218 unten, 262-263.

Archivbilder: Seiten 16-17, 18 oben rechts, 22 oben, 23 oben, 27 oben, 51 unten, 92 unten.

Archiv für Kunst und Geschichte: Seiten 14 Mitte, 15 unten, 28 unten, 30 unten, 31 unten rechts, 46 unten, 56-57, 56 unten, 61 oben, 70 Mitte, 73 Mitte, 76 Mitte, 78 unten, 98 Mitte, 129 oben, 161 oben, 174 unten.

Aston Martin Lagonda Archiv: Seite 231 unten.

Auburn Cord Duesenberg Museum: Seiten 93, 94, 95 oben, 107 oben, 107 unten.

Autogerma Archiv: Seiten 78 oben, 122 Mitte, 128 oben, 128 Mitte, 130 unten.

Sandro Bacchi: Seiten 112 oben, 114, 115 unten, 116-117, 117, 164 Mitte, 164 unten, 165, 192 oben rechts, 192 unten, 193 Mitte, 260, 261 unten.

Bagview Books: Seiten 204 rechts, 294, 295, 296, 297.

BMW Artwork Service: Seiten 60 oben, 60-61, 136 unten.

British Motor Industry Heritage Trust: Seiten 152 Mitte, 152-153, 154-155, 203 unten.

Neill Bruce: Seiten 1 unten, 6-7, 8-9 oben, 9, 14 oben, 14 unten, 15 oben, 16 oben, 16 untenlinks, 17, 18 oben links, 18-19, 19, 22 unten, 24 oben links, 24 unten, 25, 26, 27 Mitte rechts, 27 unten, 28 Mitte, 28-29, 29 oben, 29 unten, 30 oben, 30 Mitte, 31 oben, 31 Mitte, 32-33, 32, 33 unten, 37, 38, 39 unten, 42, 43, 44-45, 56 oben, 57 oben, 57 unten, 58 Mitte, 61 unten, 62 oben, 65 unten, 68 oben, 69, 71 unten, 72, 74 unten, 75 unten, 80-81, 82 unten, 88 oben, 96 unten, 113 unten, 115 oben, 118 oben, 119 oben, 120, 120-121 unten, 129 unten, 131 oben, 132 oben, 133 unten, 134, 140 Mitte, 140-141 unten, 146-147, 148 unten, 149, 152 oben, 152 unten, 153, 154 oben, 156 Mitte, 160 unten, 163 oben, 166 unten, 167 oben, 168 oben, 172 unten, 173 oben, 184 oben, 185 unten, 194-195 oben, 195 unten, 198 oben, 198 Mitte, 199, 200 unten, 201 unten, 202, 202-203, 203 oben, 206 Mitte, 206 unten, 207, 208 Mitte, 208 unten, 212 oben, 213 oben, 214, 216 unten, 218 oben, 218-219, 219 unten, 220 unten, 223 unten, 226 oben, 227 unten, 228, 229, 232, 234 oben links, 234 oben rechts, 234 Mitte, 235 unten links, 258, 259, 261 oben, 274, 275, 299 oben, 304 oben, 312-313, 318, 319, 322, 323, 324, 325, 333, 334, 337 oben.

The Bugatti Trust: Seiten 28 oben, 77 oben, 108 oben, 108 unten, 109 oben, 109 unten, 125 unten, 128 unten.

Chrysler Archiv: Seiten 234 unten, 236, 237, 332-333, 336-337.

Citroën Archiv: Seite 125 oben.

Corbis Bettman: Seiten 22 Mitte, 23 unten, 99 unten, 110-111, 138 oben links, 138 oben rechts, 159 unten, 169 oben, 175 oben, 182 oben, 184-185, 192 oben links, 204 links.

Jim Fets: Seiten 8-9 unten, 342, 343, 344, 345.

Fiat Historisches Archiv: Seiten 20, 21, 27 Mitte links, 40, 41, 50 oben, 51 Mitte, 62 unten, 62-63, 63, 76 oben, 76 unten, 77 unten, 78 Mitte, 79 oben, 102 oben, 116 oben, 166-167, 196, 197.

Henry Ford Museum & Greenfield Village: Seiten 91 oben, 128 oben, 210 oben, 211 Mitte.

Fotostudio Zumbrunn, Zürich: Seiten 4-5, 10-11, 12-13, 118 unten, 119 unten, 136-137, 137, 176, 177, 178 Mitte, 178 unten, 233, 238-239 unten, 240, 241, 242, 243, 244, 245, 246, 247, 248, 249, 250, 251, 252, 253, 254, 255, 256, 257, 264, 265, 266, 267, 268, 269, 270-271, 272, 273, 326, 327, 328, 329, 330, 331.

GM Media Archivs: Seiten 49 oben, 49 unten, 53 unten, 72-73, 73 oben, 73 unten, 86, 87, 143 Mitte, 180 oben, 180-181, 190 unten.

Martyn Goddard: Seiten 60 unten, 128 unten.

Honda Archiv: Seite 224 Mitte.

Ian Kuah: Seiten 340, 341.

Image Bank: Seiten 29 Mitte, 53 oben, 200 oben.

Jaguar Archiv: Seiten 156 unten, 230.

Pierpaolo Krak: Seiten 282-283 oben, 285.

Maggi e Maggi: Seite 290, 291, 292, 293, 352.

Mary Evans Picture Library: Seite 31 unten links.

Mercedes Benz AG: Seiten 2-3, 16 unten rechts, 46 oben, 50-51, 122-123, 123, 148 oben, 161 unten, 173 unten.

National Motor Museum/Nicky Wrechts: Seiten 7, 77 Mitte, 98 unten, 104 Mitte, 105, 109 Mitte, 130 Mitte, 140-141 oben, 150 oben, 151 oben, 151 unten, 154 unten, 158 unten, 159 oben, 160 oben, 164 oben, 169 unten, 170 unten, 171 oben, 186-187 unten, 189 Mitte, 193 oben, 205 unten, 208 oben, 216 oben, 216-217, 217 unten, 221, 224 oben, 302, 304 unten, 305.

National Motor Museum Beaulieu: Seiten 238-239 oben.

Nissan Archiv: Seite 52 oben.

Peugeot Archiv: Seiten 66 Mitte, 66 unten, 66-67, 67, 110.

Pininfarina Archiv: Seite 86 unten.

Porsche Archiv: Seiten 170 Mitte, 171 unten, 201 oben, 205 oben, 280, 281, 282-283 unten, 284.

Quadrant Picture Library: Seiten 224-225.

Henry Rasmussen: Seiten 1 oben, 54, 55 oben, 83 unten, 84, 85, 88 unten, 89, 92 oben, 95 unten, 96 oben, 96 Mitte, 97 oben, 103 oben, 104 unten, 106, 107 Mitte, 131 unten, 138-139, 139, 146 unten, 157, 158-159, 162, 163 Mitte, 163 unten, 170-171, 181 unten, 182 unten, 190 oben, 191, 194, 194-195 unten, 212-213 unten, 215 unten, 286, 288, 289,300, 301, 302 links, 320, 321.

Sergio Reggiani: Seiten 224 unten, 225 unten, 276, 277, 278, 279, 306, 307, 308, 309, 314, 315, 316, 317.

Renault Archiv: Seiten 68 unten, 122 oben, 167 unten.

Peter Roberts Collection c/o Neill Bruce: 34 oben, 35, 36, 39 oben, 39 Mitte, 47, 48 oben, 50 unten, 51 oben, 52-53, 55 Mitte, 57 Mitte, 58 oben, 58 unten, 59, 64, 65 oben, 66 oben, 68-69, 70 oben, 70 unten, 71 oben, 74 oben, 74 Mitte, 75 oben, 79 unten, 82 oben, 90 oben, 90 unten, 99 oben, 102 unten, 113 Mitte, 116 Mitte, 124 oben, 129 Mitte, 130 oben, 132 unten, 133 oben, 143 oben, 150 untenrechts, 166 oben, 169 Mitte, 174 oben, 175 unten, 206 oben, 226 unten, 231 oben, 235 oben.

The Sir Henry Royce Memorial Foundation: Seite 55 unten.

Reiner W. Schlegelmilch: Seiten 168 unten, 220-221 oben, 220-221 Mitte, 227 oben, 227 Mitte.

Hans Schwarz & Partners Archiv: Seite 235 unten rechts.

Studebaker National Museum: Seiten 98 oben, 108-109.

Nicky Wright: Seiten 24 oben rechts, 33 oben, 34 Mitte, 34 unten, 49 unten, 82 oben, 90 Mitte, 91 unten, 97 unten, 100, 101, 102-103, 103 unten, 104 oben, 111 oben, 112 unten, 120-121 oben, 121, 129, 135 oben, 135 unten rechts, 136 oben, 142, 143 unten, 144-145, 146 oben, 147, 148 Mitte, 150 unten links, 151 rechts, 155, 156 oben, 178 oben, 179 oben, 180 unten, 181 oben, 183, 184 unten, 185 oben, 186, 186-187 oben, 187 unten, 188, 189 Mitte, 189 unten, 193 unten, 198 unten, 209, 210 unten, 211 oben, 211 unten, 215 oben, 215 Mitte, 217 oben, 222-223 oben, 222-223 unten, 223 oben, 310, 311, 335.

White Star Archiv: Seiten 52 Mitte, 52 unten, 130-131, 338, 339.

Ein Bugatti Typ 35 in klassisch blauer Livree – es handelt sich um die Version B von 1927 mit 2,3 Liter großem Achtzylinder-Kompressormotor. Das Auto gehörte Gloria Swanson, die die Rolle der Norma Desmond in dem Film „Sunset Boulevard" unvergesslich spielte. Mit dem Typ 35 bot Ettore Bugatti seinen wohlhabenderen Kunden ein leistungsstarkes Auto, das auch bei Rennen antreten konnte.